高等农业院校教材

动物寄生虫病学实验教程 第二版

动物医学、动物检疫、实验动物专业用

主编　许金俊

主审　沈永林

河海大学出版社

HOHAI UNIVERSITY PRESS

·南京·

图书在版编目(CIP)数据

动物寄生虫病学实验教程 / 许金俊主编. -- 2 版
. -- 南京 : 河海大学出版社,2021.2(2024.1重印)
　ISBN 978-7-5630-6872-2

　Ⅰ. ①动… Ⅱ. ①许… Ⅲ. ①动物疾病－寄生虫病－
高等学校－教材 Ⅳ. ①S855.9

　中国版本图书馆 CIP 数据核字(2021)第 027289 号

书　　名	动物寄生虫病学实验教程(第二版)	
书　　号	ISBN 978-7-5630-6872-2	
责任编辑	杜文渊	
特约校对	杜彩平　李　浪	
封面设计	徐娟娟	
出版发行	河海大学出版社	
地　　址	南京市西康路 1 号(邮编:210098)	
电　　话	(025)83737852(总编室)　(025)83722833(营销部)	
经　　销	江苏省新华发行集团有限公司	
排　　版	南京布克文化发展有限公司	
印　　刷	广东虎彩云印刷有限公司	
开　　本	787 毫米×1092 毫米　1/16	
印　　张	13	
字　　数	330 千字	
版　　次	2021 年 2 月第 2 版	
印　　次	2024 年 1 月第 2 次印刷	
定　　价	78.00 元	

第二版编写人员

主　编:许金俊

副主编:陶建平　刘丹丹　候照峰

编　者:许金俊　陶建平　刘丹丹　王小波
　　　　宿世杰　钱　晨　王秋生　戴璐珺
　　　　周春炎

主　审:沈永林

第一版编写人员

主　编:许金俊

副主编:陶建平　丁文卫

编　者:许金俊　陶建平　丁文卫　倪兆朝

主　审:沈永林

序

通读《动物寄生虫病学实验教程》书稿，不胜感慨，欣然提笔，只言片语，权以为序。

曾于三年前，对多年来畜禽寄生虫病诊断中存在的问题，做过分析和思考，发表于《畜牧与兽医》杂志上，提出拙见，规范临床寄生虫病病原学诊断质量和水平的重要环节在于加大院校《动物寄生虫病学》课程实验教学的力度，并建议编写全国适用的配套实验指导。

许金俊先生及其同仁，汇集长期从事《动物寄生虫病学》理论和实验教学中所积累的丰富的教学经验与临床诊断经验及其科学研究资料，根据专业培养目标、要求及教学大纲，精心编写了本实验教程，作为高等农业院校《动物寄生虫病学》教材配套的实验教学用书，是一本理论联系实际、传统寄生虫学与现代寄生虫学实验手段相结合、内容丰富、全面系统、图文并茂、适用专业广、可操作性强的好教程，也是一本能很好地规范和提高动物临床寄生虫病诊断水平的实用参考工具书。

本实验教程的问世，必将有利于强化学生对实验操作技能和基础理论的掌握，有利于相关专业的教学质量的提高和动物医学高级专业人才的培养。

沈永林
2006 年 10 月于南京

第一版前言

　　《动物寄生虫病学》是高等农业院校动物医学、动物检疫、实验动物等专业或方向学生的一门重要专业课程,重点介绍各种动物寄生虫病原各发育阶段的形态学特征及其鉴别方法、生活史、寄生虫病的流行病学、症状、病理变化、检测诊断方法和防治措施等,是一门直观性和实践性很强的课程。现代的教学方法主要是以多媒体手段进行课堂理论教学,然后通过实验课各种实体标本、显微标本的展示、观察和绘图作业的完成来进一步加深和巩固课堂所学知识,实验教学是理论联系实际的重要环节。由于全国各地区饲养动物种类的不同以及动物寄生虫感染分布的不同,国内系统的《动物寄生虫病学》实验指导教材不多,各院校基本是按照自己的教学内容直接准备相应的标本在实验课堂上进行讲解演示,然后学生自己观察并完成绘图作业,这给本课程的实验教学和学生的学习带来诸多不便,不利于培养高质量兽医专业人才。有鉴于此,我们在自编的实验课讲义的基础上,对照专业培养目标与要求及课程教学大纲,编写了该实验教程。

　　本实验教程内容主要包括动物常见吸虫、绦虫、线虫、棘头虫、外寄生虫和原虫的病原形态观察、动物寄生蠕虫病的实验室常规诊断方法、动物外寄生虫病的常规诊断方法、动物原虫病的常规诊断方法、寄生虫驱虫试验和完全剖检方法、动物寄生虫病的现代免疫学和分子生物学诊断方法、附录部分等。病原形态观察中既有不同阶段的虫体、虫卵、中间宿主的形态描述,又有寄生虫寄生后引起宿主组织器官的特征性病理描述;既有模式图及其注释,又有精心挑选的相应的彩色图片以进一步加深感官印象。附录部分收录了动物常见寄生虫分类及寄生部位、常见寄生虫的检验及处理、寄生虫标本的采集、保存和制作、部分寄生虫虫体传代与保存和动物各种常见蠕虫虫卵图谱等内容。教程中彩色图片多数来源于本院寄生虫学教研室收集保存的实物标本、染色标本或照片,少数参考了国内外的资料和图片。

　　编写人员主要由扬州大学兽医学院许金俊、陶建平,徐州生物工程高等职业学校丁文卫以及江苏省高邮市畜牧兽医站倪兆朝组成,均从事动物寄生虫病的教学、科研或临床诊疗工作多年。编写过程中广泛查阅了国内外有关资料,并结合我省实际情况,兼顾全国畜牧业生产,密切联系生产实际,力求教材具有科学性、先进性、实用性和启发性。本书除作为高等农业院校教材外,还可供作临床兽医工作者和检验检疫人员的参考书和工具书。

　　编写过程中得到了扬州大学兽医学院秦爱建教授、刘宗平教授、许益民教授、王小波老师、硕士研究生彭金彪,安徽科技学院李文超老师的大力支持,获得了扬州大学出版基金和江苏省动物医学品牌专业建设经费的部分资助。南京农业大学动物医学院沈永林教授在百忙之中对书稿进行了细心审阅并为本书作序,在此一并表示感谢。限于编者学识水平,错误之处和遗漏之处在所难免,请读者不吝指正。

许金俊

2007 年 1 月于扬州大学

第二版前言

《动物寄生虫病学实验教程》第一版自2007年1月出版以来,已在国内发行2000余册,经过十多轮次的实际使用。随着教材使用轮次的增加和校内外的反馈,以及本学科理论和实践等领域的不断发展、更新和进步,我们在第一版基础上进一步修订完善,出版了第二版实验教程。

第二版教程充分考虑到全国各地区饲养动物种类及动物寄生虫感染分布的不同,同时充分考虑到动物医学相关不同专业所侧重动物种类和寄生虫病的差异,适量扩充了宠物和小型实验动物的寄生虫。教材内容体系设计以寄生虫病病原分类为主线,从常见病原的形态结构观察和常规诊断技术到动物系统剖检、病原分离、驱虫和疗效判定形成一个完整的寄生虫病实验室检查和诊断的体系,同时增加了现代免疫学和分子生物学技术等综合性和设计性实验内容,培养启发学生的创新精神和创新思维。病原形态观察中包括不同发育阶段的病原、中间宿主以及特征性病理变化的描述,既有模式图,又有精心挑选的近年来来源于临床实践的彩色图片,以进一步加深感官印象,具有较高的原创性。附录包括动物常见寄生虫分类及寄生部位、常见食源性寄生虫的检验及处理、寄生虫标本的采集、保存和制作、寄生虫常用染色方法及染液的制备、寄生虫病原传代与保存和动物各种常见蠕虫虫卵图谱等内容,为学生开展科研活动、临床实践和职业技能训练奠定基础。本教材不仅可以作为本科生的教材,还可以作为高校和中专校教师、博硕士研究生、兽医技术人员、检验检疫等人员的参考书和工具书。

再版编写人员主要由扬州大学兽医学院许金俊、陶建平、刘丹丹、候照峰、王小波、宿世杰、钱晨,海安市畜牧兽医站王秋生,泰兴市畜牧兽医技术服务中心戴璐珺,如皋市畜牧兽医站周春炎组成。再版过程中得到了扬州大学兽医学院及扬州大学教务处的大力支持,获得了扬州大学教学改革重点课题(YZUJX2016-7A)、扬州大学本科专业品牌化建设与提升工程一期项目(ZYPP2018B015)、扬州大学出版基金(2018年度)、扬州大学"青蓝工程"优秀教学团队(2018年度)以及江苏省高等教育教改研究立项课题(2019JSJG250)经费的资助,在此一并表示感谢。限于编者学识水平,错误之处和遗漏之处在所难免,请读者不吝指正。

许金俊

2020年10月于扬州大学

实验须知

1. 实验前应认真预习,明确实验目的和要求,了解实验内容、方法和注意事项,并做好必要的准备工作。
2. 进入实验室,必须穿好工作服。
3. 除必要的书籍、笔记本和文具外,其他个人物品一律不得带入实验室。
4. 在实验室内禁止饮食、吸烟以及大声喧哗和嬉戏。
5. 未经指导教师同意,不得擅自移动示教片、实验器材和其他室内设施。
6. 按照实验要求积极、认真、仔细地进行实验操作,严格遵照操作规程,客观准确记录实验结果并进行分析,出现实验结果与预期不符时,要分析查找原因,必要时重复实验。
7. 实验用过的器材,必须放置在指定地点或按要求处理,不能乱丢乱放。
8. 实验中发生意外事故,应该立即报告指导教师,及时处理,切勿隐瞒或擅自处理。
9. 要爱护实验仪器和实验标本,使用贵重仪器要按照要求操作,实验耗材如试剂、药品及水电要力求节约。
10. 实验结束,应将材料仪器等放回原位,清理桌面,做好清洁工作,离开时应关闭门窗、水电和燃气等。
11. 未经许可,不得将实验室内任何物品带出实验室。
12. 按照指导教师要求,认真完成和上交实验报告及绘图作业。

目　录

实验一

动物吸虫病常见病原形态的观察

一、实验目的和要求

通过观察，掌握动物吸虫病病原——吸虫成虫与虫卵的基本形态与结构，认识日本血吸虫幼虫与吸虫的常见中间宿主，了解一些重要吸虫引起的宿主组织器官的病理特征。经观察比较，能鉴别一些常见或重要的动物吸虫病病原，为吸虫病的诊断奠定基础。

二、实验方法

1. 染色封片标本：个体较小的用显微镜观察，个体较大的用肉眼或放大镜观察。
2. 虫卵标本：取虫卵悬浮液一滴，滴在载玻片上，盖上盖玻片置于显微镜下观察。
3. 浸制虫体、中间宿主标本和病理标本：用肉眼观察。

三、观察内容

（带＊为指导教师重点讲解和学生自己重点观察内容，其余内容为指导教师进行示教讲解。）

1. 封片虫体标本

（1）肝片形吸虫（*Fasciola hipatica*）＊（图1-1）。背腹扁平，外观呈叶片状。虫体大小为（20～35）mm×（5～13）mm，体表有许多小刺，虫体前端是三角状的头椎，其尾部形成"肩"，肩部以后逐渐变窄，具有口腹吸盘。消化系统由口吸盘底部的口孔开始向后依次为咽、食道和肠管，肠管分左右两支，每侧肠管具有许多分支，肠管末端形成盲管。雄性生殖系统由位于虫体中后部两个分支的睾丸向上发出输出管，上行汇合成输精管，运入雄茎囊（内有射精管，

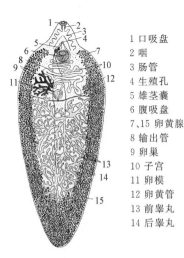

1 口吸盘
2 咽
3 肠管
4 生殖孔
5 雄茎囊
6 腹吸盘
7,15 卵黄腺
8 输出管
9 卵巢
10 子宫
11 卵模
12 卵黄管
13 前睾丸
14 后睾丸

图1-1 肝片形吸虫（Soulsby,1982）

前列腺和雄茎),开口于口腹吸盘间的生殖孔。雌性生殖系统由位于腹吸盘右后方鹿角状分枝的卵巢和虫体两侧的卵黄腺各发出输卵管和卵黄总管,汇合形成卵模,外被梅氏腺。与卵模相通的子宫盘曲位于腹吸盘与卵模之间,开口于生殖孔。

（2）大片吸虫（*F. gigantica*）。与肝片形吸虫的形态很相似,大小为（25～75）mm×（5～12）mm,长宽比例约为 5：1,虫体两侧边缘较平行,后端钝圆,"肩"部不明显,内部构造与肝片形吸虫相似。

（3）布氏姜片形吸虫（*Fasciolopsis buski*）*（图 1-2）。虫体肥厚似姜片,大小为（20～70）mm×（10～20）mm,红棕色或肉红色,具口腹吸盘,腹吸盘似漏斗状,肠管分左右两侧,每侧肠管不分支,波浪状到达虫体后端。睾丸两个呈树枝状前后排列于虫体的中部,卵巢鹿角状位于睾丸前方,缺受精囊。子宫盘曲位于腹吸盘与卵模之间,开口于生殖孔。卵黄腺呈滤泡状,充满虫体两侧,前起腹吸盘,后至虫体末端。

（4）华枝睾吸虫（*Clonorchis sinensis*）*（图1-3）。虫体叶状,透明,前端尖细后端钝圆,体表无棘,大小为（10～25）mm×（3～5）mm。具口腹吸盘,前者略大于后者。消化系统由口、咽、食道和两侧肠枝构成。睾丸两个分支状前后排列于虫体的后 1/3,睾丸发出输出管,汇合成输精管,向上膨大为贮精囊,末端形成射精管,开口于生殖孔,缺雄茎和雄茎囊。卵巢边缘分叶,位于睾丸前,受精囊特别发达,其余生殖系统的组成与吸虫的生殖系统构成基本一致。

（5）猫后睾吸虫（*Opisthorchis felineus*）。形态结构与华枝睾吸虫相似,不同的是睾丸两个裂状分叶前后斜列于虫体的后 1/4。

（6）细颈后睾吸虫（*O. tenuicollis*）（图 1-4左）。虫体细长,前端尖细,后端钝圆,体表光滑,大小为（5.4～5.6）mm×（0.8～0.88）mm。具口腹吸盘,前者稍小于后者。食道短或无,肠管伸达虫体后端。睾丸两个分瓣,前后排列于虫体的后方,缺雄茎囊。卵巢分叶,位于睾丸前,受精囊小。卵黄腺位于虫体中部两侧,生殖孔位于腹吸盘前缘。

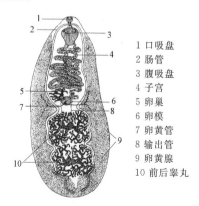

1	口吸盘
2	肠管
3	腹吸盘
4	子宫
5	卵巢
6	卵模
7	卵黄管
8	输出管
9	卵黄腺
10	前后睾丸

图 1-2　布氏姜片形吸虫（Soulsby,1982）

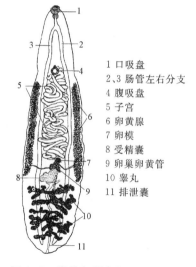

1	口吸盘
2、3	肠管左右分支
4	腹吸盘
5	子宫
6	卵黄腺
7	卵模
8	受精囊
9	卵巢卵黄管
10	睾丸
11	排泄囊

图 1-3　华枝睾吸虫（Soulsby,1982）

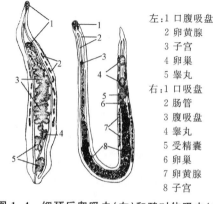

左:1 口腹吸盘
2 卵黄腺
3 子宫
4 卵巢
5 睾丸

右:1 口吸盘
2 肠管
3 腹吸盘
4 睾丸
5 受精囊
6 卵巢
7 卵黄腺
8 子宫

图 1-4　细颈后睾吸虫（左）和鸭对体吸虫（右）
（Soulsby,1982）

（7）鸭对体吸虫（*Amphimerus anatis*）（图1-4右）。虫体窄长，后端尖细，大小为（14～24）mm×（0.8～1.12）mm，口吸盘位于虫体前端，腹吸盘位于虫体前1/7～1/5处。肠管伸至虫体后端。睾丸两个长圆形，前后排列于虫体的后部。卵巢分叶，位于前睾丸前。子宫位于肠支间，回旋弯曲于卵巢与腹吸盘之间。卵黄腺分布于肠支两侧的后方。生殖孔开口于腹吸盘前缘。

（8）东方次睾吸虫（*Metorchis orientalis*）*（图1-5）。虫体细长如叶状，大小为（2.4～4.7）mm×（0.5～1.2）mm，体表有小棘，具有口腹吸盘，两者相距较远。两睾丸大而分叶明显，前后斜列在虫体后部。卵巢1个，呈椭圆形，位于睾丸前。子宫左右回旋弯曲于卵巢与腹吸盘之间。卵黄腺分布于虫体中部两侧。生殖孔开口于腹吸盘前缘。

（9）矛形双腔吸虫（*Dicrocoelium lanceatum*）*（图1-6）。成虫新鲜时成棕红色，虫体扁平窄长，呈柳叶状，大小为（5～15）mm×（1.2～2.5）mm，腹吸盘大于口吸盘。睾丸两个近似圆形，稍分叶，前后纵列或斜列于腹吸盘的后方，腹吸盘前方有长长的雄茎囊。卵巢圆形或不规则，位于后睾丸的右后方，卵黄腺分布于虫体中部两侧，子宫盘曲于虫体后部，生殖孔开口于腹吸盘的前方。

（10）胰阔盘吸虫（*Eurytrema pancreaticum*）*（图1-7）。虫体大小为（8～16）mm×（5～5.8）mm，较厚、扁平，口腹吸盘发达，口吸盘大于腹吸盘。卵巢小，分叶3～6瓣，位于睾丸之后，虫体中心线附近。睾丸两个左右排列于腹吸盘水平稍后方，圆形或略分叶。卵黄腺滤泡状位于虫体中部两侧，子宫盘曲于虫体后部，开口于肠叉后的生殖孔。

阔盘属的吸虫除胰阔盘吸虫外，还有腔阔盘吸虫（*E. coelomaicum*）和枝睾阔盘（*E. cladotchis*）吸虫。腔阔盘吸虫形态与胰阔盘吸虫很相似，但虫体比胰阔盘吸虫小，口吸盘与腹吸盘大小几乎相等。睾丸圆形或边缘有缺刻，卵巢绝大

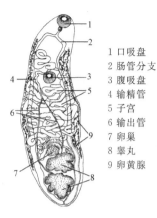

1 口吸盘
2 肠管分支
3 腹吸盘
4 输精管
5 子宫
6 输出管
7 卵巢
8 睾丸
9 卵黄腺

图1-5　东方次睾吸虫（Soulsby，1982）

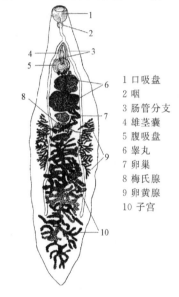

1 口吸盘
2 咽
3 肠管分支
4 雄茎囊
5 腹吸盘
6 睾丸
7 卵巢
8 梅氏腺
9 卵黄腺
10 子宫

图1-6　矛形双腔吸虫（Soulsby，1982）

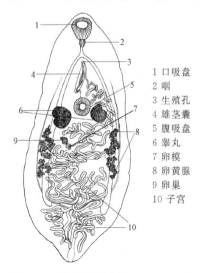

1 口吸盘
2 咽
3 生殖孔
4 雄茎囊
5 腹吸盘
6 睾丸
7 卵模
8 卵黄腺
9 卵巢
10 子宫

图1-7　胰阔盘吸虫（Soulsby，1982）

多数为圆形整块,少数亦有缺刻或分叶。体后端具有一明显的尾突。枝睾阔盘吸虫:虫体呈前端尖、后端钝的瓜子形。大小与腔阔盘吸虫相似。口吸盘略小于腹吸盘。睾丸大而分支,卵巢有5~6个分叶。

(11)鹿同盘吸虫(*Paramphistomum cervi*)*(图1-8)。梨形或圆锥形,大小为(8.8~9.6) mm×(4.0~4.4) mm。口吸盘在虫体前端,缺咽,腹吸盘位于虫体后端,一般比口吸盘大2.5~8倍。睾丸两枚,椭圆形,略分叶,前后排列于虫体中部。生殖孔开口于肠分叉下方。卵巢圆形,位于睾丸后方、后吸盘背侧。子宫盘曲于睾丸后缘再折回上行到生殖孔。卵黄腺呈粗颗粒状,分布于虫体两侧。

(12)棘口吸虫(*Echinostoma* sp.)。种类多,共同特点是成虫长叶状,前端较窄,口吸盘小,周围形成口领,上具有单列或双列的头棘,体表也有皮棘,腹吸盘发达。睾丸两个前后排列或斜列虫体后部。卵巢在睾丸之前,无受精囊,有劳氏管,子宫盘曲于肠支之间,位于腹吸盘之后和卵巢之前。代表种是卷棘口吸虫(图1-9)。虫体长叶形,大小(7.6~12.6) mm×(1.26~1.60) mm 体表有小棘,具有头棘37枚,具中腹角棘各5枚。睾丸椭圆形,边缘光滑,前后排列于卵巢后方。卵巢卵圆形,位于虫体中央过稍前,子宫盘曲在卵巢之前,内充满虫卵。卵黄腺发达,分布于腹吸盘后方两侧。

(13)前殖吸虫(*Prosthogonimus* sp.)。种类多,共同特点是虫体西瓜籽状或梨形,前端狭,后端钝圆,最大特点生殖孔开口于口吸盘附近。盲肠末端在虫体后1/4。睾丸左右并列于腹吸盘后方。子宫盘曲于睾丸与腹吸盘前后,占据虫体后部。卵巢分叶,位于腹吸盘背面。卵黄腺位于虫体两侧,分布在肠管分叉稍后方到睾丸后缘。代表种是透明前殖吸虫(图1-10)。

(14)纤细背孔吸虫(*Notocotylus attenuatus*)*(图1-11)。虫体扁叶状,两端钝圆,腹面稍向

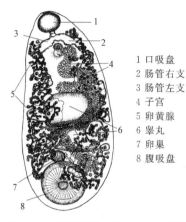

1 口吸盘
2 肠管右支
3 肠管左支
4 子宫
5 卵黄腺
6 睾丸
7 卵巢
8 腹吸盘

图1-8 鹿同盘吸虫(Soulsby,1982)

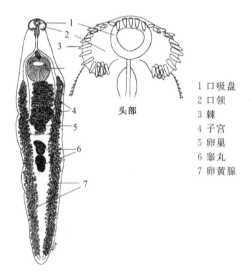

头部

1 口吸盘
2 口领
3 棘
4 子宫
5 卵巢
6 睾丸
7 卵黄腺

图1-9 卷棘口吸虫(Soulsby,1982)

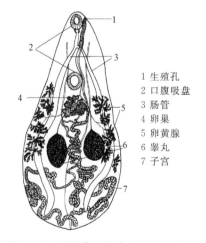

1 生殖孔
2 口腹吸盘
3 肠管
4 卵巢
5 卵黄腺
6 睾丸
7 子宫

图1-10 透明前殖吸虫(Soulsby,1982)

内凹，大小为（3.84～4.32）mm×（1.12～1.28）mm，只有口吸盘，无腹吸盘。腹面有三纵列圆形腹腺，每列 15 个，呈乳头状突起。两睾丸分叶左右排列在虫体后端两侧。卵巢分叶位于虫体后部中央。子宫左右回旋弯曲于两肠支之间。卵黄腺呈颗粒状，分布于虫体两侧，自虫体中部开始至睾丸的前缘。

（15）舟形嗜气管吸虫（*Tracheophilus cymbium*）（图 1-12）。虫体扁平椭圆，两端钝圆，新鲜虫体深红色或粉红色，大小为（6.0～11.5）mm×（2.5～4.5）mm。无口腹吸盘。有口孔，咽球形，食道短，两侧肠管在虫体后端合并成环形。睾丸圆形两个前后斜列于后部肠环内的左侧和后方。卵巢圆形，位于肠环内前睾丸的对侧或稍后，与两个睾丸三角形排列。卵黄腺发达，位于虫体两侧，起于咽两侧，止于虫体末端，子宫发达，充满肠管内的全部空隙。生殖孔开口于咽稍前的虫体中央。

（16）卫氏并殖吸虫（*Paragonimus westermani*）（图 1-13）。虫体肥厚，背面隆起，腹面扁平。新鲜虫体深红色，大小为（7.5～16）mm×（4～8）mm，体表有小棘。具有口腹吸盘，大小略同，腹吸盘位于虫体中横线稍前。咽小，食道短，每侧肠管波浪状到达虫体后端。睾丸 2 个，左右呈分支状（4～6 支）排列于虫体后 1/3 处。卵巢分 5～6 叶，形如指状，每叶又分叶，位于腹吸盘右后方。卵黄腺发达，位于虫体两侧，起于口吸盘，止于虫体末端，子宫盘曲于腹吸盘后部再开口于腹吸盘后部的生殖孔。

（17）横川后殖吸虫（*Metagonimus yokogawai*）（图 1-14）。梨形或圆锥形，大小为（1.10～1.66）mm×（0.58～0.69）mm，体表有鳞棘。口吸盘球形，腹吸盘椭圆形，位于虫体前 1/3 右侧。睾丸 2 枚，类圆形，斜列于虫体后端。卵巢球形，位于睾丸前。受精囊发达，椭圆形，位于卵巢右侧。生殖孔开口于腹吸盘前缘。子宫弯曲于生殖孔和睾丸之间的空隙内。卵黄腺呈粗颗粒状，分布于虫体后 1/3 两侧。

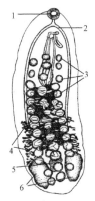

1 口吸盘
2 肠管
3 腹腺
4 卵黄腺
5 卵巢
6 睾丸

图 1-11　纤细背孔吸虫（Soulsby，1982）

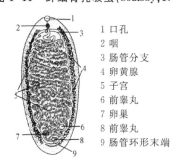

1 口孔
2 咽
3 肠管分支
4 卵黄腺
5 子宫
6 前睾丸
7 卵巢
8 前睾丸
9 肠管环形末端

图 1-12　舟形嗜气管吸虫（Soulsby，1982）

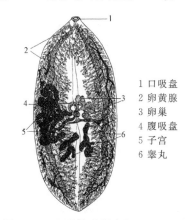

1 口吸盘
2 卵黄腺
3 卵巢
4 腹吸盘
5 子宫
6 睾丸

图 1-13　卫氏并殖吸虫（Soulsby，1982）

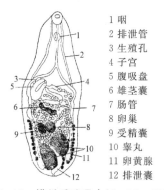

1 咽
2 排泄管
3 生殖孔
4 子宫
5 腹吸盘
6 雄茎囊
7 肠管
8 卵巢
9 受精囊
10 睾丸
11 卵黄腺
12 排泄囊

图 1-14　横川后殖吸虫（Soulsby，1982）

（18）异形异形吸虫（*Heterophyes heterophyes*）（图1-15）。梨形,大小为(1.0～1.7) mm×(0.3～0.7) mm,体表有鳞棘。具有口吸盘和腹吸盘,腹吸盘的左下方有生殖吸盘,其上有70～80个小棘。睾丸2枚,卵圆形,斜列于虫体后端。卵巢小,位于睾丸前。卵黄腺呈粗颗粒状,每侧14个,分布于虫体后部两侧。

（19）鸡嗜眼吸虫（*Philophthalmus gralli*）。虫体扁圆筒状,较窄,体表光滑。大小为(2.149～6.396) mm×(0.798～1.972) mm。具有口腹吸盘,腹吸盘大于口吸盘,位于虫体前1/4～1/3处。咽发达,食道短,两侧肠管伸至虫体后端。睾丸圆形、椭圆形或三角形,前后排列于虫体后1/5～1/4的中央。卵巢圆形,位于睾丸前。卵黄腺位于两侧,腹吸盘与前睾丸之间,子宫盘曲于腹吸盘与前睾丸之间。生殖孔开口于肠叉的腹面。

（20）日本分体吸虫（*Schistosoma japonicum*）[*]（图1-16）。雌雄异体,线状。雄虫乳白色,大小为(10～20) mm×(0.50～55) mm。具有口腹吸盘,口吸盘位于虫体前端,腹吸盘位于口吸盘下方,突起成柄状,自腹吸盘向后的虫体的两侧向腹面卷曲形成抱雌沟,雌虫常被抱于沟内,形成雌雄合抱状态。雄虫在腹吸盘下方前后排列着7枚椭圆形的睾丸,每个睾丸有一输出管,共同汇合成输精管,向前延伸为贮精囊,最终雄虫生殖孔开口于腹吸盘的抱雌沟内。雌虫细长,大小为(15～26) mm×0.3 mm,暗褐色,口腹吸盘均小于雄虫,卵巢一个成椭圆形,位于虫体中后两侧肠管之间,向后发出一输卵管并折回前方伸延,在卵巢前与卵黄管合并形成卵模,卵模外披梅氏腺,向前为管状的子宫,最终雌性生殖孔开口于腹吸盘后方。卵黄腺成不规则的分支状,位于后1/4处。雄虫和雌虫消化系统有口、食道、肠等构成,口位于口吸盘内,食道两侧有食道腺,食道在腹吸盘前分成两支分别向后延伸为肠管,在虫体后1/3处合并为一单管,伸达虫体末端。

（21）日本分体吸虫毛蚴（图1-17）。倒三

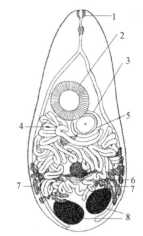

1 口吸盘
2 腹吸盘
3 生殖吸盘
4 子宫
5 生殖吸盘上的棘
6 卵巢
7 卵黄腺
8 睾丸

图1-15　异形异形吸虫(Soulsby,1982)

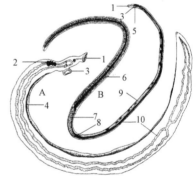

A 雄虫
B 雌虫
1 口吸盘
2 睾丸
3 腹吸盘
4 抱雌沟
5 生殖孔
6 卵黄腺
7 卵巢
8 卵模
9 子宫
10 肠管

图1-16　日本分体吸虫(Soulsby,1982)

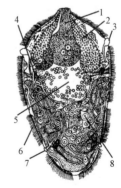

1 原肠
2 前钻腺
3 侧钻腺
4 焰细胞
5 神经节
6 纤毛
7 排泄孔
8 胚细胞

图1-17　日本分体吸虫毛蚴(Soulsby,1982)

角形或梨形,周身披有纤毛,平均大小为 $90\ \mu m \times 35\ \mu m$,头部宽,有头腺和 1 对眼点,体内为简单的消化道、胚细胞、神经及排泄系统。

（22）日本分体吸虫胞蚴。位于钉螺体内,有母胞蚴和子胞蚴(图 1-18)之分,子胞蚴长条状,由母胞蚴体内释放而来,子胞蚴体内有大量未发育成熟的尾蚴。

（23）日本分体吸虫尾蚴(图 1-19)。分体部和尾部两个部分,体表具有小棘,有吸盘、消化器官、排泄器官、神经元,分泌腺和原始的生殖器官。尾部分尾干和尾叉两部,入侵皮肤后尾部脱去。

（24）土耳其斯坦东毕吸虫(*Orientobilharzia turkestanicum*)。新鲜虫体白色短线状,呈新月形弯曲。雌雄异体,雄虫比雌虫粗大。雄虫:体长 $4.2 \sim 8.1\ mm$,宽 $0.43 \sim 0.47\ mm$,虫体前端扁平,由腹吸盘开始至虫体后端的两侧体壁向腹面卷曲形成"抱雌沟"。口腹吸盘相距较近。无咽。食道在腹吸盘前方分为两条肠支伸向虫体的后方,后两支肠管又合二为一,称为肠单干。睾丸为 $78 \sim 80$ 个,呈椭圆形,不规则的双行或个别的按单行排列于腹吸盘后上方。生殖孔位于腹吸盘之后。雌虫一般比雄虫细小,食道亦在腹吸盘前分为二条肠支而后又合为一支,其单支部分超过双支的 2 倍。卵巢位于肠支合二为一处前方,呈螺旋状扭曲。卵黄腺位于肠单干两侧,子宫位于卵巢之前的两肠支之间。子宫内通常只有一个虫卵。

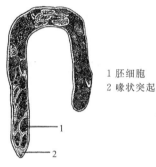

1 胚细胞
2 喙状突起

图 1-18　日本分体吸虫子胞蚴(Soulsby,1982)

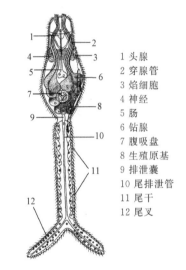

1 头腺
2 穿腺管
3 焰细胞
4 神经
5 肠
6 钻腺
7 腹吸盘
8 生殖原基
9 排泄囊
10 尾排泄管
11 尾干
12 尾叉

图 1-19　日本分体吸虫尾蚴(Soulsby,1982)

2. 虫卵

（1）肝片形吸虫卵*。大小为 $(116 \sim 132)\ \mu m \times (66 \sim 82)\ \mu m$,长椭圆形,金黄色,卵内充满卵黄细胞和一个胚细胞,一端有一个不明显的卵盖。大片吸虫卵比肝片吸虫卵稍大。

（2）布氏姜片吸虫卵。长 $137 \sim 153\ \mu m$,宽 $71 \sim 84\ \mu m$,淡黄色,椭圆形,有卵盖,内含多个卵黄细胞和一个胚细胞。卵黄细胞内含脂质颗粒。

（3）华枝睾吸虫卵*。黄褐色,灯泡状,较小,大小为 $(27 \sim 35)\ \mu m \times (11 \sim 19)\ \mu m$,有卵盖和肩峰,后端一疣状构造,内含毛蚴。

（4）猫后睾吸虫卵。大小为 $(22 \sim 24)\ \mu m \times 13\ \mu m$,浅棕黄色,卵壳薄,一端有卵盖,另一端有一个小的突出物,内含毛蚴。

（5）矛形双腔吸虫卵。椭圆形,成熟的卵为暗褐色,卵壳厚。两侧不对称,一端有卵盖,内含成熟的毛蚴,大小为 $(38 \sim 51)\ \mu m \times (21 \sim 30)\ \mu m$。

（6）胰阔盘吸虫卵。与双腔吸虫卵极为相似,只比前者稍大,两边比较对称。大小为

$(40\sim50)~\mu m\times(23\sim34)~\mu m$。

(7) 前后盘吸虫卵*。椭圆形,灰白色或银灰色,有卵盖,卵黄细胞较疏松,不充满整个虫卵,大小为$(110\sim170)~\mu m\times(70\sim100)~\mu m$。

(8) 日本血吸虫卵。虫卵椭圆形、无卵盖,淡黄色,较小,平均大小为$89~\mu m\times67~\mu m$,内为毛蚴,虫卵一侧有一小刺。

(9) 并殖吸虫卵。金黄色,大小为$(75\sim118)~\mu m\times(48\sim67)~\mu m$,椭圆形,不太对称,内含一个胚细胞和10余个卵黄细胞,一端有较大卵盖。

(10) 前殖吸虫卵。大小为$(90\sim126)~\mu m\times(59\sim71)~\mu m$,褐色,椭圆形,内含分裂的卵黄细胞。

(11) 卷棘口吸虫卵。大小为$(26\sim30)~\mu m\times(10\sim15)~\mu m$,金黄色,内含完全发育的毛蚴。卵一端有卵盖,卵壳的另一端有一个小的突起。

(12) 土耳其斯坦东毕吸虫卵:大小为$(72\sim74)~\mu m\times(22\sim26)~\mu m$,两端各有一附属物,一个为钝圆的结节,另一个呈小刺状。初排出时,卵内含毛蚴雏形。

3. 浸制标本

(1) 虫体。肝片形吸虫、布氏姜片形吸虫、华枝睾吸虫、胰阔盘吸虫、矛形双腔吸虫、鹿同盘吸虫、前殖吸虫、棘口吸虫、纤细背孔吸虫、次睾吸虫、鸭后睾吸虫、鸭对体吸虫、日本分体吸虫、卫氏并殖吸虫、舟形嗜气管吸虫、鸡嗜眼吸虫等。

(2) 中间宿主。钉螺、扁卷螺、椎实螺、蜗牛、淡水螺、短沟蜷、溪蟹、蝲蛄等。

(3) 病理标本。

1) 日本血吸虫引起的肝脏病变及治疗后的兔肝脏。人工感染日本血吸虫的兔肝脏表面有大量粟粒大小的黄白色虫卵结节,经过治疗后结节基本消失。

2) 肝片形吸虫引起的羊肝脏病变:肝脏切面胆管上皮增生,胆管管腔狭窄,上皮粗糙。

3) 华枝睾吸虫引起的犬肝脏病变:肝脏切面胆管管腔狭窄,上皮粗糙,肝脏硬化。

四、作业

1. 绘出肝片形吸虫、华枝睾吸虫形态图,并标出各部位名称。

2. 绘出肝片形吸虫卵、华枝睾吸虫卵、鹿同盘吸虫卵形态图,并标出各部位名称。

3. 对照分类将动物常见吸虫的形态结构特点进行概括和总结,并用表格形式列出,表格格式如下:

科	属	种	大小	形状	颜色	吸盘	肠管	睾丸	卵巢	子宫	生殖孔	卵黄腺	特殊构造

实验一　彩图

一、动物常见吸虫染色图谱

肝片吸虫　　　大片吸虫　　　姜片吸虫　　　华枝睾吸虫　　　猫后睾吸虫

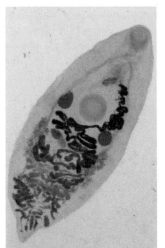
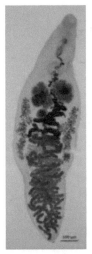
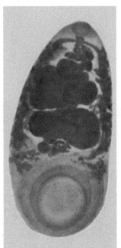
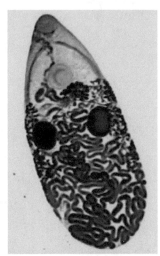

胰阔盘吸虫　　　矛形双腔吸虫　　　鹿同盘吸虫　　　卵圆前殖吸虫

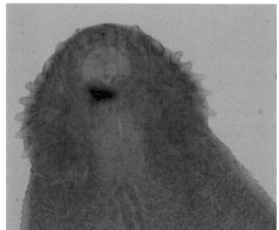
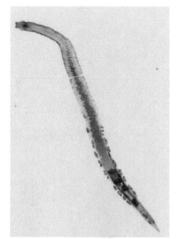

卷棘口吸虫　　　　　　　　棘口吸虫头部　　　　　　　　鸭对体吸虫

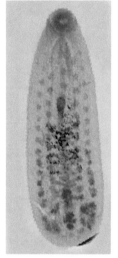

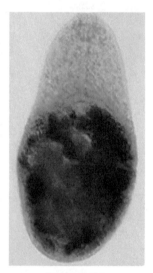

背孔吸虫　　　　　舟形嗜气管吸虫　　　　卫氏并殖吸虫　　　　异形异形吸虫

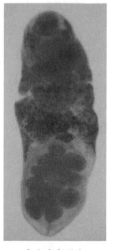

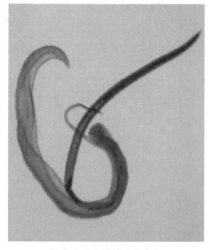

横川后殖吸虫　　　　东方次睾吸虫　　　　鸡嗜眼吸虫　　　　日本血吸虫雌雄成虫合抱

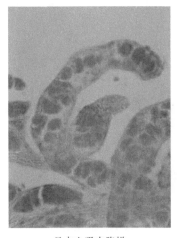
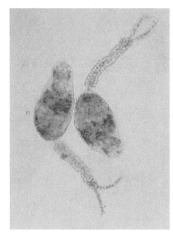

| 日本血吸虫毛蚴 | 日本血吸虫胞蚴 | 日本血吸虫尾蚴 |

二、其他吸虫染色图谱

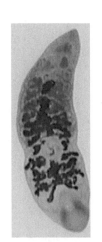
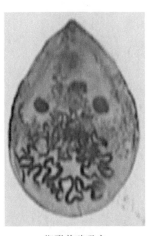

| 台湾次睾吸虫 | 鸡后口吸虫 | 楔形前殖吸虫 | 透明前殖吸虫 | 抱茎棘隙吸虫 |

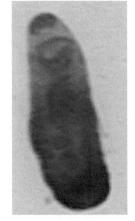

| 宫川棘口吸虫 | 似锥形低颈吸虫 | 曲棘缘吸虫 | 接睾棘口吸虫 | 柯布菲氏吸虫 |

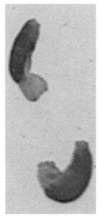

| 角杯尾吸虫 | 优美异幻吸虫 | 野牛平腹吸虫 | 人拟腹碟吸虫 |

三、常见吸虫卵、常见中间宿主及吸虫引起的特征性病变

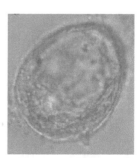

| 肝片吸虫卵 | 姜片吸虫卵 | 华枝睾吸虫卵 | 前后盘吸虫卵 | 日本血吸虫卵 |

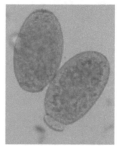

| 次睾吸虫卵 | 并殖吸虫卵 | 棘口吸虫卵 | 心形咽口虫卵 | 双腔吸虫卵 |

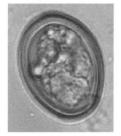
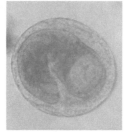
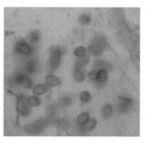

| 胰阔盘吸虫卵 | 吸虫囊蚴 | 胆汁内华枝睾吸虫卵 | 钉螺 |

淡水螺

扁卷螺

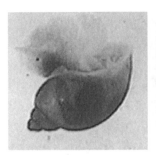

椎实螺

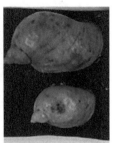

椎实螺

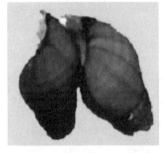

短沟蜷

蝲蛄

溪蟹

肝片吸虫引起的肝脏病变

华枝睾吸虫引起的犬肝脏硬化

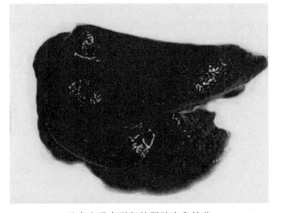

日本血吸虫引起的肝脏虫卵结节

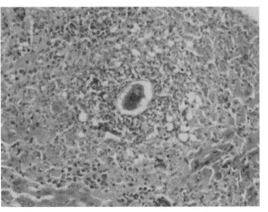

显微镜下的日本血吸虫肝脏虫卵结节

普鲁氏杯叶吸虫寄生于鸭小肠

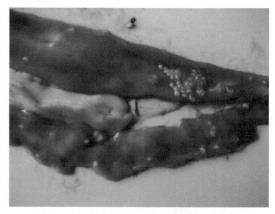

优美异幻吸虫寄生于鹅小肠

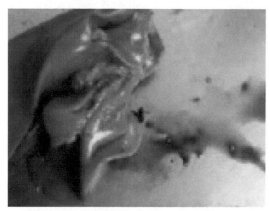

东方次睾吸虫寄生于鸭胆囊及肝脏黄染

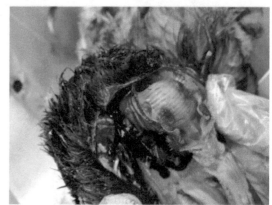

舟形嗜气管吸虫寄生于鸭气管和喉头

实验二

动物绦虫病常见病原形态的观察(一)

一、实验目的和要求

通过观察,掌握动物绦虫病病原——绦虫蚴及其成虫与虫卵的基本形态与结构,了解一些重要绦虫蚴引起的宿主组织器官的病理特征。经观察比较,能鉴别一些常见或重要的动物绦虫病病原,尤其是圆叶目绦虫与假叶目绦虫的成虫头节、成节及虫卵间的鉴别,为绦虫病的诊断奠定基础。

二、实验方法

(1) 染色封片标本:个体小的用显微镜观察,个体大的用肉眼或放大镜观察。

(2) 虫卵标本:取虫卵悬浮液一滴,滴在载玻片上,盖上盖玻片置于显微镜下观察。

(3) 浸制标本:用肉眼或放大镜观察,注重观察绦虫蚴及其成虫的外部形态特征。

三、观察内容

(带 * 为指导教师重点讲解和学生自己重点观察内容,其余内容为指导教师进行示教讲解。)

1. 封片标本

(1) 猪肉囊尾蚴(*Cysticercus cellulosae*)*(图 2-1)。呈椭圆形,大如黄豆,大小为(6~10) mm×5 mm,半透明,乳白色,内有无色透明的囊液,囊壁上有一粟粒大的头节,翻入囊内呈白色小点,头节上有顶突及 4 个吸盘,顶突上有两圈排列的角质小钩。

(2) 牛肉囊尾蚴(*Cysticercus bovis*)。呈灰白色,椭圆形,半透明囊泡,直径约 1 cm,内有无

图 2-1　猪肉囊尾蚴(**Soulsby**,1982)

图 2-2　细粒棘球蚴(**Soulsby**,1982)

色透明的囊液,囊壁上有一内陷的粟粒大的头节,直径 1.5～2.0 mm,上有 4 个吸盘,无顶突和小钩。

(3) 细粒棘球蚴(*Echinococcus*,*Hydatid cyst*)(图 2-2,图 2-3)。近球形,直径 5～10 cm,大的直径可达 50 cm,含囊液 10 余升,大小因寄生部位不同而有很大的差异。棘球蚴母囊囊壁分为两层,外层为角质层,内层为生发层,生发层向囊内生长出生发囊或育囊,其内壁上形成许多数量不等的原头蚴。母囊内外有时形成与同母囊结构相同的子囊,子囊内有时会形成孙囊。囊液中的育囊、原头蚴及子囊统称为囊砂。原头蚴上具有小钩、吸盘及石灰样颗粒,具有感染性。另外,有时形成不含原头蚴的不育囊。

(4) 脑多头蚴(*Coenurus cerebralis*)(图 2-4)。为乳白色半透明的一囊泡,圆形或卵圆形,直径 5 cm 或更大,豌豆大至鸡蛋大,囊壁由外层的角质层和内层的生发层构成,囊内充满囊液,囊壁上有 100～250 个直径为 2～3 mm 的原头蚴。

(5) 细颈囊尾蚴(*Cysticercus tenuicollis*)(图 2-5)。乳白色囊泡,内充满透明囊液,豌豆、鸡蛋大或更大,直径约 8 cm,囊壁薄,上有一个具有细长颈部的头节,头节上有 4 个吸盘、顶突和小钩。

(6) 羊囊尾蚴(*Cysticercus ovis*)。形态和构造与猪囊尾蚴相似,卵圆形囊泡,大小(3×2)～(9×4) mm。

(7) 豆状囊尾蚴(*Cysticercus pisiformis*)。豌豆大小的白色囊泡,囊内充满囊液,囊壁上有一白色头节,上有 4 个吸盘,有顶突和小钩,往往数十个囊泡连在一起。

(8) 连续多头蚴(*Coenurus serialis*)。鸡蛋大或更大的白色囊泡,直径一般 4 cm,囊内充满囊液,囊壁上许多原头蚴。

(9) 斯氏多头蚴(*Coenurus skrjabini*)。形态和构造与脑多头蚴相同。

(10) 链尾蚴(*Cysticerus fasciolaris*)(图 2-6)。形似长链,20 cm 长,头节裸露不内嵌,

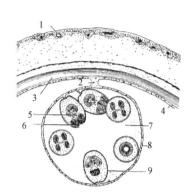

1 肝细胞残迹
2 茎
3 角质层
4 生发层
5 顶突小钩
6 吸盘
7 PAS+物质
8 生发囊壁
9 皮层

图 2-3 棘球蚴构造(Morseth,1967)

图 2-4 脑多头蚴(Soulsby,1982)

图 2-5 细颈囊尾蚴(Soulsby,1982)

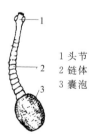

1 头节
2 链体
3 囊泡

图 2-6 链尾蚴(Soulsby,1982)

上有顶突、小钩和 4 个吸盘，头节后为一假分节的链体状构造，后有一小尾囊。

（11）孟氏裂头蚴（*Sparganum mansomi*）（图 2-7）。又称实尾蚴，由含有原尾蚴的剑水蚤被第二中间宿主吞食后，在其体内逐渐发育而成。具有成虫样指形头节，头节背面和腹面各一吸槽，乳白色，扁平，不分节，实体结构，长度大小不一，从 0.3 cm 到 30～105 cm 不等，链体及生殖器官尚未发育。成熟的实尾蚴被终宿主吞食后发育为成虫。

（12）猪肉带绦虫（*Taenia solium*）（头节*、小钩、成节*、孕节，图 2-8）。猪肉囊尾蚴的成虫，虫体长 2～4 m，头节小，球形，直径约 1 mm，具有顶突，上有 25～50 个小钩，分内外两圈排列，有 4 个吸盘。成熟节片近似方形，每一节片有一组雌雄同体的生殖器官，生殖器官为典型的圆叶目绦虫生殖器官的构造。睾丸为泡状，150～300个，分散于节片髓质内，每个睾丸发出输出管，汇合成输精管，输精管膨大形成贮精囊，再延伸形成前列腺、射精管和雄茎，这四者共同包裹在雄茎囊内，雄茎最终开口于节片侧缘中央的生殖孔内。卵巢分左右两叶和副叶共 3

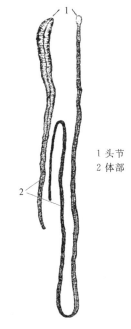

图 2-7　孟氏裂头蚴（俞森海，1992）

1　头节
2　体部

叶，发出输卵管，卵黄腺块状位于卵巢下方，发出卵黄管，与输卵管汇合形成卵模，卵模分别与子宫和阴道相连。子宫位于节片中央，呈棒状，末端为盲管，阴道与雄茎一下一上开口于节片侧缘中央的生殖孔。孕节窄而长，大小（10～12）mm×（5～6）mm，节片内其他器官退化，只剩下子宫。子宫从主干上长出 7～12 对侧枝，侧枝还分出许多次生枝，呈树枝状，内充满虫卵。

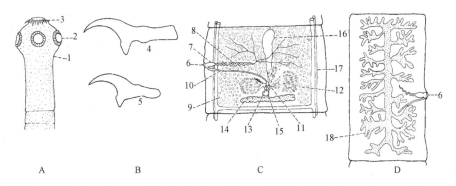

A 头节　B 小钩　C 成节　D 孕节　1 头节　2 吸盘　3 顶突　4,5 顶突上的大小钩　6 生殖孔　7 雄茎囊　8 输精管　9 睾丸　10 阴道　11 受精囊　12 卵巢　13 输卵管　14 卵黄腺　15 卵模与梅氏腺　16 子宫　17 纵排泄管　18 孕节子宫分枝

图 2-8　猪肉带绦虫（Olsen，1974）

（13）牛肉带绦虫（*Cysticercus bovis*）（头节、成节、孕节，图 2-9）。牛肉囊尾蚴的成虫，乳白色，带状，肥厚，可长有 5～10 m，头节无顶突和小钩，有 4 个吸盘。成熟节片近似方形，每节内有一套雌雄同体的生殖系统。睾丸 800～1 200 个，卵巢分为两叶。生殖孔位于体侧缘，不规则的左右交替开口。孕节窄而长，内有发达子宫，子宫分枝有 15～30 对，每个孕节

内约含虫卵 10 万个。

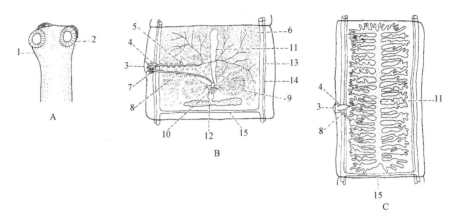

A 头节　B 成节　C 孕节　1 头节　2 吸盘　3 生殖孔　4 雄茎囊　5 输精管　6 睾丸　7 阴道括约肌　8 阴道
9 卵巢　10 输卵管　11 子宫　12 卵黄腺　13 纵排泄管内侧　14 纵排泄管外侧　15 横排泄管

图 2-9　牛肉带绦虫(Olsen,1974)

（14）多头多头绦虫(*Taenia multiceps*)。脑多头蚴的成虫,长 40～100 cm,由 200～250 个节片组成,节片宽度可达到 5 mm,头节上有 4 个吸盘和顶突,顶突上有 22～32 个排列成两圈的小钩。成熟节片具有典型的圆叶目绦虫的构造。孕节子宫有 14～26 对侧枝,内充满着虫卵。

（15）细粒棘球绦虫(*Echinococcus granulosus*)(图 2-10)。细粒棘球蚴的成虫,很小,2～7 mm 长,由头节和 3～4 个节片构成,头节上有 4 个吸盘和顶突,顶突上有两圈排列的小钩。成熟节片有一套雌雄同体的生殖器官,睾丸数为 35～55 个,生殖孔位于节片侧缘的后半部。孕节长度为全虫长的一半,子宫有 12～15 对侧枝,内充满着虫卵。

（16）泡状带绦虫(*Taenia hydatigena*)。细颈囊尾蚴的成虫,长达 5 m,头节上有 4 个吸盘和顶突,顶突上有 24～46 个小钩。成熟节片具有典型的圆叶目绦虫的构造。孕节子宫有 5～16 对侧枝,内充满着虫卵。

（17）羊肉带绦虫(*Taenia ovis*)。羊囊尾蚴的成虫,长有 45～100 cm,头节上有 4 个吸盘和顶突,顶突上有 24～36 个小钩。成熟节片具有典型的圆叶目绦虫的构造。孕节子宫有 20～25 对侧枝,内充满着虫卵。

（18）豆状带绦虫(*Taenia pisiformis*)。豆状囊尾蚴的成虫,长达 200 cm,头节上有 4 个吸盘和顶突,

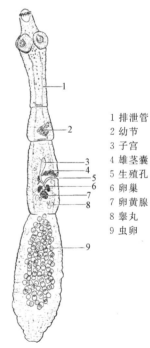

1 排泄管
2 幼节
3 子宫
4 雄茎囊
5 生殖孔
6 卵巢
7 卵黄腺
8 睾丸
9 虫卵

图 2-10　细粒棘球绦虫(Smith,1982)

顶突上有 36～48 个小钩。成熟节片具有典型的圆叶目绦虫的构造,体节边缘呈锯齿状。孕节子宫有 8～14 对侧枝,内充满着虫卵。

（19）连续多头绦虫(*Multiceps serialis*)。连续多头蚴的成虫,长有 10～70 cm,头节上

有 4 个吸盘和顶突,顶突上有 26～32 个排列成两行的小钩。成熟节片具有典型的圆叶目绦虫的构造。孕节子宫有 20～25 对侧枝,内充满着虫卵。

(20) 斯氏多头绦虫(*Multiceps skrjabini*)。斯氏多头蚴的成虫,长 20 cm,头节上有 4 个吸盘和顶突,顶突上有 32 个小钩。成熟节片具有典型的圆叶目绦虫的构造。孕节子宫有 20～30 对侧枝,内充满着虫卵。

(21) 带状带绦虫(*Taenia taeniaeformis*)。链尾蚴的成虫,长有 15～60 cm,头节外观粗壮,有 4 个向外侧突出的吸盘和肥大的顶突,顶突上有小钩。成熟节片具有典型的圆叶目绦虫的构造。孕节子宫有 16～18 对侧枝,内充满着虫卵。

(22) 孟氏迭宫绦虫(*Spirometra mansoni*)(头节*、成节*,图 2-11)。孟氏裂头蚴的成虫,虫体长有 40～60 cm,头节指形,头节背面和腹面各一吸槽。成熟节片具有典型的假叶目绦虫的构造,成节宽大于长,睾丸 200～500 个,为小泡型,均匀地散布在体节两侧背面。卵巢分左右两瓣,位于节片近后缘的两侧,两叶之间为卵模和梅氏腺。卵黄腺呈泡状,分布在节片的髓质中,位于睾丸的腹面。子宫位于体节中部,作 3～5 个螺旋蟠曲,紧密地重叠,略呈宝塔状,末端开口于节片纵中线雌性生殖孔下方,雄性生殖孔和雌性生殖孔前后开口于节片纵中线偏前方。

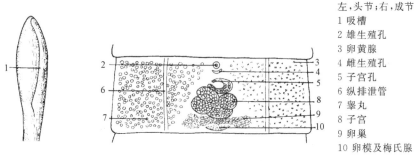

左,头节;右,成节
1 吸槽
2 雄生殖孔
3 卵黄腺
4 雌生殖孔
5 子宫孔
6 纵排泄管
7 睾丸
8 子宫
9 卵巢
10 卵模及梅氏腺

图 2-11　孟氏裂头蚴(俞森海,1992)

2. 虫卵

(1) 猪肉带绦虫卵*。具有圆叶目绦虫卵的典型构造,圆形或卵圆形,卵壳有两层,内层较厚,浅褐色,内有六钩蚴,胚膜较厚,具辐射状条纹,外壳薄,易脱落,直径 31～43 μm。

(2) 孟氏迭宫绦虫卵*。具有假叶目绦虫卵的典型构造,虫卵呈椭圆形,两端稍尖,一端较尖,两侧稍不对称,一侧弯曲明显,淡黄色,有卵盖,大小为(52～68) μm×(32～43) μm,内含有胚细胞和卵黄细胞。

3. 浸制标本

(1) 虫体标本:猪肉囊尾蚴、脑多头蚴、细颈囊尾蚴、棘球蚴、斯氏多头蚴、豆状囊尾蚴、链尾蚴、裂头蚴、舌形蚴、猪肉带绦虫、牛肉带绦虫、泡状带绦虫、多头多头绦虫、豆状带绦虫、带状带绦虫、孟氏迭宫绦虫。

(2) 病理标本:

1) 猪肉囊尾蚴寄生的猪肉、心、脑及舌:猪肉、心肌、脑、舌肌上有数量不等的米粒大小的白色半透明囊泡,有的部位囊尾蚴脱落后形成空洞。

2) 细粒棘球蚴寄生的羊肝脏或肺脏:棘球蚴寄生后压迫肝脏或肺脏,寄生部位形成空洞,周围组织严重萎缩。

3）多头蚴寄生的羊大脑:多头蚴寄生后压迫大脑,寄生部位形成空洞,周围脑组织严重萎缩。

4）细颈囊尾蚴寄生的仔猪肝脏:幼虫移行于肝脏,引起肝脏出血并形成孔道,表面和内部有许多未发育成熟的细颈囊尾蚴幼虫。

5）豆状囊尾蚴寄生的兔肝脏和肠系膜:豌豆大小的豆状囊尾蚴呈葡萄状附着于肝脏和肠系膜。

6）链尾蚴寄生于鼠肝脏:肝脏表面可见一链尾蚴囊泡。

四、作业

1. 绘出猪肉囊尾蚴头节、孟氏迭宫绦虫头节、猪肉带绦虫成节、孟氏迭宫绦虫成节、猪肉带绦虫卵、孟氏迭宫绦虫卵形态图。比较列出圆叶目绦虫和假叶目绦虫的头节、成熟节片和虫卵的一般区别。

2. 比较猪肉带绦虫孕节和牛肉带绦虫孕节的区别。

3. 比较列出各种绦虫蚴的形状、大小、寄生部位、蚴虫寄生宿主及部位、成虫及寄生宿主和寄生部位。

实验二　彩图

一、常见绦虫蚴

猪肉囊尾蚴(染色)

猪肉囊尾蚴(染色)

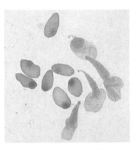

猪肉囊尾蚴(实物)

牛肉囊尾蚴(染色)

棘球蚴(实物)

棘球砂(染色)

细颈囊尾蚴(实物)

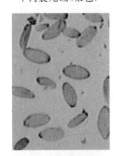

细颈囊尾蚴(实物)

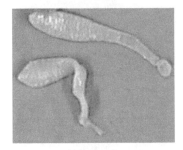

链尾蚴(实物)

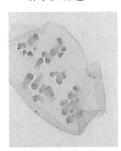

脑多头蚴破裂碎片(实物)

斯氏多头蚴(实物)

豆状囊尾蚴(实物)

裂头蚴头节(染色)

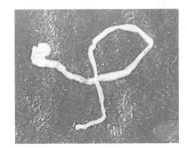

裂头蚴(实物)

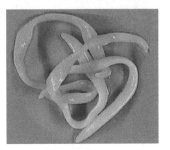

舌形蚴(实物)

二、常见绦虫蚴的成虫

猪肉带绦虫头节(染色)

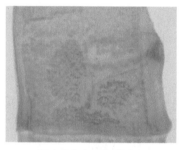
猪肉带绦虫成节(染色)

猪肉带绦虫孕节(染色)

牛肉带绦虫头节(染色)

牛肉带绦虫成节(染色)

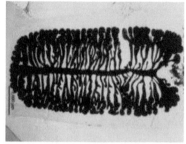
牛肉带绦虫孕节(染色)

牛肉带绦虫节片(实物)

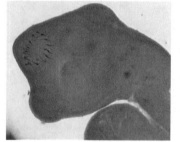
多头多头绦虫头节(染色)

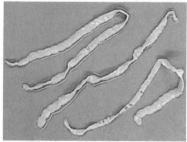
多头多头绦虫节片(实物)

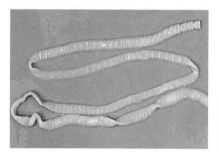
泡状带绦虫节片(实物)

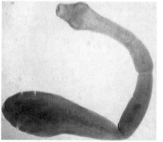
细粒棘球绦虫(染色)

豆状带绦虫(实物)

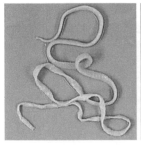
带状带绦虫（实物）

孟氏迭宫绦虫（实物）

孟氏迭宫绦虫头节（染色）

孟氏迭宫绦虫成节（染色）

三、常见绦虫蚴引起的病变、中间宿主及成虫虫卵

猪肉囊尾蚴寄生于猪肌肉

猪肉囊尾蚴寄生于猪心脏

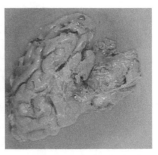
猪肉囊尾蚴寄生于猪大脑

猪肉囊尾蚴寄生于猪舌

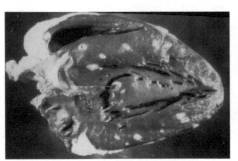
牛肉囊尾蚴寄生于牛心脏

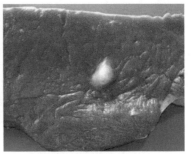
牛肉囊尾蚴寄生于牛肉

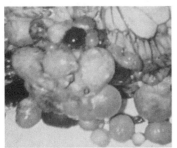
棘球蚴寄生于羊腹腔

细粒棘球蚴引起羊肝脏病变

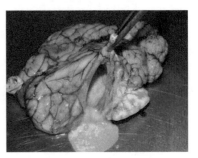
脑多头蚴引起羊脑的病变

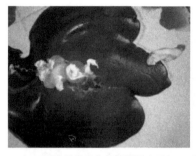

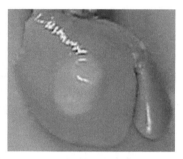

细颈囊尾蚴寄生于猪肝脏表面　　　细颈囊尾蚴(未成熟)引起仔猪肝脏病变　　　链尾蚴寄生于鼠肝脏

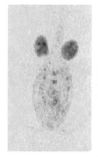

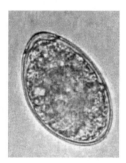

剑水蚤　　　猪肉带绦虫卵　　　牛肉带绦虫卵　　　细粒棘球绦虫卵　　　孟氏迭宫绦虫卵

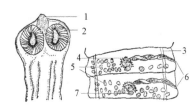

实验三

动物绦虫病常见病原形态的观察(二)

一、实验目的和要求

通过观察,掌握寄生于猪、马、牛、羊、禽、犬、猫、鼠等动物的绦虫成虫及其虫卵的基本形态与结构。经观察比较,能鉴别一些常见或重要的动物绦虫病病原,为绦虫病的诊断奠定基础。

二、实验方法

(1) 染色封片标本。个体小的用显微镜观察,个体大的用肉眼或放大镜观察。

(2) 虫卵标本。取虫卵悬浮液一滴,滴在载玻片上,盖上盖玻片置于显微镜下观察。

(3) 浸制标本。用肉眼观察,注重观察绦虫成虫的大小及外部形态特征。

三、观察内容

(带＊为指导老师重点讲解和学生自己重点观察内容,其余内容为指导教师进行示教讲解。)

1. 封片标本

(1) 克氏伪裸头绦虫(*Pseudanoplocephala crawfordi*)(图 3-1)。虫体大小为(64～167) mm×(2～6) mm,头节上有不发达的顶突和 4 个吸盘,顶突上没有小钩,颈部细长。成熟节片宽度大于长度,睾丸 24～43 个,呈球形,不规则地分布于卵巢与卵黄腺的两侧,生殖孔在体侧中部开口,雄茎囊短,雄茎经常伸出生殖孔外。卵巢

左,头节;右,成节
1 顶突
2 吸盘
3 纵排泄管
4 卵巢
5 睾丸
6 生殖孔
7 卵黄腺

图 3-1 克氏伪裸头绦虫(林孟初,1986)

分叶菊花状,位于体节中央部,卵黄腺为一实体,紧靠卵巢后部。孕节子宫为波状弯曲的横管。

(2) 莫尼茨绦虫(*Moniezia sp.*)(头节＊、成节＊,图 3-2)。分扩展莫尼茨绦虫(*Moniezia*

expansa)和贝氏莫尼茨绦虫(*M. benedeni*)两种。前者长 1～6 m,最宽处 16 mm,后者长 1～4 m,最宽处 26 mm。虫体乳白色,头节小,球形或方形,直径为 0.4～1.3 mm,无顶突和小钩,有 4 个椭圆形吸盘。成熟节片,短而宽,有两组雌雄性生殖器官,对称分布于节片两侧,生殖孔开口于节片的两侧。有睾丸 300～400 个散布于两侧排泄管之间,卵巢一对位于排泄管内侧,成伞形,分瓣,卵巢与卵黄腺围绕卵模呈现圆环状,雄茎囊与阴道共同开口于节片的两侧的生殖腔内。扩展莫尼茨绦虫在每个节片后缘内有 8～15 个圆形空泡状节间腺排列成为一行,贝氏莫尼茨绦虫在每个节片后缘的中央有小点聚集成带状的节间腺。

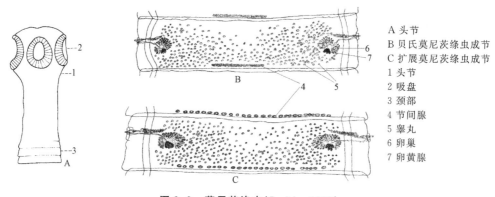

A 头节
B 贝氏莫尼茨绦虫成节
C 扩展莫尼茨绦虫成节
1 头节
2 吸盘
3 颈部
4 节间腺
5 睾丸
6 卵巢
7 卵黄腺

图 3-2　莫尼茨绦虫(Soulsby,1982)

(3) 盖氏曲子宫绦虫(*Helictometra giardi*)(图 3-3)。长可达 4.3 m,最宽处 12 mm,头节圆形,有 4 个卵圆形的吸盘,颈部短。成熟节片有一组雌雄性生殖器官,睾丸为小圆点状,分布于纵排泄管外侧。生殖孔左右不规则交替开口于节片的侧缘。雄茎经常伸出,节片边缘外观不整齐。卵巢扇形,靠近生殖孔侧排泄管,稍后方为卵圆形的卵黄腺。子宫管状横行,呈波状弯曲,几乎横贯节片的全部。孕节中虫卵呈椭圆形,每 5～15 个虫卵被包在一个副子宫器内。

图 3-3　盖氏曲子宫绦虫成节(Soulsby,1982)

(4) 中点无卵黄腺绦虫(*Avitellina centripunctata*)(图 3-4)。虫体窄而长,2～3 m 或更长,宽 2～3 mm,头节圆形,有 4 个吸盘,无顶突和小钩。成熟节片有一组雌雄性生殖器官,生殖孔不规则开口于节片侧缘中点,卵巢位于生殖孔一侧,无卵黄腺和梅氏腺,子宫位于节片中央,睾丸位于左右纵排泄管两侧。虫卵被包在副子宫器内。

(5) 赖利绦虫(*Raillietina* sp.)*(图 3-5)。常见有轮赖利绦虫(*R. cesticillus*)、四角赖利绦虫(*R. tetragona*)、棘沟赖利绦虫(*R. echinobothrida*)三种。四角赖利绦虫长达 25 cm,宽 1～4 mm,成熟节片一般内含一组雌雄性生殖器官,生殖孔开口于一侧,卵巢位于节片中央,卵黄腺在卵巢后方,睾丸 20～40 个位于纵排泄管内侧,孕节中子宫形成 90～150 个卵袋,每个卵袋包有 6～12 个虫卵。棘沟赖利绦虫大小形状和内部构造与四角赖利绦虫相似,有轮赖利绦虫虫体小,一般不超过 4 cm。三种赖利绦虫的头节区别较大,具体表现在:有轮赖利绦虫头节,顶突大,形状特殊为轮状,突出于头节顶端,有 400～500 个排成两列的小钩,4 个吸盘小,近圆形,吸盘无小钩;四角赖利绦虫头节较小,顶突有 1～3 行小钩,数目为 90～130,吸盘卵圆形,上有 8～10 行小钩;棘沟赖利绦虫头节上顶突比四角赖利绦虫大,有 200 个小钩排成两列,有 4 个圆形吸盘,吸盘上有 8～10 列小钩。

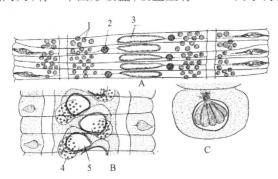

A 成节　B 孕节　C 副子宫器
1 睾丸
2 卵巢
3 子宫
4 孕节子宫
5 副子宫器

图 3-4　中点无卵黄腺绦虫(Soulsby,1982)

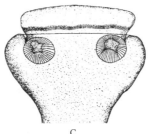

A 四角赖利绦虫
B 棘沟赖利绦虫
C 有轮赖利绦虫

图 3-5　赖利绦虫头节(Soulsby,1982)

(6) 节片戴文绦虫(*Davainea proglottina*)(图 3-6)。虫体大小为(0.5～3.0) mm×(0.18～0.60) mm,仅由 4～9 个节片构成。头节小,有顶突、小钩和 4 个吸盘。节片由前向后逐渐增宽,生殖孔交替开口于每个节片侧缘的前部。雄茎囊长,睾丸 12～15 个,分为两列位于节片后部。卵巢发达,边缘分叶,卵黄腺位于卵巢下方。孕节内子宫形成许多卵囊,内含一个虫卵。

(7) 矛形剑带绦虫(*Drepanidotaenia lanceolata*)(图 3-7)。黄白色,长 60～160 mm,前端小,中间大,形似矛形,节片宽大于长。头节小,常缩于节片之间,圆形或梨形,有顶突和 4 个吸盘,顶突上有 8 个小钩。成熟节片含 3 个横行排

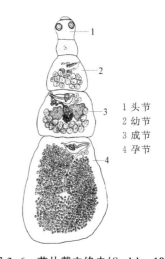

1 头节
2 幼节
3 成节
4 孕节

图 3-6　节片戴文绦虫(Soulsby,1982)

列的睾丸,并偏向于节片的生殖孔一侧。卵巢分左右两叶,位于睾丸的反生殖孔一侧,卵黄腺在卵巢的下方。子宫细管状横穿节片中央。

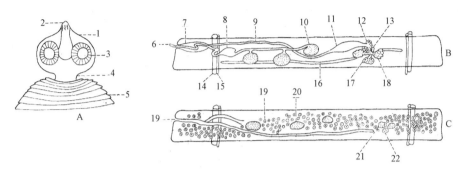

A 头端　B 成节　C 孕节　1 头节　2 小钩　3 吸盘　4 颈部　5 幼节　6 雄茎　7 雄茎囊　8 储精囊　9 阴道
10 睾丸　11 受精囊　12 梅氏腺　13 输卵管　14 纵排泄管背侧　15 纵排泄管腹侧　16 子宫　17 卵黄腺
18 卵巢　19 虫卵　20 孕节中睾丸　21 孕节中卵巢　22 孕节中卵黄腺

图 3-7　矛形剑带绦虫(Olsen,1974)

（8）片形皱褶绦虫(*Fimbriaria fasciolaris*)（图 3-8）。白色,长 20～40 cm,宽 5 mm,前端有一大型皱褶状的三角形的假头节。假头长 1.9～6.0 mm,宽 1.5 mm,由无生殖器官的节片组成,真正的头节在其顶端,上有 4 个吸盘和 10 个小钩。睾丸 18～24 个分散于节片,卵巢网状分布于节片,生殖孔规则地位于一侧。孕节中子宫短管状,内充满虫卵。

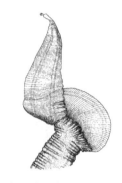

图 3-8　片形皱褶绦虫假头节(Soulsby,1982)

（9）鸡膜壳绦虫(*Hymenolepis carioca*)。成虫长 3～8 cm,细似棉线,节片多达 500 个。头节纤细,极易断裂,有顶突和 4 个吸盘,顶突无钩。每一成熟节片(图 3-9)中有一组生殖器官。3 个粗大的睾丸呈三角形排列,卵巢 1 个,块状,位于 3 个睾丸之间,卵黄腺在卵巢之后,生殖孔开口于一侧。

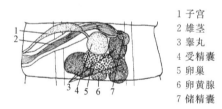

1 子宫　2 雄茎　3 睾丸　4 受精囊　5 卵巢　6 卵黄腺　7 储精囊

图 3-9　鸡膜壳绦虫成节(Soulsby,1982)

（10）鼠膜壳绦虫。分微小膜壳绦虫(*Hymenolepis nana*)和缩小膜壳绦虫(*H. diminuta*)（图 3-10）两种。前者小,长 25～40 mm,宽 0.5～0.9 mm,由 100～200 个节片构成。头节有可伸缩的顶突和 4 个吸盘,顶突上有小钩。成熟节片含 3 个横行排列的睾丸,卵巢叶状位于中央;后者较大,长 200～600 mm,宽 3.5～4 mm,由 800～1 000 个节片构成。头节小,顶端凹入,有不易伸出的顶突,无小钩。

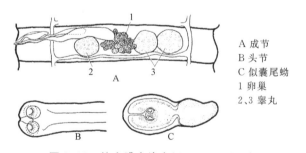

A 成节　B 头节　C 似囊尾蚴　1 卵巢　2,3 睾丸

图 3-10　缩小膜壳绦虫(Chandler,1955)

（11）犬复孔绦虫（*Dipylidium caninum*）（图 3-11）。虫体大小为（10～50）cm×3 mm，头节上有可伸缩的顶突和 4 个吸盘，顶突上有小钩。成熟节片和孕节长度大于宽度，形似黄瓜籽，含两套生殖器官。睾丸 100～200 个，分布于排泄管的内侧，节片两侧各有 1 个花瓣状分叶的卵巢和卵黄腺，卵黄腺位于卵巢后方，两个生殖孔在体侧中央稍后开口。孕节子宫分为许多卵袋，每个卵袋内含 8～15 个虫卵。

（12）阔节裂头绦虫（*Diphyllobothrium latum*）（图 3-12）。虫体长有 2～12 m，头节指形，头节背面和腹面各有一吸槽。成熟节片和孕节四方形，具有典型的假叶目绦虫的构造，子宫玫瑰花状开口于节片中央腹面。

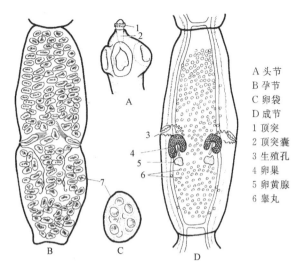

A 头节
B 孕节
C 卵袋
D 成节
1 顶突
2 顶突囊
3 生殖孔
4 卵巢
5 卵黄腺
6 睾丸

图 3-11　犬复孔绦虫（Chandler，1955）

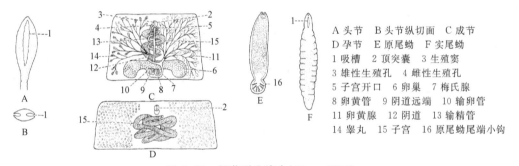

A 头节　B 头节纵切面　C 成节
D 孕节　E 原尾蚴　F 实尾蚴
1 吸槽　2 顶突囊　3 生殖窦
3 雄性生殖孔　4 雌性生殖孔
5 子宫开口　6 卵巢　7 梅氏腺
8 卵黄管　9 阴道远端　10 输卵管
11 卵黄腺　12 阴道　13 输精管
14 睾丸　15 子宫　16 原尾蚴尾端小钩

图 3-12　阔节裂头绦虫（Olsen，1974）

（13）线中绦虫（*Mesocestoides lineatus*）（图 3-13）。虫体乳白色，长 30～250 cm。头节上有 4 个长圆形的吸盘，无顶突和小钩。颈节很短，成节近似方形，每节有一套生殖器官。子宫为盲管，位于节片的中央呈纵的长囊状，生殖孔开口于节片背面中线上。孕节似桶状，内有子宫和 1 个卵圆形的副子宫器，后者含有成熟的虫卵。

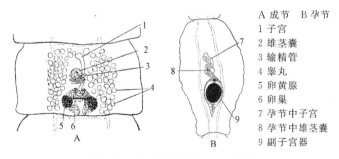

A 成节　B 孕节
1 子宫
2 雄茎囊
3 输精管
4 睾丸
5 卵黄腺
6 卵巢
7 孕节中子宫
8 孕节中雄茎囊
9 副子宫器

图 3-13　线中绦虫（Soulsby，1982）

（14）地螨。又称甲螨，种类数量多，分布广，行动迟缓，大小为 0.2～1.3 mm。近乎圆形。体表被以角质，色红，行动缓慢，有 4 对足，无眼睛，具有咀嚼式口器。通过气管呼吸，气管开口于足的足盘腔或通过短气管传到外面,短气管在足基部或前背假气门孔处开口。

(15) 马裸头绦虫(*Anoplocephala* sp.)(图3-14)。常见有叶状裸头绦虫(*Anoplocephala perfoliata*)、大裸头绦虫(*A. magna*)和侏儒副裸头绦虫(*Paranoplosephala mamillana*)。叶状裸头绦虫乳白色,短而厚,似叶状,大小为(2.5~5.2) cm×(0.8~1.4) cm,头节小,有4个杯状的吸盘,每个吸盘后方有一耳垂状物,无顶突和小钩。体节宽而短,内有一套生殖器官,生殖孔开口于节片侧缘。大裸头绦虫大小为8.0 cm×2.5 cm,头节大,有4个吸盘,无顶突和小钩。节片短而宽,内有一套生殖器官,睾丸400~500个分布于节片中部,子宫横行,生殖孔开口于节片一侧的后半部。侏儒副裸头绦虫短小,大小为(6~50) mm×(4~6) mm,头节小,吸盘裂隙状。

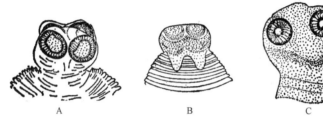

A 大裸头绦虫
B 叶状裸头绦虫
C 侏儒副裸头绦虫

A　　　　　B　　　　　C

图3-14　马裸头绦虫头节(林孟初,1986)

2. 虫卵

(1) 克氏伪裸头绦虫卵*。虫卵棕黄色,球形,直径51.8~110 μm,内为六钩蚴,外包胚膜,上有放射纹。

(2) 莫尼茨绦虫卵*。有多种形状,圆形、三角形或近四方形,灰白色,直径为0.05~0.06 μm,内有一个六钩蚴和梨形器。

3. 浸制标本

克氏伪裸头绦虫、莫尼茨绦虫、盖氏曲子宫绦虫、中点无卵黄腺绦虫、赖利绦虫、矛形剑带绦虫、犬复孔绦虫、阔节裂头绦虫、微小膜壳绦虫、缩小膜壳绦虫、马大裸头绦虫、叶状裸头绦虫、赖利绦虫寄生的鸡小肠、矛形剑带绦虫寄生的鹅小肠、鸭膜壳绦虫寄生的鸭肠道。

四、作业

绘出三种赖利绦虫的头节、莫尼茨绦虫成节、克氏伪裸头绦虫卵、莫尼茨绦虫虫卵形态图。

实验三　彩图

一、常见绦虫的成虫、中间宿主及虫卵

克氏伪裸头绦虫成节（染色）

莫尼茨绦虫头节（染色）

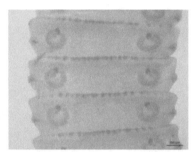

扩展莫尼茨绦虫成节（染色）

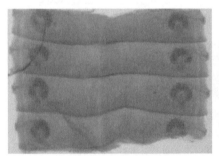

贝氏莫尼茨绦虫成节（染色）

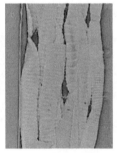

莫尼茨绦虫节片（实物）

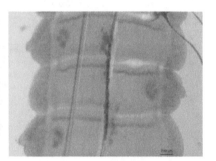

曲子宫绦虫成节（染色）

无卵黄腺绦虫成节（染色）

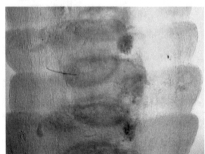

无卵黄腺绦虫孕节（染色）

矛形剑带绦虫头部（染色）

四角赖利绦虫头节(染色)　　棘沟赖利绦虫头节(染色)　　有轮赖利绦虫头节(染色)　　节片戴纹绦虫(染色)

犬复孔绦虫头节(染色)　复孔绦虫成节(染色)　复孔绦虫孕节(染色)　复孔绦虫(实物)　阔节裂头绦虫头节(染色)

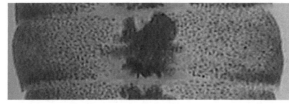
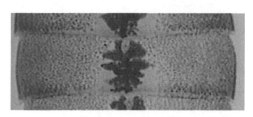

阔节裂头绦虫成节(染色)　　　　　　　　　　阔节裂头绦虫孕节(染色)

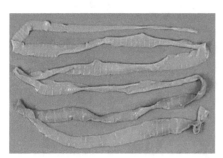
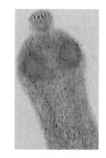
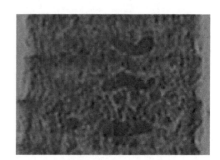

阔节裂头绦虫(实物)　　微小膜壳绦虫头节(染色)　　微小膜壳绦虫成节(染色)

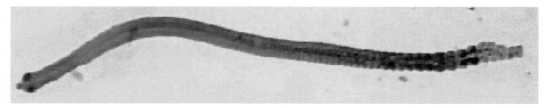

微小膜壳绦虫完整虫体(染色)

缩小膜壳绦虫头节(染色)

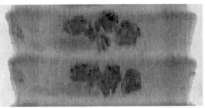
缩小膜壳绦虫成节(染色)

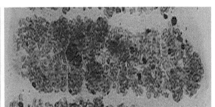
缩小膜壳绦虫孕节(染色)

缩小膜壳绦虫(实物)

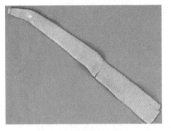
马大裸头绦虫(实物)

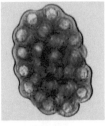
犬复孔绦虫卵袋

犬复孔绦虫卵

地螨(染色)

克氏伪裸头绦虫卵

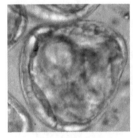
扩展莫尼茨绦虫卵

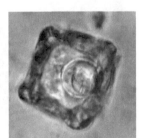
贝氏莫尼茨绦虫卵

二、常见绦虫成虫引起的病变

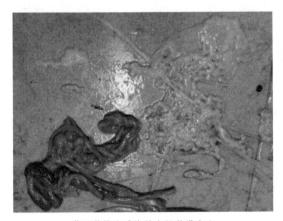
莫尼茨绦虫感染羊小肠黏膜出血

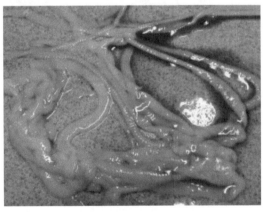
小肠中莫尼茨绦虫虫体

矛形剑带绦虫感染鹅肠黏膜出血

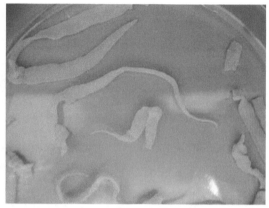

小肠内的矛形剑带绦虫

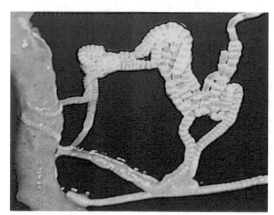

赖利绦虫寄生于鸡小肠内

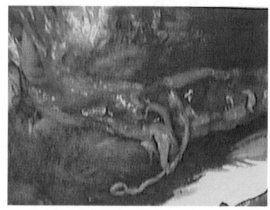

膜壳绦虫寄生于鸭小肠

叶状裸头绦虫寄生于马小肠

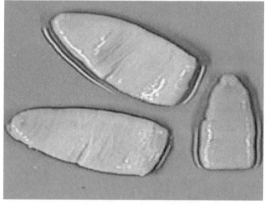

小肠内的叶状裸头绦虫

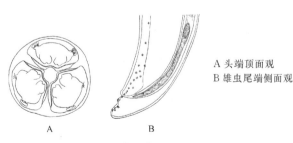

实验四

动物线虫及棘头虫病常见病原形态的观察（一）

一、实验目的和要求

通过观察,掌握猪、牛、羊、马等动物线虫病和猪棘头虫病病原——成虫与虫卵的基本形态与结构,了解一些重要线虫与棘头虫引起的宿主组织器官的病理特征。经观察比较,能鉴别一些常见或重要的猪、牛、羊、马寄生线虫病和猪棘头虫病病原,为线虫病和棘头虫病的诊断奠定基础。

二、实验方法

(1) 小型虫体。预先经酒精甘油透明处理后,用挑虫针挑取雌雄虫体各 1 条,放置在载玻片上,加数滴 70％甘油酒精后覆上盖玻片,用显微镜低倍镜观察。观察时可用挑虫针适当推动调整虫体以便观察部位更加清晰。旋毛虫肌肉压片标本观察时,从保存液取出后吸干标本两面液体,置显微镜下观察。

(2) 虫卵。吸取虫卵悬浮液一滴,滴在载玻片上,加上盖玻片,置显微镜下观察。

(3) 大型虫体和病理标本。用肉眼观察。

三、观察内容

(带 ＊ 为指导教师重点讲解和学生自己重点观察内容,其余内容为指导教师进行示教讲解。)

1. 猪的主要线虫

(1) 猪蛔虫(*Ascaris suum*)(图 4-1)。大型虫体,圆柱形,雌虫长 30～35 cm,雄虫长 12～15 cm,淡红色或淡黄色。头端三片唇,排列为"品"字形,每唇上有乳突。雄虫尾端向腹面弯曲,无交合伞,有两个等

A 头端顶面观
B 雄虫尾端侧面观

图 4-1　猪蛔虫(Soulsby,1982)

长的交合刺及尾乳突,泄殖腔开口距尾端较近。雌虫尾部尖而直,雌虫为双管型生殖器官,阴门开口于虫体前 1/3 与中 1/3 交界处,肛门距虫体末端较近。

(2) 类圆线虫(*Strongyloides* sp.)(图 4-2)。寄生于猪的主要是兰氏类圆线虫(*S. ransomi*),虫体小,雌虫长 3.1~4.6 mm,乳白色。口囊小,有两片唇,食道直而长,占全长 1/5,阴门开口于虫体中 1/3 与后 1/3 交界处,肛门靠虫体后端,尾尖而细。牛羊的乳突类圆线虫(*S. papillosus*)、马的韦氏类圆线虫(*S. westeri*)与兰氏类圆线虫基本类似。

图 4-2 类圆线虫雌虫(Soulsby,1982)

(3) 猪后圆线虫(*Metastrongylus* sp.)*(图 4-3)。有长刺后圆线虫(*M. apri*)、短阴后圆线虫(*M. pudendotectus*)、萨氏后圆线虫(*M. salmi*)三种,它们的共同特点:虫体细长,长度因不同种类而有差异,乳白色。口囊小,口缘 1 对唇,每唇又分三叶,中央叶大,每唇基部有一乳突。食道棍棒状,颈乳突小。雄虫交合伞不发达,侧叶大,背叶小,肋粗短,腹肋及侧肋有某种程度融合,外背肋细短,背肋小。有 1 对细长的等长的交合刺,末端有单钩或双钩。雌虫阴门和肛门靠近,阴门前有一角皮膨大。三种虫体交合刺长度和形状、阴门盖形状等是鉴别的依据。

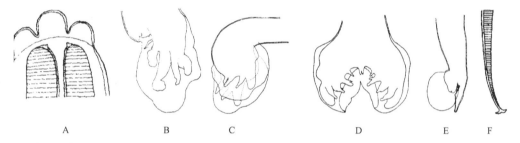

A 长刺后圆线虫头端　B 长刺后圆线虫交合伞侧面　C 复阴后圆线虫交合伞侧面　D 复阴后圆线虫交合伞背面
E 复阴后圆线虫雌虫尾端　F 复阴后圆线虫交合刺末端

图 4-3 猪后圆线虫(Soulsby,1982)

(4) 食道口线虫(*Oesophagostomum* sp.)*(图 4-4)。猪食道口线虫有有齿食道口线虫

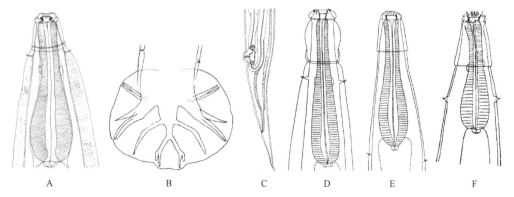

A 哥伦比亚食道口线虫头端腹面　B 哥伦比亚食道口线虫雄虫交合伞腹面　C 哥伦比亚食道口线虫雌虫尾端侧面
D 辐射食道口线虫头端腹面　E 微管食道口线虫头端腹面　F 有齿食道口线虫头端腹面

图 4-4 食道口线虫(Soulsby,1982)

(*O. dentatum*)、长尾食道口线虫(*O. longicaudum*)、短尾食道口线虫(*O. brevicaudum*)三种。食道口线虫(包括牛羊食道口线虫如哥伦比亚食道口线虫(*O. columbianum*)、辐射食道口线虫(*O. radiatum*)、甘肃食道口线虫(*O. kansuensis*)、微管食道口线虫(*O. venulosum*)、粗纹食道口线虫(*O. asperum*)的共同特点是：口囊小，口领隆起，有内外叶冠、环口乳突、颈沟、颈乳突，颈沟前表皮膨大形成头囊，有或无侧翼膜。雄虫有发达的交合伞和1对等长的交合刺。雌虫阴门位于肛门前方，有发达的肾形的排卵器。

(5) 有齿冠尾线虫(*Stephanurus dentatus*) (图4-5)。又称猪肾虫，虫体粗大，似火柴杆，灰褐色，表皮薄，从表皮可见内部器官。口囊发达，杯状，口囊内有9～11个牙齿，口缘具一圈细小叶冠，口囊边缘具4个环口乳突，1对侧感器，6个肩章，有1对颈乳突。雄虫大小为(21.5～33.7) mm×(1.03～1.27) mm，交合伞

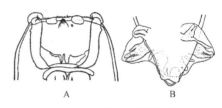

A 头端　B 雄虫尾端腹面观

图4-5　猪肾虫(Soulsby,1982)

不发达，辐肋短小，交合刺2根等长。雌虫大小为(24～52.2) mm×(1.43～2.18) mm，阴门靠近肛门，有肾形排卵器，尾圆锥形，有尾胞。

(6) 毛尾线虫(*Trichuris* sp.)(图4-6)。又称毛首线虫。猪毛尾线虫(*T. suis*)虫体乳白色，前部为食道部，细长，内为由一串单细胞围绕的食道，后部为体部，短粗，内有肠和生殖器官。体前部与后部之比为2∶1，呈"鞭"状。雄虫长20～52 mm，雌虫长39～53 mm。雄虫后部弯曲，泄殖腔在虫体末端，有一根交合刺，包藏在有刺的交合刺鞘内。雌虫后端钝圆，阴门位于粗细部交界处。羊毛尾线虫(*T. ovis*)与球鞘毛尾线虫(*T. globulosa*)特征与猪毛尾线虫基本类似。

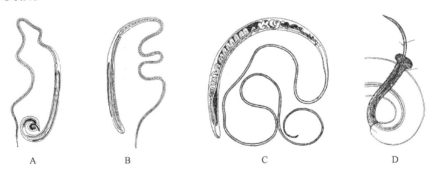

A 猪毛首线虫雄虫　B 猪毛首线虫雌虫　C 球鞘毛尾线虫雌虫　D 球鞘毛尾线虫雄虫尾端

图4-6　毛首线虫(Soulsby,1982)

(7) 旋毛虫(*Trichinella spiralis*)* (图4-7)。有幼虫和成虫之分。幼虫又称肌旋毛虫，刚产出成圆柱状，大小(80～120) μm×56 μm，到感染后30天，幼虫长大到长1 mm，宽35 μm，幼虫前端尖细，向后逐渐变宽，后端稍窄，后部体内包含着肠管、肠细胞、睾丸或卵巢，尾端钝。幼虫在肌肉中形成包囊，幼虫在其中形成2周半的盘曲；成虫又称肠旋毛虫，虫体细小，肉眼几乎不可见。雄虫大小(1.4～1.6) mm×(0.04～0.05) mm，虫体前部细长为食道，食道前段呈管状，食道后段由食道腺细胞组成。食道后粗的部分为肠管和生殖器官。尾端有泄殖孔，泄殖孔外侧有1对耳状交配叶，中间有两个小乳突，无交合刺。雌虫大小(3～4) mm×0.06 mm，虫体前部细长为食道，食道前段呈管状，食道后段由食道腺细胞组成。食

道后粗的部分为肠管和生殖器官。阴门位于食道中部,肛门在虫体末端。

(8) 猪胃线虫(图 4-8)。常见有刚棘颚口线虫(*Gnathostoma hispidum*)、圆形蛔状线虫(*Ascarops strongylina*)、六翼泡首线虫(*Physocephalus sexalatus*)、奇异西蒙线虫(*Simondsia paradoxa*)四种。

刚棘颚口线虫:虫体粉红色,粗短,表皮薄,可透见里面有白色生殖器官,头端呈球状膨大,其上有 11 横列小棘。全身都带有小棘排列成环,体前棘较大,呈三角形,

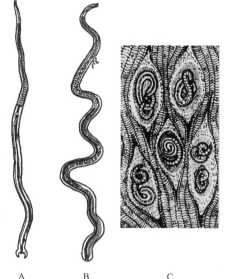

A 成虫雄虫
B 成虫雌虫
C 肌肉中的幼虫包囊

图 4-7　旋毛虫(Soulsby,1982)

排列较稀疏,体后部的棘较细,形状如针,排列较密。雄虫长 15～25 mm,有不等长的交合刺 1 对,雌虫长 22～45 mm,阴门位于虫体中部偏后。

圆形蛔状线虫:虫体淡红色,柔软细小。口有 2 片侧唇,咽长 0.083～0.098 mm,咽壁上有三或四叠的螺旋形角质厚纹。有一个颈翼膜,在虫体左侧。雄虫长 10～15 mm,右侧尾翼膜大,有 4 对肛前乳突和 1 对肛后乳突,配置不对称,左右交合刺长度和形状均不同。雌虫长 16～22 mm,阴门位于虫体中部的稍前方。

六翼泡首线虫、奇异西蒙线虫形态特点见教科书。

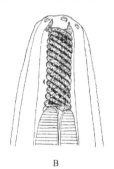
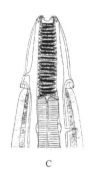

A 刚棘颚口线虫头端
B 圆形蛔状线虫前端侧面
C 六翼泡首线虫前端背面

图 4-8　猪胃线虫(Soulsby,1982)

(9) 猪浆膜丝虫(*Serofilaria suis*)(图 4-9)。虫体呈乳白色,丝状,头端稍微膨大,角质层有细的横纹。口简单,无唇,口孔周围有 8 个乳突排列成两圈。食道长。雄虫长 12～25 mm,最大宽度 0.16 mm,尾部向腹面卷曲 2～4 圈,有乳突和 1 对短而不等长交合刺。雌虫长 50～60 mm,最大宽度 0.22 mm,阴门开口于食道腺体部中部的稍前方,尾部圆锥形,肛门萎缩,胎生,微丝蚴两端钝,长 100 μm,宽 3.4 μm。

红色猪圆线虫、猪鲍杰线虫形态构造特点见教科书。

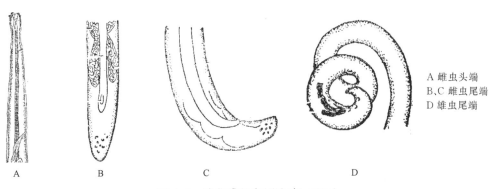

A 雌虫头端
B、C 雌虫尾端
D 雄虫尾端

图 4-9　猪浆膜丝虫(邱汉辉,1983)

2. 牛、羊的主要线虫

(1) 牛弓首蛔虫(*Toxocara vitulorum*)(图 4-10)。虫体粗大,淡黄色,头部有三片唇,食道与肠之间有一小胃。雌虫长 14～30 cm,尾直,生殖孔开口于虫体前 1/8～1/6 处。雄虫长 11～15 cm,尾部有小锥突和 1 对交合刺。

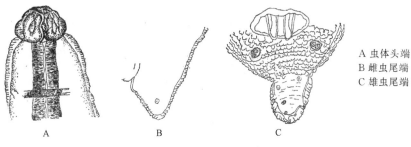

A 虫体头端
B 雌虫尾端
C 雄虫尾端

图 4-10　牛弓首蛔虫(邱汉辉,1983)

(2) 网尾线虫(*Dictyocaulus* sp.)(图 4-11)。丝状,白色,口囊很小,口缘具 4 个小唇片。雄虫交合伞发达,中后侧肋融合,末端分开或完全融合,前侧肋末端不膨大,背肋 2 个,末端各有 3 个分枝。交合刺短粗,呈靴状,多孔性构造,等长,黄褐色,具引器。雌虫阴门位于虫体中部。胎生网尾线虫(*D. viviparus*)雄虫长 40～50 mm,雌虫长 60～80 mm,中后侧肋完全融合。丝状网尾线虫(*D. filaria*)雄虫长 30 mm,雌虫长 35～44.5 mm,中后侧肋合并,仅末端分开。

(3) 捻转血矛线虫(*Haemonchus contortus*)*(图 4-12)。虫体毛发状,虫体前部两侧有 1 对颈乳突,缺叶冠。虫体具有不发达口囊,内有一角质矛状小齿。雄虫长 15～19 mm,交合伞有细长的肋支持

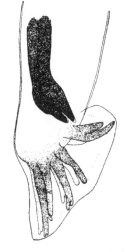

图 4-11　丝状网尾线虫雄虫尾端侧面观
(Soulsby,1982)

着的长的侧叶和偏于左侧的由一个倒"Y"形背肋支持着的小背叶,1 对等长的交合刺短而粗,末端有小钩。雌虫长 27～30 mm,因白色的生殖器官与红色肠管捻转为麻花状,阴门开

口于虫体后半部,有显著的瓣状的阴门盖。

A 头端腹面
B 雄虫交合伞背面
C 雌虫阴门盖

图 4-12　捻转血矛线虫(Soulsby,1982)

(4) 仰口线虫(*Bunostomum* sp.)。头端向背面弯曲,有发达的口囊和 1 对角质切板。羊仰口线虫(*B. trigonocephalum*)(图 4-13)虫体口囊底部的背侧有一大背齿、背沟由此穿出,底部腹侧有 1 对小的亚腹齿。雄虫长 12.5～17 mm,交合伞发达,背叶不对称,右外背肋比左边长,交合刺等长,褐色。雌虫长 15.5～21.0 mm,尾端钝圆,阴门位于虫体中部前不远处。牛仰口线虫(*B. phlebotomum*)和羊仰口线虫相似,

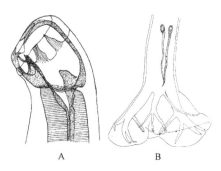

A 头端侧面　B 雄虫尾端交合伞背面

图 4-13　羊仰口线虫(Soulsby,1982)

口囊内背沟短,并具 2 对亚腹齿,雄虫尾部有 1 对等长交合刺,呈褐色,两刺排成"V"字形,末端有小钩,交合刺是羊仰口线虫的 5～6 倍长,无引器。雄虫长 10～18 mm,雌虫长 24～28 mm。

(5) 罗氏吸吮线虫(*Thelazia rhodesii*)(图 4-14)。头端细小,有一个长方形的小的口囊。食道短,呈圆柱状。虫体呈乳白色,表皮有明显的锯齿状横纹。雄虫长 9.3～13.0 mm,尾部卷曲,泄殖腔开口处不向外突出。交合刺 2 根,不等长。有 17 对较小的尾乳突,14 对在肛前,3 对在肛后。雌虫体长 14.5～17.7 mm,尾部钝圆,阴门开口于虫体前部。

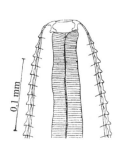

图 4-14　罗氏吸吮线虫前端侧面(Soulsby,1982)

筒线虫(*Gongylonema* sp.)(图 4-15)、丝状线虫、牛副丝虫、盘尾丝虫、夏伯特线虫、原圆线虫、毛圆线虫、奥斯特线虫、马歇尔线虫、细颈线虫、似细颈线虫、长刺线虫形态构造特点见教科书。

3. 马属动物的主要线虫

(1) 马副蛔虫(*Parascaris equorm*)

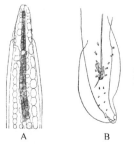

A 头端背面
B 雄虫尾端腹面

图 4-15　美丽筒线虫(Soulsby,1982)

（图 4-16）。它是畜禽蛔虫中最大的一种，粗壮，两端尖细，黄白色。口孔周围有三片唇，唇与体部之间有横沟，每一唇侧面又有横沟，将其分为前后两个部分。雄虫长 15～28 cm，尾部卷曲，雌虫长 18～37 cm，尾直。

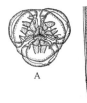

A 头端顶面
B 雄虫尾端腹面

图 4-16　马副蛔虫(林孟初,1986)

（2）马尖尾线虫（*Oxyuris equi*）（图 4-17）。白色或灰褐色，雌雄虫体大小差异大。虫体前端有 3 片唇、6 个乳突和 1 个小的口囊。雄虫细小，大小为（9～12）mm×（0.8～1）mm，有 1 根交合刺，尾部有 1 个由 4 个长大乳突支撑着的四角形的翼膜。雌虫长 40～150 mm，尾部尖而细长，阴门开口于虫体前 1/4 处。

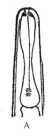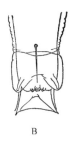

A 雌虫头端腹面
B 雄虫尾端

图 4-17　马尖尾线虫(林孟初,1986)

（3）马圆线虫（*Strongylida* sp.）（图 4-18）。常见有马圆线虫（*S. equinus*）、无齿圆线虫（*S. edentatus*）和普通圆线虫（*S. vulgaris*）三种。马圆线虫虫体大而呈红褐色，有呈卵圆形发达的口囊，口缘有发达的内外叶冠。口囊内背侧有一背沟，背沟基部有一尖端分叉的背齿，口囊底部腹侧有两个亚腹侧齿。雄虫长 25～35 mm，有发达的交合伞和两根等长的交合刺，雌虫长 38～47 mm，阴门开口于虫体中后部。无齿圆线虫与马圆线虫基本类似，具口囊，但内无齿。普通圆线虫比前两种虫体小，雄虫长 14～16 mm，雌虫长 20～24 mm，口囊内有背沟和 2 个耳状的亚背侧齿，外叶冠边缘呈花边样。

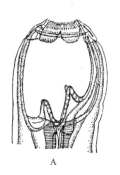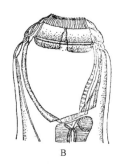

A 马圆线虫
B 无齿圆线虫
C 普通圆线虫

图 4-18　马圆线虫头端(林孟初,1986)

（4）马胃线虫（图 4-19）。主要有蝇柔线虫（*Habronema muscae*）、大口德拉西线虫（*Drascheia megastoma*）和小口柔线虫（*H. microstoma*）三种。蝇柔线虫黄色或橙红色，头部有口囊和 2 个较小的三片唇，有圆筒形的角质壁的咽。雄虫长 8～14 mm，有宽的尾翼和两根不等长异形的交合刺，雌虫长 13～22 mm，阴门开口于虫体侧背面。大口德拉西线虫头部有 2 个宽大而不分叶的侧唇，唇后有明显的沟，口囊漏斗形，无齿。雄虫长 7～10 mm，雌虫长 10～13 mm。小口柔线虫形态与蝇柔线虫相似，虫体大于蝇柔线虫，口囊前端狭，内有背齿和腹齿各一个，雄虫长 16～22 mm，雌虫长 15～25 mm。

（5）安氏网尾线虫（*Dictyocaulus arnfieldi*）。虫体丝状，白色，雄虫长 24～40 mm。交

合伞中后侧肋开始融合,末端分开。交合刺褐色,略弯曲,呈网状,引器不明显。雌虫长55～70 mm。

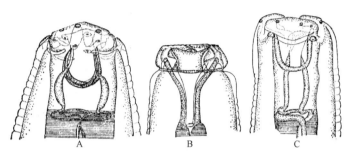

A 蝇柔线虫
B 大口德拉西线虫
C 小口柔线虫

图4-19 马胃线虫头端(林孟初,1986)

(6)马多乳突副丝虫(*Parafilaria multipapillosa*)(图4-20)。白色,丝状,雄虫长30 mm,雌虫长40～60 mm。虫体表面布满横纹,虫体前端的横纹出现隔断,形成一些乳突状的隆起。雄虫尾端短而钝圆,有2根不等长的交合刺,雌虫尾端钝圆,肛门开口在末端,阴门开口在前端。

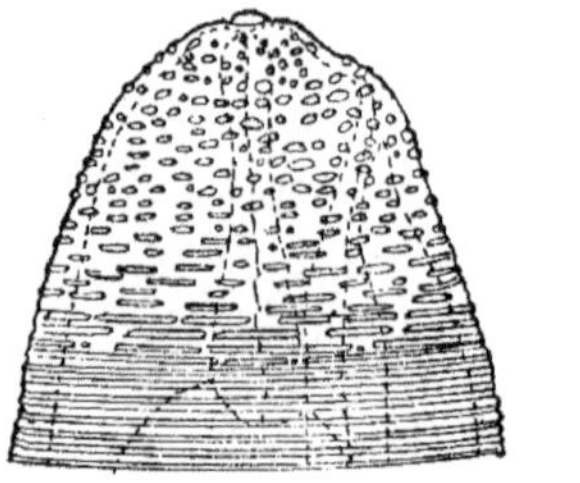

4. 虫卵

(1)猪蛔虫卵*。虫卵黄褐色,卵壳厚,由四层构成,外层为凹凸不平的蛋白质膜,第二层为受精膜,第三层为卵黄膜,第四层为内膜。受精卵短椭圆形,大小为(50～75) μm×(40～80) μm,新鲜虫卵含有未分裂的卵细胞,卵细胞与卵壳之间形成新月形空隙。未受精卵呈长椭圆形,平均大小为90 μm×40 μm,卵壳薄,外面蛋白质膜不明显,虫卵内含油滴状卵黄颗粒及空泡。

图4-20 马多乳突副丝虫雌虫头部（林孟初,1986)

(2)毛首线虫卵*。棕黄色,腰鼓状,卵壳厚,两端有塞状结构,大小为(52～61) μm×(2～30) μm,卵壳内含有一个未分裂的卵细胞。

(3)类圆线虫卵*。虫卵小,大小为(40～60) μm×(24～40) μm,灰白色,两端钝,内有对折幼虫,卵壳薄。

(4)猪后圆线虫卵*。椭圆形,卵壳厚,表面有细小的乳突状突起,灰白色或稍带暗灰色,卵胎生,虫卵内为幼虫。虫卵的大小与不同的后圆线虫各有差异,野猪后圆线虫虫卵大小为(51～54) μm×(33～36) μm,复阴后圆线虫虫卵大小为(57～63) μm×(39～42) μm,萨氏后圆线虫虫卵大小为(52.5～55.5) μm×(33～40) μm。

(5)食道口线虫卵。椭圆形,大小依据不同的种类而不同,卵内为正在分裂的胚细胞。

(6)捻转血矛线虫卵。大小为(75～95) μm×(40～50) μm,椭圆形,卵壳薄而光滑,灰白色或略带黄色,新排出的虫卵含16～32个胚细胞。

(7)牛弓首蛔虫卵。虫卵圆形,卵壳厚,外层呈蜂窝状结构,卵内含未分裂的卵细胞。灰褐色,大小为(70～80) μm×(60～66) μm。

(8)仰口线虫卵。两头钝圆,卵细胞4～8个,大而少,卵细胞内的颗粒粗,颜色较深。羊仰口线虫卵大小为(79～97) μm×(47～50) μm,牛仰口线虫卵大小为(125～195) μm×(60～92) μm。

5. 浸制标本

(1) 浸制标本。猪蛔虫、兰氏类圆线虫、后圆线虫、红色猪圆线虫、食道口线虫、鲍杰线虫、有齿冠尾线虫、猪毛尾线虫、旋毛虫肌肉压片、刚棘颚口线虫、圆形蛔状线虫、猪浆膜丝虫、牛弓首蛔虫、胎生网尾线虫、丝状网尾线虫、捻转血矛线虫、羊仰口线虫、牛仰口线虫、罗氏吸吮线虫、美丽筒线虫、牛指形丝状线虫、多乳突副丝虫、盘尾丝虫、绵羊毛尾线虫、夏伯特线虫、原圆线虫、毛圆线虫、奥斯特线虫、马歇尔线虫、细颈线虫、似细颈线虫、长刺线虫等。

(2) 病理标本。

1) 猪蛔虫引起胆道和小肠的病变:蛔虫堵塞在胆道和小肠内,小肠黏膜发生炎症出血。

2) 猪后圆线虫引起肺脏的病变:肺边缘坚实,切开后细支气管扩张,大量的后圆线虫堵塞在细支气管内。

3) 猪肾虫引起肾脏的病变:肾盂和肾周脂肪形成包囊,内有几条虫体和脓液。

4) 猪毛首线虫引起盲肠的病变:盲肠炎症、出血,大量毛首线虫以头端刺入黏膜中。

5) 刚棘颚口线虫引起胃的病变:胃壁形成许多虫体寄生造成的孔洞,黏膜出血。

6) 猪浆膜丝虫引起心脏外膜的病变:心外膜淋巴管增粗,内有丝状线虫。

7) 捻转血矛线虫引起真胃病变:真胃黏膜炎症、出血,大量虫体吸血寄生。

8) 美丽筒线虫引起食道黏膜病变:食道黏膜表面及黏膜下可见缠绕成团状的虫体。

6. 猪棘头虫

成虫。猪蛭状巨吻棘头虫(*Macracanthorhynchus hirudinaceus*)(图 4-21):虫体大,长圆柱状,粉红色或乳白色,体表有明显的环形皱纹。虫体前粗后细,有可伸缩小的吻突,吻突上有 5~6 列小钩。雄虫 7~15 cm,弧形,尾端有钟罩形交合伞,雌虫 30~68 cm。无消化系统。

虫卵。长椭圆形,两头尖,深褐色,橄榄状。卵壳由四层构成,外层薄而无色,易碎,第二层褐色,两端有小塞状构造,一端圆,一端尖,第三层为受精膜,第四层不明显,内含棘头蚴,虫卵大小为(89~100) μm××(42~56) μm,棘头蚴大小为 58 μm×26 μm。

病理标本。猪蛭状巨吻棘头虫寄生引起的肠道病变。

图 4-21 猪蛭状巨吻棘头虫雌虫成虫

(Soulsby,1982)

四、作业

绘出猪旋毛虫幼虫、后圆线虫雌尾、猪蛔虫卵、猪蛭状巨吻棘头虫卵、食道口线虫卵、猪毛尾线虫卵、捻转血矛线虫卵形态图。

实验四　彩图

一、常见线虫的幼虫、成虫

猪蛔虫(实物)

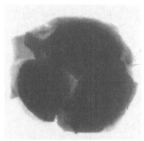

猪蛔虫头端(染色)

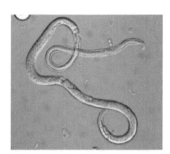

类圆线虫寄生雌虫(实物)

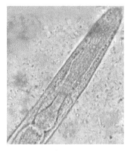

类圆线虫头端

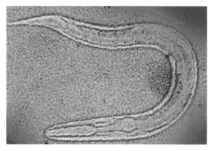

类圆线虫杆状幼虫(实物)

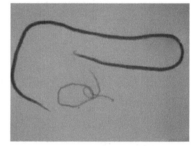

后圆线虫(实物)

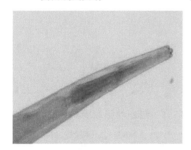

长刺后圆线虫头端(实物)

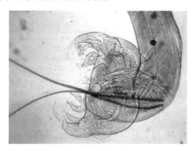

长刺后圆线虫雄虫尾部(实物)

长刺后圆线虫雌虫尾部(实物)

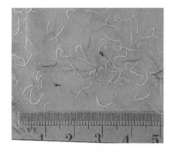

猪食道口线虫(实物)

哥伦比亚食道口线虫(实物)

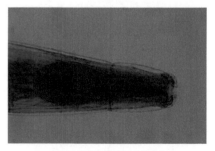

食道口线虫头端(实物)

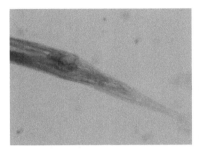
食道口线虫雌虫尾部（实物）

食道口线虫雄虫尾部（实物）

食道口线虫雄虫尾部（染色）

有齿冠尾线虫（实物）

猪毛尾线虫（实物）

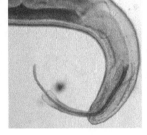
猪毛尾线虫雄虫尾端

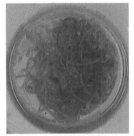
球鞘毛尾线虫（实物）

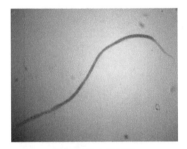
旋毛虫雄虫（染色）

旋毛虫雌虫（染色）

旋毛虫幼虫（实物）

旋毛虫包囊（实物）

旋毛虫包囊（HE染色）

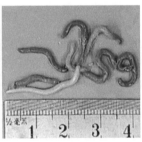
刚棘颚口线虫（实物）

刚棘颚口线虫头端（实物）

圆形蛔状线虫头端（实物）

圆形蛔状线虫（实物）

有齿似蛔线虫（实物）

猪蛭状巨吻棘头虫（实物）

牛弓首蛔虫（实物）

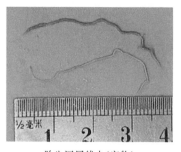
胎生网尾线虫（实物）

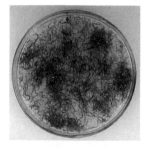
捻转血矛线虫（实物）

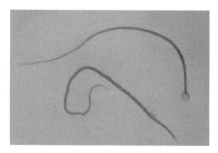
捻转血矛线虫（实物）

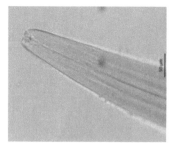
捻转血矛线虫头端（实物）

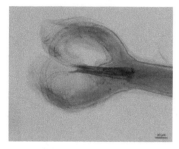
捻转血矛线虫雄虫尾端（实物）

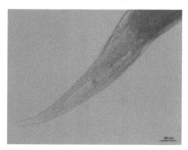
捻转血矛线虫雌虫尾端（实物）

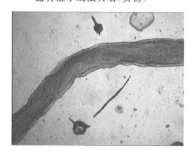
捻转血矛线虫雌虫子宫与肠道（实物）

捻转血矛线虫阴门盖（实物）

仰口线虫（实物）

仰口线虫头端（实物）

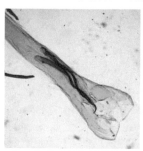
仰口线虫雄虫尾端（实物）

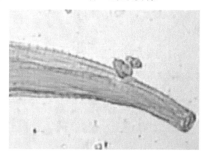
罗氏吸吮线虫头端（实物）

美丽简线虫头端（实物）美丽简线虫雌虫尾端（实物）

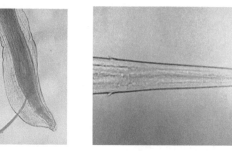
奥斯特线虫头端（实物）

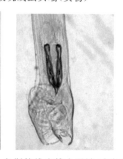
奥斯特线虫雄虫尾端（实物）

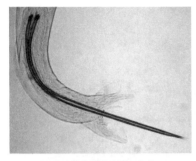

细颈属线虫雄虫尾端（实物）

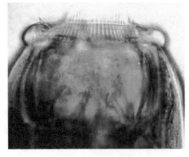

三齿属线虫头端（实物）

马腹腔丝虫（实物）

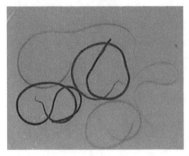

指形丝状线虫（实物）

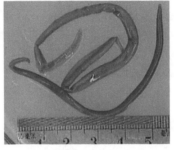

马副蛔虫（实物）

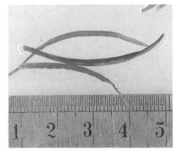

马尖尾线虫（实物）

二、常见线虫的虫卵

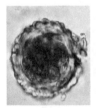

猪蛔虫卵

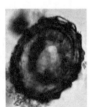

发育中的猪蛔虫卵

毛首线虫卵

猪后圆线虫卵

刚棘颚口线虫卵

猪有齿冠尾线虫卵

细颈线虫卵

类圆线虫卵

捻转血矛线虫卵

毛圆属线虫卵

牛弓首蛔虫卵

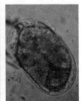

仰口线虫卵

蛭状巨吻棘头虫卵

三、常见线虫引起的病变

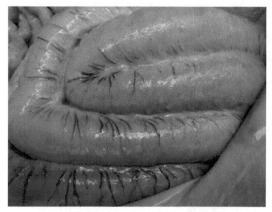

猪毛尾线虫寄生于大肠(浆膜面)

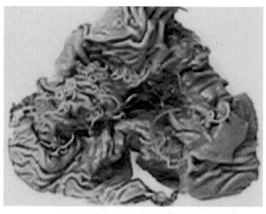

猪毛尾线虫寄生于大肠(黏膜面)

猪后圆线虫寄生于肺脏

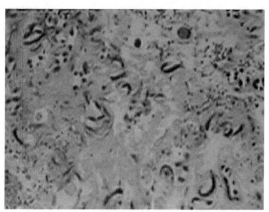

类圆线虫寄生虫于小肠(HE染色)

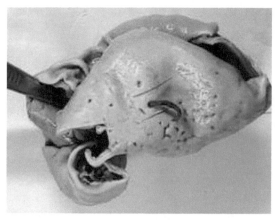

刚棘颚口线虫寄生于猪胃

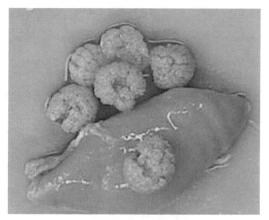

奇异西蒙线虫寄生于猪胃

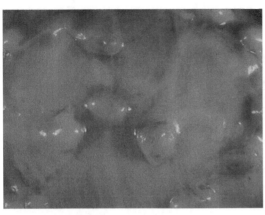

大肠壁食道口线虫幼虫形成的结节

肾周脂肪内的猪有齿冠尾线虫

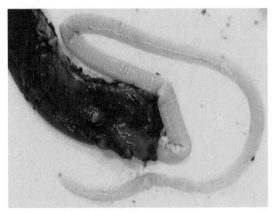

蛭状巨吻棘头虫寄生于小肠

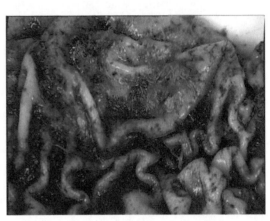

捻转血矛线虫寄生于真胃

网尾线虫寄生于气管和支气管

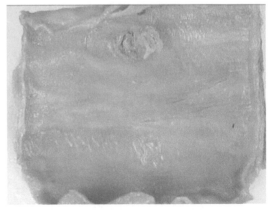

美丽筒线虫寄生于食道黏膜

动物线虫及棘头虫病常见病原形态的观察(二)

一、实验目的和要求

通过观察,掌握家禽、犬、猫、兔、鼠等动物线虫病和鸭棘头虫病病原——成虫与虫卵的基本形态与结构,了解一些重要线虫与棘头虫引起的宿主组织器官的病理特征。经观察比较,能鉴别一些常见或重要的家禽、犬、猫、兔、鼠等动物寄生线虫病和鸭棘头虫病原,为线虫病和棘头虫病的诊断奠定基础。

二、实验方法

(1) 小型虫体。预先经酒精甘油透明处理后,用挑虫针挑取雌雄虫体各 1 条,放置在载玻片上,加数滴 70% 甘油酒精后覆上盖玻片,用显微镜低倍镜观察。观察时可用挑虫针适当推动调整虫体以便观察部位更加清晰。旋毛虫肌肉压片标本从保存液取出后吸干标本两面液体,置显微镜下观察。

(2) 虫卵。吸取虫卵悬浮液一滴,滴在载玻片上,加上盖玻片,置显微镜下观察。

(3) 大型虫体和病理标本。用肉眼观察。

三、观察内容

(带 * 为指导教师重点讲解和学生自己重点观察内容,其余内容为指导教师进行示教讲解。)

1. 家禽的主要线虫

(1) 鸡蛔虫(*Ascaridia galli*)(图 5-1)。黄白色,线状,头端有三片唇。雄虫 40～70 mm,尾部有尾翼膜及 10 对尾乳突,1 个圆形肛前吸盘和 2 根等长的交合刺。雌虫长 65～110 mm,阴门开口于虫体中部。

(2) 鸡异刺线虫(*Heterakis gallinae*)*(图 5-2)。虫体小,白色,线状,头端略向背面弯曲,头端有不明显的三片

图 5-1 鸡蛔虫雄虫尾端腹面
(Soulsby,1982)

唇,有侧翼,向后延伸。食道后部扩大成球状。雄虫长 7～13 mm,尾部有 12 对尾乳突、1 个圆形肛前吸盘和 2 根不等长的交合刺,尾部尖细。雌虫长 10～15 mm,尾部细长,阴门开口于虫体中部稍后方。

(3)鹅裂口线虫(*Amidostomum anseris*)(图 5-3)。虫体细长线状,体表有横纹。口囊发达,底部伸出 3 个长三角形尖齿。雄虫长 9.8～14 mm,交合伞为两个大侧叶和一个背叶,伞肋正常,1 对交合刺等长。雌虫尾指形,阴门位于体后部。

(4)比翼线虫(*Syngamus* sp.)(图 5-4)。虫体红色,头部口囊宽阔,呈杯状,底部有三角形小齿。雌虫远大于雄虫,阴门位于体前部。雄虫细小,交合伞厚,肋粗短,交合刺细小,雄虫以交合伞附着于雌虫阴门成永久交配状态,构成"Y"状态。斯克里亚宾比翼线虫雄虫长 2～4 mm,雌虫长 9～26 mm。气管比翼线虫雄虫长 2～4 mm,雌虫长 7～20 mm。

(5)毛细线虫(*Capillaria* sp.)。虫体细小,呈毛发状,身体的前部短于或等于身体后部,并稍比后部微细。前部为食道部,后部包含着肠管和生殖管,其构造与毛尾线虫相似。阴门位于前后部分的相连处。雄虫有 1 根交合刺和 1 个交合刺鞘,有的没有交合刺而只有鞘。

1)有轮毛细线虫(*Capillaria annulata*)

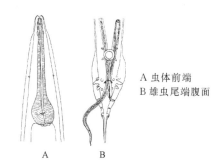

A 虫体前端
B 雄虫尾端腹面

图 5-2　鸡异刺线虫(Soulsby,1982)

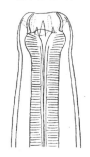

图 5-3　鹅裂口线虫头部(Soulsby,1982)

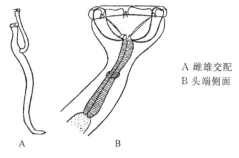

A 雌雄交配
B 头端侧面

图 5-4　比翼线虫(Soulsby,1982)

(图 5-5)。前端有一个球状角皮膨大。雄虫长 15～25 mm,雌虫长 20～60 mm。

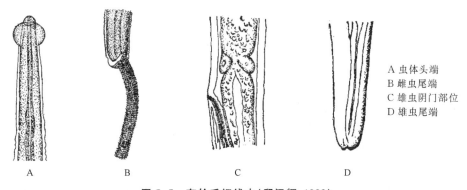

A 虫体头端
B 雌虫尾端
C 雄虫阴门部位
D 雄虫尾端

图 5-5　有轮毛细线虫(邱汉辉,1983)

2)鸽毛细线虫(*C. columbae*)(图 5-6)。雄虫长 8.6～10 mm,交合刺长 1.2 mm,交合刺鞘长达 2.5 mm,有细横纹,尾部两侧有铲状的交合伞。雌虫长 10～12 mm。

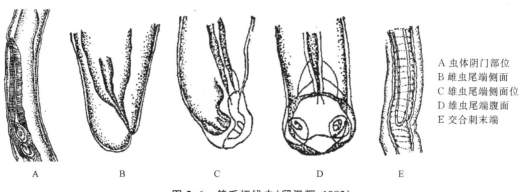

A 虫体阴门部位
B 雌虫尾端侧面
C 雄虫尾端侧面位
D 雄虫尾端腹面
E 交合刺末端

图 5-6 鸽毛细线虫(邱汉辉,1983)

3) 膨尾毛细线虫(*C. caudinflata*)(图 5-7)。雄虫长 9~14 mm,食道部约占虫体的一半,尾部侧面各有一个大而明晰的伞膜。交合刺呈圆柱状,很细,长 1.1~1.58 mm。雌虫长 14~26 mm,食道部约占虫体的 1/3,阴门开口于一个稍为膨隆的突起上,突起长 50~100 μm。

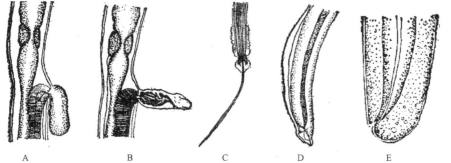

A、B 虫体阴门部位
C、D 雄虫尾端雄
E 雌虫尾端

图 5-7 膨尾毛细线虫(邱汉辉,1983)

4) 鹅毛细线虫(*C. anseris*)。雄虫长 10~13.5 mm,雌虫长 16~26.4 mm。

(6) 华首线虫(*Acuaria* sp.)。

1) 旋形华首线虫(*Acuaria spiralis*)(图 5-8)。虫体常卷曲呈螺旋状,前部的 4 条饰带呈波浪形,由前向后,在食道中部折回,但不吻合。雄虫长 7~8.3 mm,有肛前乳突 4 对和肛后乳突 4 对,有 1 对不等长的交合刺,左侧长 0.4~0.52 mm,纤细,右侧的呈"舟"形,长 0.15~0.2 mm。雌虫长 9~10.2 mm,阴门位于虫体后部。

2) 斧钩华首线虫(*A. hamulosa*)。虫体前部有 4 条饰带,两两并列,呈不整齐的波浪形,由前向后延伸,几乎达到虫体后部,但不折回亦不相互吻合。雄虫长 9~14 mm,有肛前乳突 4 对和肛后乳突 6 对,有 1 对不等长的交合刺,左侧长 1.63~1.8 mm,纤细,右侧的扁平,长 0.23~0.25 mm。雌虫长 16~19 mm,阴门位于虫体中后部。

图 5-8 旋形华首线虫头部
(Soulsby,1982)

(7) 四棱线虫(*Tetrameres americana*)(图5-9)。雌雄虫异形,雌虫血红色,亚球形,大小(3.5~4.0)mm×3 mm,内充满虫卵,并在纵线部位形成4条纵沟,前、后端自球体部伸出,形似圆锥状附属物,寄生于鸡鸭腺胃腺体内。雄虫纤细线状,长5~5.5 mm,寄生于腺胃黏膜里,体表具4列小刺,有2根不等长交合刺。

图5-9 四棱线虫雌虫(Soulsby,1982)

(8) 孟氏尖旋线虫(*Oxyspirura mansoni*)(图5-10)。该虫体表皮光滑,口呈圆形,有一个6叶的角质环围绕着,有一个大而呈沙漏形的咽。雄虫长10~16 mm,尾部向腹面弯曲,无尾翼,有4对肛前乳突和2对肛后乳突,交合刺不等长,左侧的纤细,长3.0~3.5 mm,右侧的粗短,长0.2~0.22 mm。雌虫长12~19 mm,阴门位于虫体的后部。

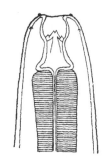

图5-10 孟氏尖旋线虫头部(Soulsby,1982)

(9) 台湾鸟蛇线虫(*Avioserpens taiwana*)(图5-11)。虫体细长,白色,角皮光滑,稍透明。头钝圆,口周围有角质环围绕着,有头感器和头乳突。食道由短的肌质部和长的腺质部组成。雄虫长约6 mm,尾部向腹面弯曲,有1对不等长交合刺。雌虫长100~240 mm,尾部逐渐尖细,阴门位于虫体的后半部,虫体内多为充满幼虫的子宫。

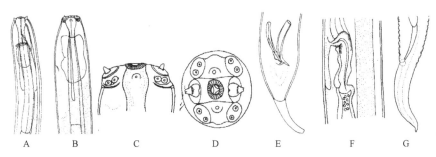

A 雄虫头端
B 雌虫头端
C 雌虫头端侧面观
D 雌虫头端顶面观
E 雄虫尾端
F 阴门部位
G 雌虫尾端

图5-11 台湾鸟蛇线虫(陈淑玉、汪溥钦,1994)

2. 犬猫的主要线虫

(1) 犬猫蛔虫(图5-12)。

1) 犬弓首蛔虫(*Toxocara canis*)。头端有3片唇,虫体前端两侧有向后延展的颈翼膜。食道与肠管连接部有小胃。雄虫长5~11 cm,尾端弯曲,有一小锥突,有尾翼。雌虫长9~18 cm,尾端直,阴门开口于虫体前半部。

2) 猫弓首蛔虫(*Toxocara cati*)。外形与犬弓首蛔虫近似,颈翼前窄后宽,使虫

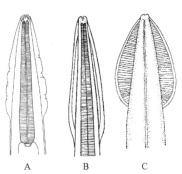

A 犬弓首蛔虫头部
B 狮弓蛔虫头部
C 猫弓首蛔虫头部

图5-12 犬猫蛔虫(Soulsby,1982)

体前端如箭头状。雄虫长 3～6 cm,雌虫长 4～10 cm。

3) 狮弓蛔虫(*Toxascaris leonina*)。头端向背侧弯曲,颈翼发达,无小胃。雄虫长 3～7 cm;雌虫长～10 cm,阴门开口于体前 1/3 与中 1/3 交界处。

(2) 犬猫钩虫(图 5-13)。

1) 犬钩口线虫(*Ancylostoma caninum*)。虫体淡红色。前端向背面弯曲,口囊大,腹侧口缘上有 3 对大齿。口囊深部有 1 对背齿和 1 对侧腹齿。雄虫长 9～12 mm,交合伞的各叶及腹肋排列整齐对称,两根交合刺等长。雌虫长 10～21 mm。阴门开口于虫体后 1/3 前部,尾端尖细。

2) 狭头弯口线虫(*Uncinaria stenocephala*)。虫体淡黄色,两端稍细,口弯向背面,口囊发达,腹面前缘两侧各有一半月状切板。雄虫长 6～11 mm,交合伞叶、肋均对称,两根交合刺等长,末端尖。雌虫长 9～16 mm,尾端尖呈细刺状。

3) 巴西钩口线虫(*A. braziliense*)。虫体头端腹侧口缘上有 1 对大齿,1 对小齿。

4) 美洲板口线虫(*Necator americanus*)。虫体头端弯曲背侧,口孔腹缘上有 1 对半月形板。口囊呈亚球形,底部有 2 个三角形亚腹齿和 2 个亚背侧齿。背食道腺管开口于背锥的顶部。雄虫长 5～9 mm,雌虫长 9～11 mm。

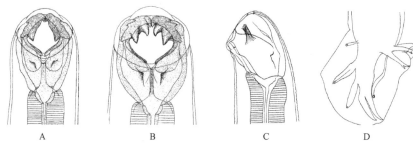

A 巴西钩口线虫头端腹面　B 犬钩口线虫头端腹面　C 狭头弯口线虫头端腹面　D 美洲板口线虫雄虫尾端侧面

图 5-13　犬猫钩虫(Soulsby,1982)

(3) 狼旋尾线虫(*Spirocerca lupi*)(图 5-14)。雄虫长 30～54 mm,雌虫长 54～80 mm,虫体的颜色呈淡血红色,虫体蜷曲成螺旋状,粗壮。口周围有 2 个分为三叶的唇片,咽短。雄虫的尾部有尾翼和许多乳突,有 2 根不等长的交合刺。雌虫的阴门开口于食道的后端。

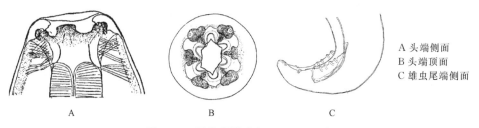

A 头端侧面
B 头端顶面
C 雄虫尾端侧面

图 5-14　狼旋尾线虫(Soulsby,1982)

(4) 犬恶丝虫(*Dirofilaria immitis*)(图 5-15)。微白色,常纠缠成几乎无法解开的团块。雄虫体长 12～16 cm,末端有 11 对尾乳突,分为肛前 5 对,肛后 6 对,有 2 根不等长交合刺。雌虫体长 25～30 cm,尾端直,阴门开口于食道后端处。微丝蚴无鞘,长 218～329 μm,宽 5～7 μm。

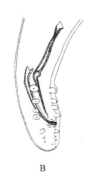

A　头端侧面
B　雄虫尾端侧面
C　微丝蚴

A　　　　　　B　　　　　　　　　　　C

图 5-15　犬恶丝虫(Soulsby,1982)

(5) 麦地那龙线虫(*Dracunculus medinensis*)(图 5-16)。它是最大的尾感器线虫之一，呈细长的圆柱形，具有白色光滑的角质层，前端钝圆，后端弯曲。头部隆起，口孔呈三角形，口周围有两个环形乳突。雄虫较小，体长 12~29 mm，宽 0.4 mm，有时长达 40 mm，虫体后端向腹面卷曲 1 至数圈，有近似等长交合刺 2 根。肛门位于末端。雌虫体长 500~1 200 mm(平均 600 mm)，宽 0.9~2.0 mm，细小的阴门位于虫体中部稍下方，胎生。

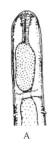

A　虫体头端侧面
B　雌虫尾端
C　雄虫尾端侧面
D　雄虫尾端腹面

A　　　　　B　　　　　　C　　　　　　D

图 5-16　麦地那龙线虫(Skrjabin)

(6) 犬肾膨结线虫(*Dioctophyma renale*)(图 5-17)。虫体呈鲜红色，圆柱状，两端略细，口孔周围有两圈乳突。雄虫长(13~45) cm×(3~4) mm，有 1 钟形无肋的交合伞和 1 根刚毛状的交合刺，雌虫长(20~100) cm×(5~12) mm，阴门开口于食道的后端出处。

(7) 猫泡翼线虫(*Physaloptera praeputialis*)(图 5-18)。虫体坚硬，尾端的表皮向后延伸形成包皮样的鞘。有两个呈三角形的唇片，每个唇片的游离缘中部内面长有内齿，其外约同一高度处长有一锥状齿。雄虫长 13~40 mm，尾翼发达，在肛前腹面汇合。肛前有 4 对带柄乳突和 3 对无柄乳突，肛后有 5 对无柄乳突，有 2 根不等长的交合刺。雌虫长 15~48 mm，受精后阴门处被环状褐色胶样物质所覆盖。

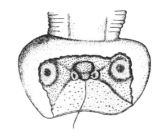

图 5-17　犬肾膨结线虫雌虫腹面
(Soulsby,1982)

3. 鼠、兔的主要线虫

(1) 兔栓尾线虫(*Passalurus ambiguus*)(图

图 5-18　猫泡翼线虫雌虫侧面
(Soulsby,1982)

5-19)。又称蛲虫,虫体半透明,雄虫长 4～5 mm,尾端尖似鞭状,有由乳突支撑着的尾翼。雌虫长 9～11 mm,有尖细的长尾。

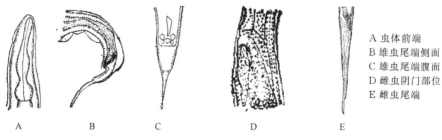

A 虫体前端
B 雄虫尾端侧面
C 雄虫尾端腹面
D 雌虫阴门部位
E 雌虫尾端

图 5-19　兔蛲虫(邱汉辉,1983)

(2) 四翼无刺线虫(*Aspiculuris tetraptera*)(图 5-20)。有宽的颈翼,雄虫长 2～4 mm,尾部呈圆锥形,有宽尾翼,无交合刺和引器。雌虫长 3～4 mm,阴门位于虫体前 1/3 处。

A 虫体前端
B、C 雄虫尾端侧面、雄虫尾端腹面
D 雌虫

图 5-20　四翼无刺线虫(邱汉辉,1983)

(3) 隐匿管状线虫(*Syphacia obvelata*)(图 5-21)。形态与四翼无刺线虫相似,主要区别为颈翼窄。雄虫长 1.1～1.5 mm,尾向腹面弯曲,泄殖腔后急剧变细,有一细长的交合刺,有引器。雌虫长 3.4～5.8 mm,阴门位于虫体前 1/6 处。

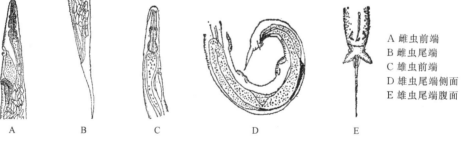

A 雌虫前端
B 雌虫尾端
C 雄虫前端
D 雄虫尾端侧面
E 雄虫尾端腹面

图 5-21　隐匿管状线虫(邱汉辉,1983)

(4) 广州管圆线虫(*Angiostrongylus cantonensis*)(图 5-22)。虫体细长,乳白色,头端圆形,口孔周围有两圈小乳突。雄虫长 11～26 mm,交合伞对称,外观呈肾型,背肋为一短干,顶端有两缺刻。交合刺等长。雌虫长 21～45 mm,阴门靠近肛门,尾部呈斜锥形。

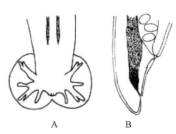

A 雄虫尾端
B 雌虫尾端侧面

图 5-22　广州管圆线虫(Soulsby,1982)

4. 虫卵

(1) 鸡蛔虫卵*。椭圆形,壳厚而光滑,深灰色,刚从粪便排出时含单个卵细胞,虫卵两端发亮,大小为(70～90)μm×(47～51)μm。

(2) 犬弓首蛔虫卵*。虫卵呈亚球形,卵壳厚,表面有许多点状凹陷,大小为(68～85)μm×(64～72)μm。

(3) 鸡异刺线虫卵。大小为(65～80)μm×(35～46)μm。椭圆形,灰褐色,壳厚,表面光滑,内含单个卵细胞。

5. 浸制标本

(1) 浸制标本。

鸡蛔虫、鸡异刺线虫、鹅裂口线虫、比翼线虫、毛细线虫、斧钩华首线虫、旋华首线虫、四棱线虫、尖旋线虫、鸭鸟龙线虫、犬弓首蛔虫、犬钩虫、犬恶丝虫、犬狼尾线虫、麦地那龙线虫、犬肾膨结线虫、猫泡翼线虫、兔栓尾线虫、四翼无刺线虫、隐匿管状线虫、广州管圆线虫。

(2) 病理标本。

鸡蛔虫寄生的小肠、鹅蛔虫寄生的小肠、鹅裂口线虫寄生的肌胃、华首线虫寄生的腺胃、鸬鹚对盲囊线虫寄生于肌胃、鸭鸟龙线虫寄生于皮下、犬恶丝虫寄生于心脏、犬狼尾线虫寄生于食道壁、麦地那龙线虫寄生于猫皮下、肝毛细线虫肝脏病变。

6. 鸭棘头虫

(1) 大多形棘头虫(*Polymorphus magnus*)(图5-23)。橘红色,纺锤形,前端大,后端狭细。吻突上有小钩18个纵列,每行7～8个,每一纵列的前4个钩比较大,有发达的尖端和基部,其余的钩不很发达,呈小针形。雄虫长9.2～11.0 mm,雌虫长12.4～14.7 mm,宽1.3～2.3 mm。

(2) 小多形棘头虫(*M. minutus*)。虫体较小,纺锤形。雄虫长3 mm,雌虫长10 mm,新鲜虫体呈橘红色,吻突卵圆形,有16纵列的钩,每列7～10个,前部的大,向后逐渐变小。

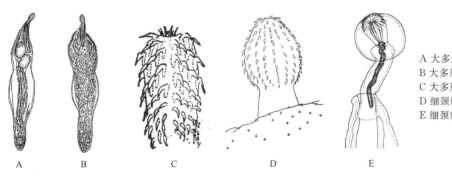

A 大多形棘头虫雄虫
B 大多形棘头虫雌虫
C 大多形棘头虫吻突
D 细颈棘头虫雄虫头端
E 细颈棘头虫雌虫头端

A　　B　　C　　D　　E

图5-23　鸭棘头虫(Soulsby,1982)

(3) 腊肠状多形棘头虫(*M. botulus*)。纺锤形,前部有小刺。吻突呈球形,具有12纵列的小钩,每列8个,前部大,颈部细长。雄虫长13.0～14.6 mm,雌虫长15.4～16.0 mm。

(4) 鸭细颈棘头虫(*Filicollis anatis*)(图5-23)。虫体呈白色纺锤形,前部有小刺。雄虫大小为(4.0～6.0)mm×(1.5～2.0)mm。吻突呈椭圆形,具有18纵列的小钩,每列10～16个。雌虫呈黄白色,大小为(10～25)mm×4 mm,前后两端稍狭小,吻突膨大呈球形,直径 2.0~3.0 mm,其前端有 18 纵列的小钩,每列 10~11 个,呈星芒状排列。

四、作业

绘出鸡异刺线虫的雄虫尾端、鸡蛔虫卵、犬弓首蛔虫卵形态图。

实验五　彩图

一、常见线虫的幼虫、成虫

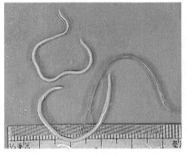

鸡蛔虫(实物)

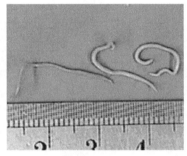

鸽蛔虫(实物)

鸡异刺线虫(实物)

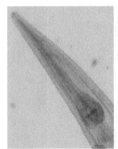

鸡异刺线虫头端(实物)

鸡异刺线虫雄虫尾端(实物)

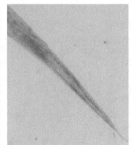

鸡异刺线虫雌虫尾端(实物)

旋华首线虫(实物)

华首线虫头端(实物)

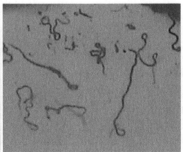

鹅裂口线虫(实物)

鹅裂口线虫头端(实物)

美洲四棱线虫(实物)

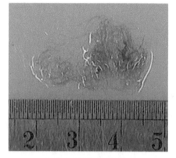

禽毛细线虫(实物)

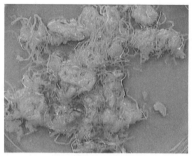

台湾鸟蛇线虫(实物)

孟氏尖旋线虫(实物)

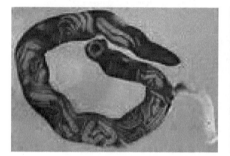

气管比翼线虫(实物)

犬弓首蛔虫(实物)

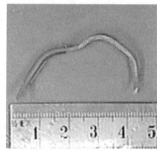

猫弓首蛔虫(实物)

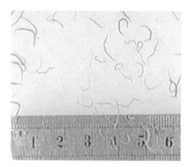

犬钩虫(实物)

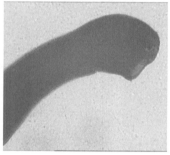

犬钩虫头端(染色)

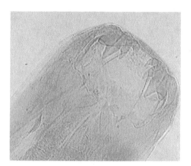

犬钩虫口囊(染色)

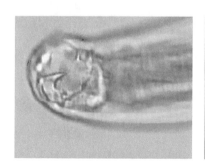

巴西钩口线虫头端(实物)

美洲板口线虫头端(染色)

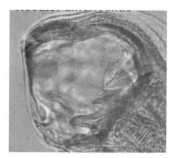

美洲板口线虫口囊(实物)

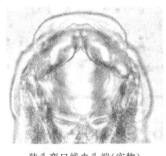

狭头弯口线虫头端(实物)

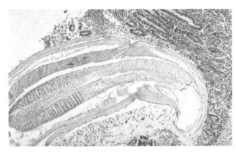

小肠的钩口线虫(HE染色)

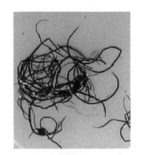

犬恶丝虫(实物)

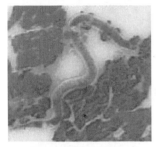

犬恶丝虫微丝蚴(HE染色)

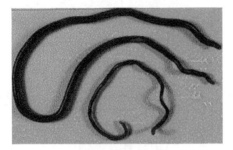

肾膨结线虫(实物)

泡翼线虫头端(染色)

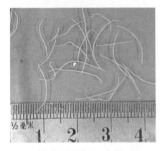

结膜吸吮线虫(实物)

兔栓尾线虫(实物)

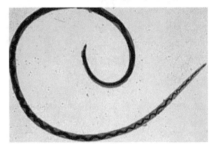

广州管圆线虫(染色)

二、常见线虫的虫卵

鸡蛔虫卵

四棱线虫卵

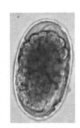

裂口线虫卵

禽毛细线虫卵

犬弓首蛔虫卵

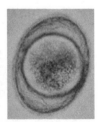

狮弓首蛔虫卵

犬钩虫卵

肝毛细线虫卵

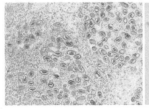

肝毛细线虫卵(HE染色)

膨结线虫卵

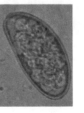

兔栓尾线虫卵

四翼无刺线虫卵

三、常见线虫引起的病变

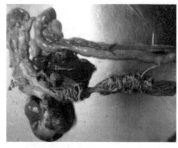

鸡蛔虫小肠病变

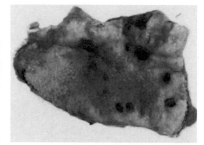

四棱线虫寄生的腺胃

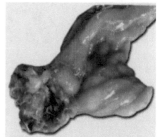

异刺线虫寄生的盲肠

鸬鹚对盲囊线虫寄生于肌胃

鹅裂口线虫寄生肌胃

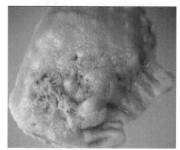

华首线虫寄生于腺胃

台湾鸟蛇线虫寄生于口腔

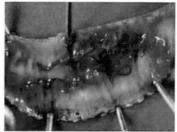

比翼线虫寄生于气管

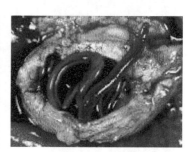

肾膨结线虫寄生肾脏

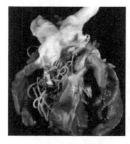

犬恶丝虫寄生心脏

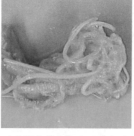

麦地那龙线虫寄生于猫皮下

犬狼尾线虫寄生于食道

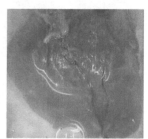

肝毛细线虫肝脏病变

实验六

动物外寄生虫病常见病原形态的观察

一、实验目的和要求

通过观察,掌握寄生于猪、牛、羊、禽、犬、猫、兔、鼠等动物的常见外寄生虫的基本形态与结构,了解一些重要外寄生虫引起的宿主组织器官的病理特征。经观察比较,能鉴别蜘蛛与昆虫、蜱与螨、疥螨与痒螨、兽虱与毛虱或羽虱,为动物外寄生虫病的诊断奠定基础。

二、实验方法

(1) 染色封片标本。个体小的用显微镜观察,个体大的用肉眼或放大镜观察。
(2) 浸制标本。用肉眼观察。

三、观察内容

(带 * 为指导教师重点讲解和学生自己重点观察内容,其余内容为指导教师进行示教讲解。)

1. 蜱螨

(1) 硬蜱(Ixodidae)* (图 6-1,图 6-2)。硬蜱呈长椭圆形或圆形,背腹扁平,头、胸、腹愈合在一起,分为假头和躯体两个部分。长 2~13 mm,吸血后雌蜱可以长达 20~30 mm,似蓖麻籽。假头位于躯体前端,由 1 个假头基和口器组成。假头基有矩形、六角形、三角形、或梯形。口器由 1 对须肢、1 对螯肢和 1 个口下板组成。躯体背面有一块盾板,雄虫的盾板几乎覆盖整个背面,雌虫、若虫和幼虫的盾板呈圆形、卵圆形、心脏形、三角形或其他形状,覆盖背面的前 1/3。盾板

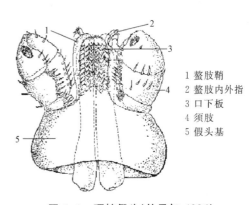

1 螯肢鞘
2 螯肢内外指
3 口下板
4 须肢
5 假头基

图 6-1　硬蜱假头(林孟初,1986)

前缘两侧为肩突。盾板上有 1 对颈沟和 1 对侧沟,还有大小、深浅、数目及分布状态不同的刻点。躯体背面后半部,在雄蜱及雌蜱都有后中沟和 1 对后侧沟,有些属盾板上有银白色的花纹。躯体腹面前部正中有一横裂的生殖孔,其两侧有 1 对向后伸展的生殖沟,肛门位于后部正中。腹面有气门板 1 对,位于第 4 对足基节的后外侧,有些属雄蜱腹面还有因种类不同而数量不同的几丁质板,其数量、形状、排列常是鉴别种类的依据。成虫和若虫有 4 对足,幼虫 3 对足,足有基节、转节、股节、胫节、后跗节和跗节构成,第 1 对足跗节接近端部的背缘有哈氏器,哈氏器包括前窝、后囊,内有各种感觉毛。有些属在盾板侧缘有 1 对眼,有些属在盾板后缘具缘垛。常见硬蜱有牛蜱属(*Boophilus*)、硬蜱属(*Ixodes*)、扇头蜱属(*Rhipicephus*)、血蜱属(*Haemaphysalis*)、璃眼蜱属(*Hyalomma*)、革蜱属(*Dermacentor*)、花蜱属(*Amblyomma*)7 个属。

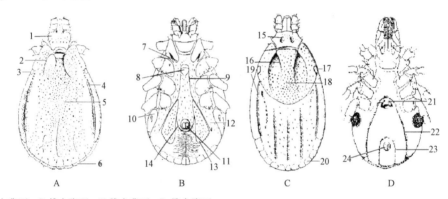

A 雄虫背面　B 雄虫腹面　C 雌虫背面　D 雌虫腹面
1 头基背角　2、16 颈沟　3、17 眼　4、19 侧沟　5、18 盾板　6、20 缘垛　7 基节外刺　8、21 生殖孔　9、22 生殖沟　10 气门板　11、24 肛门　12 副肛侧板　13 肛侧板　14 肛后沟　15 多孔区　23 肛前沟

图 6-2　硬蜱外部构造(Soulsby,1982)

(2) 软蜱(Argasidae)(图 6-3)。虫体扁平,卵圆形或长卵圆形,虫体前端较窄。未吸血前为黄灰色,吸饱血后为黑色。背面无盾板,腹面无几丁质板。表皮为革状,雄蜱的较厚而雌蜱的较薄,表皮结构因属或种不同,或为皱纹状或为颗粒状或有乳状突或有圆陷窝。在背腹肌附着处形成陷凹,称为盘窝。腹面前端有时突出称项突。大多数无眼,如有眼,则位于第 2~3 对足基节外侧。气门板小,位于第 4 对足基节前外侧。生殖孔及肛门的位置与硬蜱相同。在生殖孔两侧向后延伸有生殖沟,肛门之前有肛前沟,肛门之后有肛后中沟及肛后横沟,后部体缘有背腹沟,沿基节内、外两侧有褶突,内侧有基节褶,外侧为基节上褶。假头隐于虫体前端的腹面(幼虫除外)头窝内。假头基小,近方形。须肢为圆柱状,游离而不紧贴于

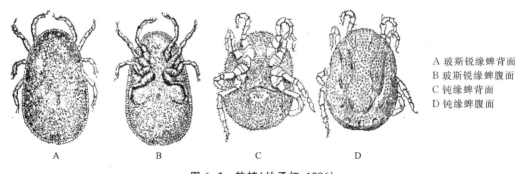

A 玻斯锐缘蜱背面
B 玻斯锐缘蜱腹面
C 钝缘蜱背面
D 钝缘蜱腹面

图 6-3　软蜱(林孟初,1986)

螯肢和口下板两侧,共分4节可自由转动。须肢后内侧或具有1对须肢后毛。口下板基部有1对口下板后毛。足的结构与硬蜱相似,但基节无足,跗节背面有瘤突,第1、4对足的瘤突的数目、大小为分类的依据。雌雄两性的形态极相似,雄蜱较雌蜱小,雄蜱的生殖孔为半月形,雌蜱为横沟状。

硬蜱和软蜱的形态构造区别见表6-1。

表6-1　硬蜱和软蜱的形态构造比较

区别点	硬　蜱	软　蜱
假头的位置	在体前端,从背面可以看见	在腹面,背部看不见。
脚须	粗、短,不能运动	灵活,能运动,像步足一样
背部盾板	有	无
气门板位置	在第四对足的基节后方	在第3、4对足的基节中间
肉垫	不显著	显著
吸血时间	白天夜间均能吸血	仅在夜间吸血
寄生习性	长久寄生在宿主体上	仅在吸血时暂时寄生
耐饥性	不能耐饥太久	耐饥饿可达数年

（3）疥螨(*Sarcoptes* sp.)[*]（图6-4）。虫体呈圆形或龟形,浅黄色,背面隆起,腹面扁平,背面有细横纹、锥突、鳞片和刚毛。雌虫大小为(0.33~0.45)mm×(0.25~0.35)mm,雄虫大小为(0.2~0.23)mm×(0.14~0.19)mm。口器为咀嚼式。腹面有4对短粗的足,后2对足较小,每对足上均有角质化的支条,第1对足上的后支条在虫体中央并成一条长杆,雄虫第3、4对足上的后支条互相连接。雄虫第1、2、4对足的末端和雌虫的1、2对足末端有一带长柄的钟形吸盘,其余各足为1根长刚毛。雄虫的生殖孔在第4对足之间,围在一个角质化的倒"V"形的构造中,雌虫的生殖孔位于第1对足后支条合并的长杆的后面。肛门为一小圆孔,位于体末端,在雌螨居阴道之背侧。

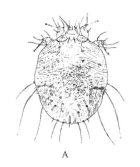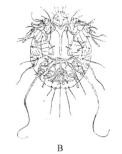

A 疥螨雌虫背面
B 疥螨雄虫腹面
C 背肛螨雌虫背面

图6-4　疥螨和背肛螨(Soulsby,1982)

（4）背肛螨(*Notoedres* sp.)（图6-4）。有猫背肛螨和兔背肛螨,形态与疥螨相似,大小小于疥螨,肛门位于虫体背面,离后缘较远,肛门周围有环形角质皱纹。

（5）膝螨（图6-5）。突变膝螨(*Cnemidocoptes mutans*)呈圆形或龟形,浅黄色,背面无鳞片和刚毛。雄螨大小为(0.19~0.20)mm×(0.12~0.13)mm,足长,圆锥状,末端有带柄的吸盘。雌螨大小为(0.408~0.44)mm×(0.33~0.38)mm,近似圆形,足短,不突出体缘,末端无吸盘。肛门位于虫体末端。鸡膝螨(*C. gallinae*)小于突变膝螨。

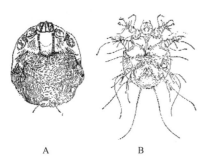
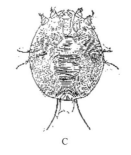

A 突变膝螨雌虫背面
B 突变膝螨雄虫腹面
C 膝螨雌虫背面

A　　　　　B　　　　　　　　C

图 6-5　膝螨(林孟初,1986)

(6)痒螨(*Psoroptes* sp.)*(图 6-6)。虫体呈长圆形,体长 0.5～0.9 mm,肉眼可见。口器刺吸式,呈长圆锥形,螯肢细长,趾上有三角齿,须肢也细长。体表有细皱纹和稀疏的刚毛。肛门在躯体末端。足尤其是前两对较长,雄虫前 3 对足和雌虫第 1、2、4 对足都有喇叭状的吸盘,吸盘长在一个分三节的柄上,雄虫第 4 对足很短,没有吸盘和刚毛。雌虫第 3 对足上各有长刚毛 3 根。雄虫体末端有 2 个尾突,尾突上各有长毛数根,尾突前方腹面后部有 2 个性吸盘,生殖器居第 4 基节间。雌虫腹面前部有一个生殖孔,后端有纵裂的阴道,阴道背侧为肛门。

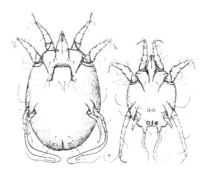

左:雌虫腹面
右:雄虫腹面

图 6-6　痒螨(Soulsby,1982)

疥螨和痒螨的形态结构异同比较见表 6-2。

表 6-2　疥螨和痒螨的形态结构比较

区别点	疥螨	痒螨
体型及其大小	近于圆形,体长 0.2～0.5 mm	长椭圆形,体长 0.5～0.9 mm
口器	短小圆形或蹄铁形,咀嚼式	长圆锥形,刺吸式
足	短粗圆锥形,第 2、4 对足不伸出身体边缘之外	各足细长,前两对足比后二对足稍粗
吸盘及柄	吸盘柄不分节。吸盘位于♂虫的 1、2、4 对足和♀虫的 1、2 对足上	吸盘喇叭形,柄分 3 节,吸盘位于♂虫的 1、2、3 对足和♀虫的 1、2、4 对足上。
♂虫腹面构造	♂性生殖孔位于呈倒"V"字形,尤似倒垂的铜钟内	有 1 对交合吸盘(性吸盘)和 1 对结节(尾突)

(7)足螨(*Chorioptes* sp.)(图 6-7)。与痒螨相似。虫体呈长卵圆形,体长 0.3～0.5 mm,体表有细纹。口器短,锥形。肛门在躯体末端。雄虫 4 对足都有吸盘,第 4 对足很短。雌虫第 1、2、4 对足有吸盘。雄虫体末端有 2 个结节和 2 个性吸盘。

左:雌虫
右:雄虫

图 6-7　足螨(Soulsby,1982)

（8）耳痒螨（*Otodectes* sp.）（图 6-8）。雄虫 4 对足末端均有吸盘，第 3 对足端还有 2 根较细长的毛，体后的结节不发达，每个结节上有两长两短的刚毛。雌虫第 3、4 对足无吸盘，第 4 对足不发达，不能伸出体缘。

（9）蠕形螨（*Demodex* sp.）（图 6-9）虫体细长，呈蠕虫状，体长为 0.1～0.4 mm，宽约 0.04 mm，分为颚体、足体、后体三个部分。口器刺吸式，位于前部，呈膜状突出，其中含 1 对三节组成的须肢，1 对刺状的螯肢和 1 个口下板，中部有 4 对很短的足，各足由 5 节组成，后部细长，表面密布横纹。雄虫的生殖孔开口于背面，足体的中央即在第 1 对与第 2 对足之间后方的相对背面。雌虫的生殖孔则在腹面第 4 对足之间。

（10）鸡皮刺螨（*Dermanyssus gallinae*）（图 6-10）。虫体呈长椭圆形，后部略宽。体表密生短绒毛。饱血后虫体由灰白色转为淡红色或棕灰色。雌虫体长 0.72～0.75 mm，宽 0.4 mm（吸饱血的雌虫可达 1.5 mm）。雄虫体长 0.6 mm，宽 0.32 mm。体表有细纹与短毛。假头长，螯肢 1 对，呈细长的针状，用以穿刺宿主皮肤而吸取血液。足 4 对，很长，有吸盘。背板为一整块，后部较窄，背板比其他角质部分显得明亮。雌虫的肛板较小，与腹板分离。雄虫的肛板较大，与腹板相接。

（11）鸡新棒恙螨（*Neoschongastia gallinarum*）（图 6-11）。幼虫很小，不易发现，饱食后呈橘黄色，大小为 0.421 mm×0.321 mm。分头、胸和腹部，有 3 对足。盾板梯形，上有 5 根刚毛，中央 1 对感觉毛，远端膨大呈球拍形。有背刚毛 40～46 根，排列为 2、10～13、8、6、8、6、4、2。

2. 昆虫

（1）蝇蛆（3 期幼虫）

1）牛皮蝇蛆（图 6-12）。其成虫是牛皮蝇（*Hypoderma bovis*），体粗壮，柱状，前后端钝圆，长有 26～28 mm。棕褐色。背面较平，腹面稍隆起，有许多疣状带刺结节，身体屈向背面。

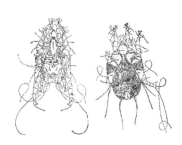

左：雄虫
右：雌虫

图 6-8　耳痒螨（Soulsby，1982）

图 6-9　蠕形螨腹面（Soulsby，1982）

左：雌虫背面
右：雌虫腹面

图 6-10　鸡皮刺螨（Soulsby，1982）

左：背面
右：盾板

图 6-11　鸡新棒恙螨背面（邱汉辉，1983）

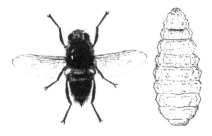

图 6-12　牛皮蝇（左）和纹皮蝇蛆腹面（右）
（Soulsby，1982）

虫体前端无口钩,后端较齐,有 2 个气门板,后气孔漏斗状,最后两节无刺。纹皮蝇蛆,其成虫是牛皮蝇(*H. lineatum*),与牛皮蝇蛆相似,最后一节腹面无刺,后气孔浅平。

2) 羊狂蝇蛆(图 6-13)。其成虫是羊狂蝇(*Oestrus ovis*),蝇蛆呈棕褐色,长约 30 mm。背面拱起,各节上具有深棕色的横带。腹面扁平,各节前缘具有数列小刺。前端尖,有 2 个强大的黑色口前钩。虫体后端齐平,有 2 个黑色的口形后气孔。

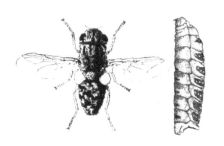

图 6-13　羊狂蝇(左)和羊狂蝇蛆侧面(右)
(Soulsby,1982)

3) 马胃蝇蛆(图 6-14)。其成虫是马胃蝇(*Gasterophilus* sp.),粗大,长度因种类不同而异,一般长 13～22 mm。呈红色或黄色,分明显的 11 节,每节前缘有 1～2 列刺,刺的排列和分布因种类而异。前端稍尖,有 1 对发达的口前钩,后端齐平,有 1 对后气门,气门每侧有背腹直行的 3 条纵列。

4) 伊蝇蛆。其成虫是三色伊蝇(*Idiella tripartita*),长 7～10 mm,宽 2～3 mm。呈乳白色,吸血后为红色。前端狭小,有 1 对锐利的口前钩,后端齐平,有 1 对后气门。

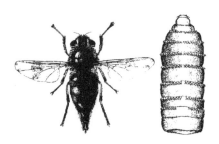

图 6-14　马胃蝇(左)和马胃蝇蛆背面(右)
(Soulsby,1982)

(2) 虻(Tabanidae)(图 6-15)。虻是一类体粗壮、头大、足短和翅宽的大中型吸血昆虫。大小不等,体长 6～30 mm,体呈黑棕、棕褐、黄绿等色,有光泽,大多有较鲜艳的色斑。体表生有多数软毛。头部大,呈半球型,头部有 2 个很大的复眼,几乎占头部的绝大部分。额带常有粉被和毛覆盖,额带的中部或基部大多生有骨质的胛(瘤),触角短,由 3 节组成。口器属于刮刺式。胸部 3 节,前、中、后胸的界限不清晰,有翅 1 对和足 3 对。腹部有 7 节,背腹面部有一些或深或浅颜色不同的各种斑纹,其颜色和纹饰具有分类意义。

图 6-15　虻(Soulsby,1982)

(3) 蝇(Muscidae)。

厩螯蝇(*Stomoxys calcitrans*)(图 6-16)。暗灰色,体长 5～9 mm,外形似家蝇。口器为刺吸式,缘细长而坚硬,向前方突出。触角芒只背侧有毛。胸部背面灰色,有 4 条黑色不完整的纵带。翅透明,腹部短而宽,灰色,腹部背面第

图 6-16　雌厩螯蝇(Soulsby,1982)

2、3节各有3个黑点,1个居中,位于节的基部,2个居侧,位于节的后缘。

角蝇(*Lyperosia* sp.)。灰黑色,体长3~5 mm,小于厩螫蝇。口器为刮吸式,缘细长而坚硬,末端角质化口盘。

羊虱蝇(*Melophagus ovinus*)(图6-17)。体长约4~6 mm。头部和胸部均为深棕色,腹部为浅棕色或灰色。体壁呈革质的性状,遍生短毛。头扁,嵌在前胸的窝内,与胸部紧密相接,不能活动。复眼小,呈新月形。触角短缩于复眼前方的触角窝内。额宽而短,顶部光滑。刺吸式口器。触须长,其内缘紧贴喙的两侧,形成喙鞘。无翅和平衡棍。足粗壮有毛,末端有1对强而弯曲的爪,爪无齿,前足居头之两侧。腹部不分节,呈袋状。雄虫腹小而圆,雌虫腹大,后端凹陷。

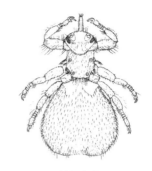

图6-17　羊虱蝇(Soulsby,1982)

犬虱蝇(*Hippobosca capensis*)。雄蝇体长约6.8 mm,雌蝇体长约8 mm,黄棕色。体壁革质,体表毛少。头部和胸部扁平。有2个大的复眼,触角短,呈球形,只有2节(第1~2节愈合),隐于窝内。触须长,内侧有槽居喙两侧作为喙鞘。翅发达,透明有皱褶,翅脉多集中于翅的前缘近基部处,静止时两翅重叠。足粗壮,有爪。腹部大,分节不明显,呈袋状。

(4)蚊(Culicidae)(图6-18)。蚊属双翅目,蚊科,与兽医关系密切且常见的有按蚊属、库蚊属和伊蚊属。蚊是一种细长的吸血昆虫,体狭长,体长5~9 mm。体分头、胸、腹三部分。头部略呈球形,有复眼1对,触角1对细长,分为15节(雌蚊)或16节(雄蚊),呈鞭状,各基节有一圈轮毛,雄蚊轮毛长而密,雌蚊轮毛短而稀。刺吸口器由上唇咽、下咽、1对上颚、1对下颚和下唇组成,细长的食物管由上唇咽与下咽并拢而成。前、后胸退化,仅中胸发达,中胸背侧有翅1对,翅窄而长,翅脉上有鳞片,有3对细长的足。腹部由10节组成,通常只见8节,后两节转化为外生殖器。雌蚊吸血,雄蚊不吸血。

图6-18　蚊(Soulsby,1982)

(5)蠓(Ceratopogonidae)(图6-19)。它是一类极小的黑色双翅目昆虫,体长1~4 mm,头部近于球形,有1对发达的肾形复眼。刺吸式口器,常与头长相等。触角细长,由12~14节组成,末端1~5节常变长。胸部发达稍隆起,翅短而宽,翅端钝圆,翅上无鳞片而密布细毛及粗毛,有的翅膜上有暗斑与白斑。有甚发达的

图6-19　蠓(Soulsby,1982)

足 3 对,前足不延长,中足较长,后足较粗。腹部细长,由 10 节组成,各节体表均着生有毛,雄蠓腹部较雌蠓略细,雌蠓末端有尾须 1 对。

(6) 蚋(*Simuliidae*)(图 6-20)。一类小型、粗短、背驼、翅宽大,呈梧色或黑色的吸血昆虫。成蚋体长 1.5～5 mm。头部呈半球形,复眼发达,触角短,触角由 9～11 节组成,口器为刺吸式,粗短、发达。胸背隆起,翅 1 对,宽阔透明,前缘域翅脉明显,其余翅脉不明显,翅静止时,斜覆于背面呈屋脊状。足粗短,腹部呈卵圆形,由 11 节组成,最后 1～3 节形成两性的尾器。

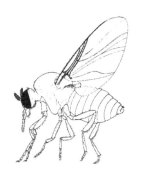

图 6-20　蚋(Soulsby,1982)

(7) 蚤(*Pulicidae*)。为小型无翅昆虫,虫体左右扁平,体表覆盖有较厚的几丁质,头部三角形,侧方有 1 对单眼。触角有 3 节,收于触角沟内。口器刺吸式。胸部小,分 3 节,有 3 对肢,肢粗大。腹部分 10 节,有 7 节清晰可见,后 3 节为外生殖器。蚤常见有蠕形蚤属(*Vermipsylla*)的花蠕形蚤(*V. alacurt*)和羚蚤属(*Dorcadia*)的尤氏羚蚤(*D. ioffi*)以及栉首蚤属(*Ctenocephalide*)的犬栉首蚤(*C. canis*)和猫栉首蚤(*C. felis*)(图 6-21),蠕形蚤属雌蚤

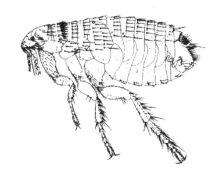

图 6-21　猫栉首蚤(Soulsby,1982)

吸血后腹部会迅速增大,栉首蚤属雌蚤吸血后腹部不膨大。

(8) 血虱(*Haematopinus* sp.)和颚虱(*Linognathus* sp.)*(图 6-22)。虫体扁平,无翅,头部圆锥形,口器为刺吸式,头部宽度小于胸部。触角短,复眼 1 对,但已高度退化。胸部 3 节融合为膜状,胸部有 3 对肢,粗短有力,每肢末端有爪。腹部比胸部宽,大。雌虱腹部末端分叉,雄虱末端圆钝。常见有猪血虱、牛血虱、水牛血虱、驴血虱、牛颚虱、绵羊颚虱、山羊颚虱。

(9) 毛虱(*Damallinia* sp.)和羽虱*(图 6-22)。较血虱和颚虱小,0.5～1 mm。无翅,背腹扁平。口器咀嚼式,头部钝圆,胸部不发达,宽度小于头部,以此与吸血虱加以区别。触角短,3～5 节。复眼 1 对,但已高度退化。胸部分前、中和后胸,有 3 对肢,每肢末端有爪。腹部比胸部宽。寄生于禽类羽毛上称之为羽虱,寄生于哺乳动物毛上称之为毛虱。

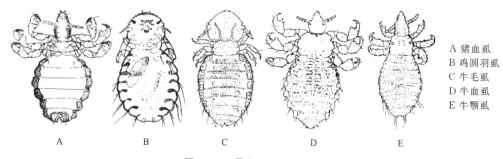

A　猪血虱
B　鸡圆羽虱
C　牛毛虱
D　牛血虱
E　牛颚虱

A　　　　B　　　　C　　　　D　　　　E

图 6-22　虱(Soulsby,1982)

3. 舌形虫(*Linguatula serrata*)(图 6-23)。锯齿舌形虫的成虫呈半透明舌状,背面稍隆起,腹面扁平,体表约有 90 条明显的横纹。前端口孔周围有 2 对能收缩的钩。雌虫长 80～130 mm,宽 10 mm,灰黄色,沿体中线可见分布有橙红色的虫卵群。雄虫长 18～20 mm,宽 3～4 mm,白色。

4. 浸制标本

(1) 用肉眼观察的浸制标本。

硬蜱、软蜱、羊狂蝇蛆、马胃蝇蛆、牛皮蝇蛆、舌形虫、皮刺螨。

(2) 病理标本。

疥螨寄生的兔头、突变膝螨寄生的鸡足、马胃蝇寄生的马胃、猪蠕形螨寄生的皮肤。

图 6-23　锯齿舌形虫雌虫背面
(Soulsby,1982)

四、作业

1. 绘出疥螨、痒螨、猪血虱、硬蜱假头形态图,并注明各部位结构名称。
2. 比较列出蜱与螨、硬蜱与软蜱、疥螨与痒螨、兽虱或血虱与毛虱或羽虱的区别。

实验六　彩图

一、常见的外寄生虫

硬蜱成虫(制片)

硬蜱幼虫(制片)

硬蜱(实物)

吸血后雌蜱(实物)

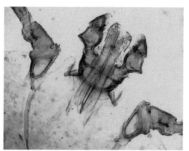
硬蜱假头

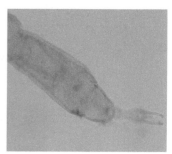
硬蜱足

波斯锐缘蜱背面(实物)

波斯锐缘蜱腹面(实物)

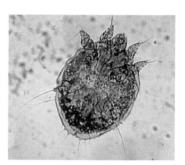
猪疥螨雌虫腹面(实物)

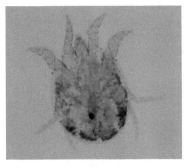

水牛痒螨（制片）

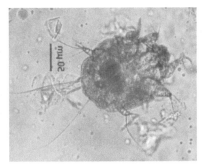

鸡突变膝螨雄虫（实物）

鸡突变膝螨雌虫（实物）

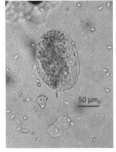

鸡突变膝螨卵（实物）

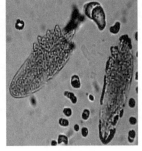

猪蠕形螨（实物）

兔寄食姬螯螨（制片）

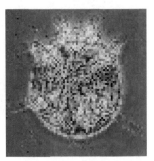

猫背肛螨雄虫（实物）

猫背肛螨雌虫（实物）

鸡皮刺螨（制片）

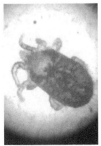

鸡皮刺螨（实物）

囊禽刺螨（制片）

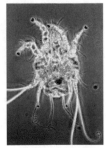

牛足螨雌虫（实物）

牛足螨雄虫（实物）

耳痒螨雌虫（制片）

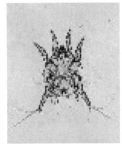

耳痒螨雄虫（制片）

虻（实物）

虻口器（制片）

厩螫蝇(实物)

角蝇(实物)

家蝇(制片)

犬虱蝇(制片)

羊虱蝇(制片)

按蚊雌虫(实物)

牛皮蝇蛆、羊狂蝇蛆、马胃蝇蛆(上:背面;下:腹面;实物)

猪血虱(制片)

猪血虱卵(制片)

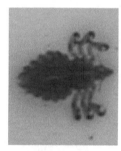
水牛血虱(制片)

山羊颚虱(制片)

鸡羽虱(制片)

山羊毛虱(制片)

鸽长羽虱(制片)

鸡圆羽虱(制片)

巨角羽虱(制片)

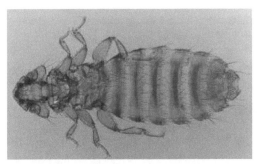
草黄鸡体虱（制片）

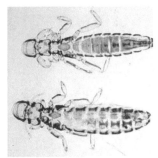
鸡长圆羽虱（制片）

犬毛虱（制片）

四孔血虱（制片）

马毛虱（制片）

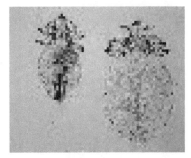
棘颚虱（制片）

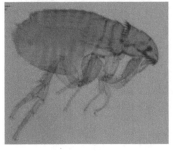
栉首蚤（制片）

臭虫（制片）

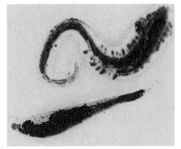
锯齿舌形虫（实物）

二、常见外寄生虫引起的病变

兔疥螨寄生的兔头部

突变膝螨寄生的鸡足

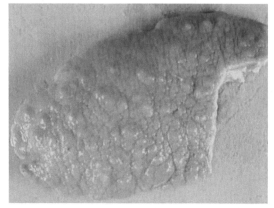

猪蠕形螨寄生的皮肤

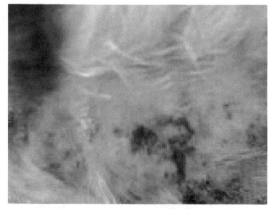

犬蠕形螨寄生的皮肤

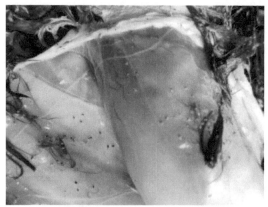

鸡皮刺螨寄生于皮肤表面

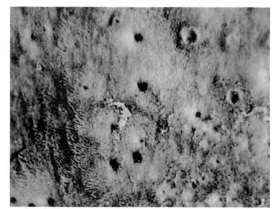

牛皮蝇蛆寄生于牛皮下

羊狂皮蝇蛆寄生于鼻腔

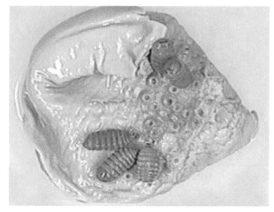

马胃蝇寄生于马胃

实验七

动物原虫病常见病原形态的观察

一、实验目的和要求

通过观察,掌握动物原虫病病原的基本形态与结构,了解一些重要原虫引起的宿主组织器官的病理特征。经观察比较,能鉴别一些常见或重要的动物原虫病病原,为原虫病的诊断奠定基础。

二、实验方法

(1) 封片标本。用显微镜(高倍镜或油镜)观察。
(2) 卵囊标本。取卵囊悬浮液一滴,滴在载玻片上,盖上盖玻片置于显微镜下观察。
(3) 病理标本。用肉眼观察。

三、观察内容

(带 * 为指导教师重点讲解和学生自己重点观察内容,其余内容为指导教师进行示教讲解。)

1. 鞭毛虫

(1) 伊氏锥虫(*Trypanosoma evansi*)*
(图 7-1)。大小为长 18~34 μm,宽 1.5~2.5 μm,呈卷曲的柳叶状,前端尖锐,后端稍钝。由细胞核、动基体、鞭毛、波动膜等构成。核椭圆形位于虫体中央,虫体后端有一点状动基体,靠近动基体的前方有一生毛体,1 根鞭毛由动基体的生毛体生出,并沿虫体表面螺旋式地向前延伸为游离鞭毛,鞭

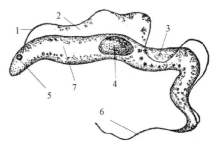

1	鞭毛
2	波动膜
3	空泡
4	细胞核
5	动基体
6	游离鞭毛
7	原生质

图 7-1　伊氏锥虫(林孟初,1986)

毛与虫体之间有薄膜即波动膜相连。虫体的胞浆内可见到空泡和染色质颗粒。经姬氏液染色后,核和动基体呈深红紫色,鞭毛呈红色,原生质呈淡蓝色。压滴血液标本中,虫体原地运动相当活泼,前进运动比较缓慢。

(2) 杜氏利什曼原虫(*Leishmania donovani*)
(图 7-2)。犬体内的虫体寄生于血液、骨髓、
肝、脾、淋巴结等网状内皮细胞中,为无鞭毛体
(利杜体),呈圆形,直径 2.4～5.2 μm,有的呈
椭圆形,大小为(2.9～5.7) μm×(1.8～4.02)
μm。用瑞氏染色后,原生质呈浅蓝色,胞核呈
红色圆形,常偏于虫体一端,动基体紫红色细小
杆状,位于虫体中央或稍偏于另一端。传播媒
介白蛉体内的虫体,称为前鞭毛体,呈细长的纺
锤形,长 12～16 μm,前端有一根与体长相当的
游离鞭毛,在新鲜标本中,可见鞭毛不断摆动,
虫体运动非常活泼。

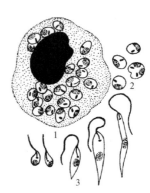

1 巨噬细胞内的虫体
2 细胞外的虫体
3 前鞭毛体

图 7-2　杜氏利什曼原虫(Hoare,1950)

(3) 胎儿三毛滴虫(*Tritrichomonas foetus*)
(图 7-3)。大小为长 9～25 μm,宽 3～10 μm,
形状纺锤形或梨形。虫体由细胞核、动基体、鞭
毛、波动膜等构成,悬滴标本中,虫体运动相当
活泼。核在细胞前半部,前有动基体,并伸出 4
根鞭毛,3 根向前游离,1 根向后与波动膜相连,
到虫体后部成为游离鞭毛。虫体中部有一轴
柱,起于虫体前端,末端突出于体后端。

图 7-3　胎儿三毛滴虫(Soulsby,1982)

(4) 火鸡组织滴虫(*Histomonas meleagridis*)
(图 7-4)。多形性虫体,大小不一,近圆形和变
形虫样,伪足钝圆。盲肠中的虫体直径 5～30
μm,常见有一根鞭毛,作钟摆样运动,核呈泡囊
状。组织细胞内的虫体,有动基体,但无鞭毛,
虫体单个或成堆存在,呈圆形、卵圆形或变形虫
样,直径大小为 4～21 μm。

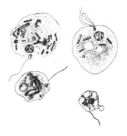

图 7-4　火鸡组织滴虫(Wenyon,1926)

(5) 贾第虫(*Giarsia* sp.)(图 7-5)。虫体
有滋养体和包囊两种形态。滋养体形状如对切
的半个梨形,前半呈圆形,后部逐渐变尖,长 9～
20 μm,宽 5～10 μm,腹面扁平,背面隆突。腹
面有 2 个吸盘。有 2 个核。4 对鞭毛,按位置分
别称为前、中、腹、尾鞭毛。体中部尚有 1 对中
体。包囊呈卵圆形,长 9～13 μm,宽 7～9 μm,
虫体可在包囊中增殖,因此可见囊内有 2 个核
或 4 个核,少数有更多的核。常见有牛贾第虫
(*G. bovis*)、山羊贾第虫(*G. caprae*)、犬贾第虫
(*G. canis*)、蓝氏贾第虫(*G. lamblia*)等。

左:滋养体
右:包囊

图 7-5　贾第虫(Wenyon,1926)

2. 梨形虫

（1）双芽巴贝斯虫（*Babesia bigemina*）*（图 7-6）。寄生于牛红细胞中，虫体长度大于红细胞半径。其形态有梨籽形、圆形、椭圆形及不规则形等。典型的形状是成双的梨籽形，尖端以锐角相连。每个虫体内有两团染色质块。虫体多位于红细胞的中央，每个红细胞内虫体数目为1～2个。红细胞染虫率为 2%～15%。虫体经姬氏法染色后，胞浆呈浅蓝色，染色质呈紫红色。虫体形态随病的发展而有变化，虫体开始出现时以单个虫体为主，随后双梨籽形虫体所占比例逐渐增多。

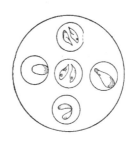

图 7-6　双芽巴贝斯虫（林孟初，1986）

（2）牛巴贝斯虫（*B. bovis*）（图 7-7）。虫体小于双芽巴贝斯虫，长度小于红细胞半径。形态有梨形、圆形、椭圆形、不规则形和圆点形等。典型形状为成双的梨籽

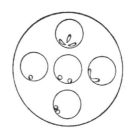

图 7-7　牛巴贝斯虫（林孟初，1986）

形，尖端以钝角相连，位于红细胞边缘或偏中央，每个虫体内含有 1 团染色质块。每个红细胞内有 1～3 个虫体。红细胞染虫率很低，一般不超过 1%。

（3）卵圆巴贝斯虫（*B. ovata*）。长度大于红细胞半径。形态有梨形、卵圆形、出芽形等。典型形状为成双的梨籽形，尖端以锐角相连或不相连，位于红细胞中央，虫体中央不着色，形成空泡。

（4）驽巴贝斯虫（*B. caballi*）（图 7-8）。虫体长度大于红细胞半径。其形状为梨籽形（单个或成双）、椭圆形、环形等，偶尔也可见到变形虫样。典型的形状为成对的梨籽形虫体以尖端联成锐角，每个虫体内有 2 团染色质块。在一个红细胞内通常只有 1～2 个虫体。偶尔见有 3 或 4 个，红细胞的感染率为 0.5%～10%。

图 7-8　红细胞中繁殖阶段多种形状的驽巴贝斯虫（Wenyon，1926）

（5）马巴贝斯虫（*B. equi*）（图 7-9）。虫体长度小于红细胞半径。其形状为单梨籽形、椭圆形、圆形、纺锤形、逗号形、钉子形、短杆形、降落伞形等，椭圆形、圆形居多。典型的形状为 4 个梨籽形虫体以尖端

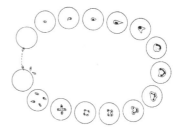

图 7-9　红细胞中繁殖阶段多种形状的的马巴贝斯虫（Wenyon，1926）

联成"十"字形，每个虫体内有 1 团染色质块。随着病程不同，可出现大、中、小三种类型的虫体。

(6) 吉氏巴贝斯虫(*B. gibsoni*)(图 7-10)。虫体很小,多位于红细胞边缘或偏中央,呈环形、椭圆形、圆点形、小杆形,偶尔可见"十"字形的四分裂虫体和成对的小梨籽形虫体,以圆点形、环形及小杆形最多见。圆点形虫体为 1 团

图 7-10　红细胞中吉氏巴贝斯虫
(孔繁瑶,1997)

染色质,姬氏法染色呈深紫色,多见于感染的初期。环形虫体为浅蓝色的细胞质包围一个空泡,带有 1 团或 2 团染色质,位于细胞质的一端,虫体小于红细胞直径的 1/8。偶尔可见大于红细胞半径的椭圆形虫体。小杆形虫体的染色质位于两端,染色较深,中间细胞质着色较浅,呈巴氏杆菌样。在 1 个红细胞内可寄生有 1~13 个虫体,以寄生 1~2 个虫体者较多见。

(7) 莫氏巴贝斯虫(*B. motasi*)(图 7-11)。有双梨籽形、单梨籽形、椭圆形和眼镜框形等各种形状,其中双梨籽形占 60% 以上,椭圆形和眼镜框形较少。梨籽形虫体大于红细胞半径(2.5~3.5 μm),虫体有 2 块染色质,双梨籽虫体以锐角相连,位于红细胞中央。

图 7-11　红细胞中莫氏巴贝斯虫
(Wenyon,1926)

(8) 环形泰勒虫(*Theileria annulata*)。常见有配子体和裂殖体。

配子体(图 7-12)。寄生于红细胞内,虫体很小,形态多样,有圆环形、杆形、卵圆形、梨籽形、逗点形、圆点形、十字形、三叶形等各种形状。其中以圆环形和卵圆形为主,可高达到总数的 70%~80%。杆形的比例为 1%~9%,梨籽形的为 4%~21%;其他形态所占比例很小在 5% 左右。

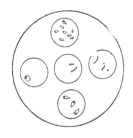

图 7-12　红细胞中环形泰勒虫(林孟初,1986)

裂殖体(又称石榴体或柯赫氏蓝体)(图 7-13)。寄生于巨噬细胞和淋巴细胞内的多核虫体,呈圆形、椭圆形或肾形,位于淋巴细胞或巨噬细胞胞浆内或散在于细胞外。用姬氏法染色,虫体胞浆呈淡蓝色,其中包含许多红紫色颗粒状的核。裂殖体有两种类型,一种为大裂殖体(无性生殖体),体内含有直径为 0.4~1.9 μm 的染色质颗粒,并产生直径为 2~2.5 μm 的

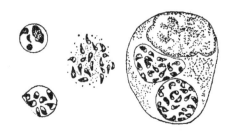

图 7-13　环形泰勒虫石榴体(林孟初,1986)

大裂殖子;另一种为小裂殖体(有性生殖体),含有直径为 0.3~0.8 μm 的染色质颗粒,并产生直径为 0.7~1.0 μm 的小裂殖子。

(9) 瑟氏泰勒虫(*T. sergenti*)。配子体除有特别长的杆状形外,其他的形态和大小与环形泰勒虫相似,也具有多型性,有杆形、梨籽形、圆环形、卵圆形、逗点形、圆点形、十字形和三叶形等各种形状。各种形态中以杆形和梨籽形为主,占 67%~90%,随着病程不同杆形和梨籽形比例有变化,在上升期杆形为 60%~70%,梨籽形为 15%~20%。高峰期杆形和梨籽形均为 35%~45%。下降期和带虫期,杆形为 35%~45%,梨籽形为 25%~40%。圆环形

和卵圆形虫体最高均不超过 15%,其余形态的虫所占比例较小。

(10) 羊泰勒虫。以前认为有山羊泰勒虫($T.\ hirci$)和绵羊泰勒虫($T.\ ovis$),殷宏等(2002)经过研究后确认羊泰勒虫有吕氏泰勒虫($T.\ luwenshuni$)和尤氏泰勒虫($T.\ uilenbergi$)及其混合种。前者配子体与牛环形泰勒虫相似,有环形、椭圆形、短杆形、逗点形、钉子形、圆点形等各种形态,以圆形最多见,圆形虫体直径为 $0.6\sim 1.6\ \mu m$。一个红细胞内一般只有一个虫体,有时可见到 $2\sim 3$ 个。红细胞染虫率 $0.5\%\sim 30\%$,最高达 90% 以上。石榴体直径为 $8\sim 20\ \mu m$,内含 $1\sim 80$ 个直径为 $1\sim 2\ \mu m$ 的紫红色染色质颗粒,形态与牛环形泰勒虫相似。后者染虫率低于 2%。

3. 孢子虫

3.1　球虫($Coccidia$)(图 7-14)

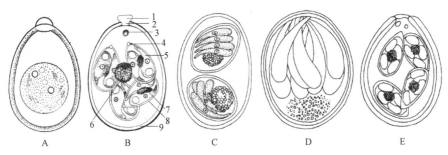

A 未孢子化球虫卵囊　B 艾美耳球虫孢子化球虫卵囊　C 等孢属球虫孢子化球虫卵囊　D 泰泽属球虫孢子化球虫卵囊 E 温扬属球虫孢子化球虫卵囊　1 极帽　2 卵膜孔　3 极粒　4 斯氏体　5 子孢子　6 卵囊残体　7 孢子囊残体 8 孢子囊　9 卵囊壁

图 7-14　球虫(Soulsby,1982)

(1) 球虫未孢子化卵囊[*]。一般卵圆形、圆形,有些种椭圆形或梨形。多无色或灰白色,有些种黄色、红色或棕色。大小因不同种而有差异,一般长 $25\sim 30\ \mu m$,也可长达 $90\ \mu m$,小的只有 $8\sim 10\ \mu m$。有卵囊壁,一般分外层的保护性膜和内层的类脂质层。有些种在卵囊的一端有微孔和极帽。卵囊内为一圆形的、颗粒状的原生质团,即合子。

(2) 球虫孢子化卵囊[*]。由未孢子化卵囊在外界进一步孢子发育形成,除卵囊壁、微孔、极帽等结构外,卵囊内形成孢子囊和子孢子,不同属的球虫其孢子囊和子孢子的数目不同。孢子囊一般圆形、椭圆形或梨形,内含有一定数目的子孢子,有些球虫在孢子囊一端含有一折光性小体即斯氏体。子孢子香蕉形,中央为核,两端有球状的折光体。有些球虫在子孢子之间有颗粒状团块所形成的内残体,有些球虫在孢子囊之间有颗粒状团块所形成的外残体,有些球虫在微孔附近形成 $1\sim 3$ 个折光小粒即极粒。球虫卵囊的外形、大小、色泽、外膜形状、孢子囊和子孢子的大小以及形状,极粒、极帽、微孔、斯氏体、内残体、外残体的有无,是种类鉴定的依据。

(3) 艾美耳属球虫($Eimeria$ sp.)。每个孢子化卵囊含有 4 个孢子囊,每个孢子囊含有 2 个子孢子。寄生于多种动物如猪、马、牛、羊、鸡、鸭、鹅。

(4) 等孢属球虫($Isospora$ sp.)。每个孢子化卵囊含有 2 个孢子囊,每个孢子囊含有 4 个子孢子。主要寄生于猪、犬、猫。

(5) 泰泽属球虫($Tyzzeria$ sp.)。每个孢子化卵囊含有 8 个子孢子,无孢子囊。主要寄生于鸭、鹅。

（6）温扬属球虫（*Wenyonella* sp.）。每个孢子化卵囊含有 4 个孢子囊,每个孢子囊含有 4 个子孢子。主要寄生于鸭。

（7）球虫的子孢子。子孢子香蕉形,中央为核,两端有球状的折光体,能侵入上皮细胞发育成为滋养体。

（8）球虫裂殖体。由滋养体的细胞核进行无性的复分裂或裂殖子侵入上皮细胞形成,内含许多裂殖子,有 1 代、2 代和 3 代裂殖体之分。

（9）球虫裂殖子。位于上皮细胞内的裂殖体内或因裂殖体破裂释放至细胞外,香蕉形,长度因为不同代数而有差异,在 2～17 μm 之间。

（10）球虫配子体。位于上皮细胞内,由裂殖子发育形成,有大小之分。小配子体数量远少于大配子体,大配子体在细胞内继续发育成大配子,小配子体产生数量多的具有两根鞭毛的小配子,并侵入含有大配子的上皮细胞,完成配子生殖,形成合子。

3.2　隐孢子虫（*Cryptosporidium* sp.）（图 7-15）。寄生于宿主上皮细胞的细胞膜内和细胞浆膜外。隐孢子虫卵囊均无色,卵囊壁光滑,有裂缝,无微孔、孢子囊和极粒。每个卵囊内含有 4 个香蕉形的子孢子和 1 个残体,残体由 1 个折光体和一些颗粒组成。小鼠隐孢子虫（*C. muris*）卵囊呈卵圆形,大小为 7.5×6.5 μm,小隐孢子虫（*C. parvum*）卵囊呈圆形或卵圆形,大小为 5.0 μm × 4.5 μm,火鸡隐孢子虫（*C. meleagridis*）卵囊大小为 (4.5～6.0) μm ×(4.2～5.3) μm,平均 5.2×4.6 μm,贝氏隐孢子虫（*C. baileyi*）卵囊呈卵圆形或圆形,大小为 (6.0～7.5) μm ×(4.8～5.7) μm,平均为 6.6×5.0 μm。除卵囊外,其他发育阶段还有子孢子、裂殖体、裂殖子和配子体等。

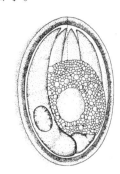

图 7-15　隐孢子虫卵囊
(Current,1991)

3.3　弓形虫（*Toxoplasma gondii*）（图 7-16）。弓形虫为细胞内寄生虫。根据它在不同发育阶段所表现出的形态,分为五种类型。速殖子和包囊出现在中间宿主体内;裂殖体、配子体和卵囊出现在终末宿主体内。

1）速殖子[*]。又称滋养体,是在中间宿主内的发育阶段,呈新月形、香蕉形或弓形,大小为小为 (4～7) μm ×(2～4) μm,一端稍尖,一端钝圆,中央有核靠钝端,用姬氏或瑞氏染色法染色后,胞浆呈浅蓝色,有颗粒,核呈深蓝色。滋养体多见于急性病例或发病早期,位于腹水中或有核细胞胞浆内,有时在有核细胞胞浆内可以见到滋养体簇集在一个囊形成假包囊,一个囊内有几个到几十个速殖子。

2）弓形虫包囊。又称真包囊,是在中间宿主内的发育阶段,见于慢性病例和无症状病例,多见于脑、眼、骨骼肌、心肌和其他组织内,是虫体在宿主体内的休眠阶段。呈圆形或椭圆形,外面有一层富有弹性的囊壁,囊内有数个至数千个繁殖速度慢的缓殖子,包囊直径大小差别很大,小的仅 50 μm,大的可达 100 μm。缓殖子的形态与速殖子相似,仅核的位置稍偏后。

3）裂殖体。终宿主猫的肠绒毛上皮细胞内,早期可见其含有多个细胞核,成熟时则含香蕉形的裂殖子,前端较尖,大小为 4.9×1.5 μm,其数目不定,由 4～29 个,但以 10～15 个居多,呈扇形排列。

4）配子体。在猫肠细胞内进行的有性繁殖期虫体,有大配子体和小配子体。小配子体呈圆球形,直径约 10 μm。用姬氏染色后,核呈淡红色而疏松,细胞质呈淡蓝色。发育成熟的小配子体可形成 12～32 个小配子,新月形,长约 3 μm。大配子体呈圆形,成熟后称大配子,在生长过程中形态变化不大,仅体积增大,可达 15～20 μm。染色后可见核深红色,较小而致密,细胞质充满深蓝色颗粒。

5) 卵囊。出现于猫肠道中,随粪便排到外界。呈卵圆形,有双层囊壁,表面光滑,大小为 (11～14) $\mu m \times$ (9～11) μm,平均 12×10 μm。孢子化卵囊内含有两个卵圆形的孢子囊,其大小约为 8×6 μm,每个孢子囊内含有 4 个长形弯曲的子孢子,大小约 8×2 μm。有内残体,无极粒、极帽、微孔、斯氏体、外残余体。

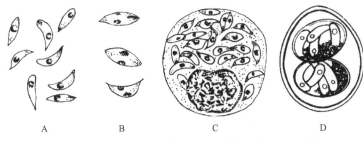

A 细胞外游离的速殖子
B 分裂中速殖子
C 细胞内的速殖子
D 孢子化卵囊

图 7-16 弓形虫(Dubey,1976)

3.4 肉孢子虫(*Sarcocystis* sp.)(图 7-17)。包囊出现在中间宿主体内,配子体和卵囊出现在终末宿主体内。

1) 包囊。寄生于动物肌肉组织间的,与肌纤维平行的包囊,称之为米氏囊,呈纺锤形、圆柱状或卵圆形等形状,颜色灰白至乳白。包囊大小差别很大,大的长径可达 5 cm,横径可达 1 cm,通常其长径约 1 cm 或更小,小的需在显微镜下才能看到。其大小、色泽与宿主种类、寄生部位、虫体和虫龄有关。囊壁由两层构成,内壁向囊内延伸,构成很多中隔,将囊腔分成若干小室。发育成熟的包裹,小室中含有许多肾形或香蕉形的缓殖子(滋养体),又称为南雷氏小体,长约 10～12 μm,宽约 4～9 μm,一端稍尖,一端偏钝。

2) 卵囊。呈卵圆形,孢子化卵囊内含有两个卵圆形的孢子囊,每个孢子囊内含有 4 个香蕉形的子孢子和一团内残体。

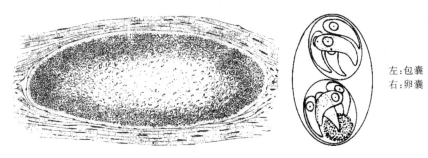

左:包囊
右:卵囊

图 7-17 肉孢子虫(Dubey,1976)

3.5 住白细胞虫(*Leucocytozoon* sp.)

1) 卡氏住白细胞虫(*L. caulleryi*)成熟配子体。呈圆形或椭圆形,大小为 15.5 $\mu m \times$ 15.5 μm。大配子体直径为 12～14 μm,胞质丰富,呈深蓝色,核居中较透明,呈肾形、菱形、梨形、椭圆形,大小为 3～4 μm,核仁多为圆点状。小配子体呈不规则圆形,直径大小为 10～

12 μm,较透明,呈哑铃状、梨状,核仁紫红色,呈杆状或圆点状。宿主细胞为圆形,直径 13～20 μm,细胞核被挤压成一深色狭带,围绕虫体。

2)沙氏住白细胞虫(*L. sabrazesi*)成熟配子体(图 7-18)。长形,大小为 24 μm×4 μm。大配子体的大小为 22 μm×6.5 μm,着色深蓝,色素颗粒密集,褐红色的核仁明显。小配子体的大小为 20 μm×6 μm,着色淡蓝,色素颗粒稀疏,核仁不明显。宿主细胞

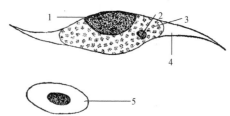

1 白细胞核
2 配子体核
3 配子体原生质
4 白细胞原生质
5 红细胞

图 7-18　沙氏住白细胞虫(林孟初,1986)

呈纺锤形,大小约 67 μm×6 μm,细胞核呈深色狭长的带状,挤向虫体的一侧,白细胞原生质挤压到虫体两侧。

(6)鸡疟原虫(*Plasmodium gallinaceum*)(图 7-19)。红细胞内有裂殖子、裂殖体、大配子体、小配子体。蚊吸食血液时,红细胞内配子体在肠道内形成大配子和小配子,结合形成动合子,进而发育为卵囊,卵囊经孢子生殖形成子孢子,子孢子经移行到达蚊的唾液腺内。

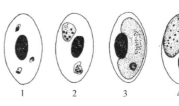

1 滋养体
2 幼年裂殖体
3 大配子母细胞
4 小配子母细胞

图 7-19　鸡疟原虫(Soulsby,1982)

(7)鸽血变原虫(*Haemoproteus columbae*)(图 7-20)。成熟的配子体为腊肠型或新月状,位于红细胞核的侧方,有的两端呈弯曲状,部分围绕红细胞核。姬氏染色后,大配子体胞质呈深蓝色,核为紫红色,色素颗粒为黑褐色,10～46 粒,散布于虫体的胞质内,胞质内常有空泡出现,虫体大小为

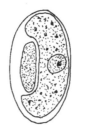

左:红细胞内的雌配子体
右:红细胞内的雄配子体

图 7-20　鸽血变原虫(Soulsby,1982)

(11～16) μm×(2.5～5.0) μm,核呈圆形或半弧形,位于虫体中部。小配子体形状和大配子体一样,姬氏染色后,胞质淡蓝色,大小为(11～24) μm×(2～3.5) μm,核粉红色,疏松。

(8)兔脑原虫(*Encephalitozoon cuniculi*)。兔脑原虫成熟的孢子呈卵圆形或杆形,长 1.5～2.5 μm,内有一核及少数空泡。囊壁厚,两端或中间有少量空泡,一端有极体,由此发出极丝,沿内壁盘绕。极丝常自然伸出。孢子可用吉姆萨氏染色、革兰氏、郭氏石炭酸品红染色。

(9)卡氏肺孢子虫(*Pneumocystis carinii*)(图 7-21)。在肺组织的涂片和切片上,小滋养体呈圆形或椭圆形,直径大约为 1 μm,有一个核,胞膜薄而光滑。大滋养体形状不规则,有伪足,具有活动力,胞膜表面较粗糙。包囊前期呈圆形,具单核,壁较厚,体内

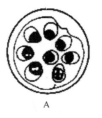

A 包囊
B 单个滋养体及二分裂和内出芽分裂的滋养体

图 7-21　卡氏肺孢子虫(Soulsby,1982)

有散在的染色质团块,大小为 5～12 μm,含有 8 个不规则分散的或呈玫瑰花结形排列的小体,可能是子孢子。

(10) 犬新孢子虫(*Neospora caninum*)

1) 速殖子。卵圆形、月牙形或球形,含 1～2 个核。大小为(4～7) μm×(1.5～5) μm,寄生于神经细胞、血管内皮细胞、室管膜细胞和其他体细胞中。

2) 组织包囊。圆形或椭圆形,大小不等。一般为(15～35) μm×(10～27) μm,有的长达 107 μm。组织包囊壁平滑,厚 1～2 μm,感染时间久厚达 4 μm。组织包囊内含缓殖子,大小(6.0～8.0) μm×(1.0～1.8) μm。缓殖子间常有管泡状结构。主要寄生于脊髓和大脑中。

3) 卵囊。出现于犬肠道中,随粪便排到外界。呈卵圆形,壁无色,大小为(10.6～12.4) μm×(10.6～12) μm,平均 11.7 μm×11.3 μm。孢子化卵囊内含有两个孢子囊,每个孢子囊内含有 4 个子孢子和内残体。

4. 结肠小袋纤毛虫(*Balantidium coli*)(图 7-22)。

有滋养体和包囊两种形式虫体之分。

(1) 滋养体。呈卵圆形或梨形,大小(30～150) μm×(25～120) μm。身体前端有一略为倾斜的沟,沟的底部为胞口,向下连接一管状构造,以盲端终止于胞浆内。身体后端有肛孔,为排泄废物之用。有一大的腊肠样主核,位于体中部,其附近有一小核。胞浆内尚有空泡和食物泡等结构。全身覆有纤毛,胞口附近纤毛较长,纤毛作规律性摆动,使虫体较快速度旋转向前运动。

左:滋养体
右:包囊

图 7-22　结肠小袋纤毛虫(林孟初,1986)

(2) 包囊。不能运动,呈球形或卵圆形,大小为 40～60 μm,有两层囊膜,囊内有 1 个虫体,在新形成的包裹内,可清晰见到滋养体在囊内活动,但不久即变成一团颗粒状的细胞质,包囊内虫体含有一个大核和一个小核,还有伸缩泡、食物泡。有时包囊内有 2 个处于接合过程的虫体。

5. 无形体(*Anaplasma*)(图 7-23)。

以前认为是原虫,现在已将其分类地位归于立克次氏体,有多种,其中中央无形体(*A. centrale*)位于红细胞中央,边缘无形体(*A. marginale*)位于红细胞边缘。姬氏染色后紫红色,瑞氏染色后浅红色,直径为 0.2～0.9 μm,杆状、球形、类球形或环状,可形成短链或在脊椎动物红细胞上或内集群。

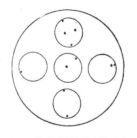

图 7-23　边缘无形体(林孟初,1986)

6. 附红细胞体(*Eperythrozoon*)

以前认为是原虫,现在将其分类地位归于立克次氏体,最新研究结果倾向将其归类于霉形体。附红细胞体是一类多形性微生物,多为环形、球形、半月形或卵圆形,少数呈杆状或顿号形,由于折光性强往往具有亮晶晶似宝石般的色彩,瑞氏染色染成浅蓝色,吉姆萨染色呈紫红色,革兰氏染色阴性,苯胺类色素如丫叮黄易于着染,敏感性高于其他染色方法,但需在荧光显微镜下才能观察。附红细胞体大小因各个不同种类稍有差异,一般直径 $0.3\sim$ $1.0\ \mu m$,最大可达 $1.5\ \mu m$,在红细胞表面单个或成团存在,链状或鳞片状,红细胞上虫体数多少不等,少则 $3\sim5$ 个,也可游离于血浆中,多则 $15\sim25$ 个,作上下左右扭转翻滚等运动,一旦附在红细胞表面运动即停止运动。被感染的红细胞常失去正常的球状立体形,边缘不整齐,呈现锯齿状、星芒状、不规则多边形或菠萝形。

7. 卵囊标本

鸡柔嫩艾美耳球虫孢子化卵囊、鸡巨型艾美耳球虫孢子化卵囊、山羊艾美耳球虫孢子化卵囊、犬等孢球虫孢子化卵囊、泰泽属球虫孢子化卵囊、温扬属球虫孢子化卵囊。

8. 病理标本

(1) 梭形肉孢子虫寄生的牛食道。食道壁肌肉中与肌纤维平行,包囊呈爆米花大小,牛作为中间宿主,终末宿主是犬。

(2) 猪肉孢子虫寄生的猪肉。包囊呈针尖大小,白色,位于肌纤维之间。

(3) 兔球虫寄生的兔肝。由斯氏艾美尔球虫寄生于肝脏胆管上皮引起,肝脏肿大,肝脏表面和内部沿胆管分布大量粟粒至豌豆大小黄白色的卵囊结节,结节镜检为球虫的不同发育阶段。

(4) 鸡盲肠球虫寄生的盲肠。由柔嫩艾美尔球虫寄生于盲肠引起,盲肠肿大引起黏膜出血及坏死,肠内容物血样,内含坏死剥脱的黏膜,或为混有血的干酪样肠栓。

(5) 鸡盲肠肝炎引起的盲肠和肝脏的病变。肝脏肿大,在表面形成黄色或黄绿色局限性圆形溃疡灶,中央凹陷,四周隆起,大小为黄豆大或指头大,少时分散,多时整个密布。盲肠肿大,肠壁厚,浆膜面上暗红色,剖开肠腔可见凝固性坏死物质,横切面呈同心圆状,盲肠黏膜发生炎症和溃疡。

(6) 鸡住白细胞虫引起心肌、胰腺、肌肉的病变美心肌上形成灰白色结节,胸肌出血,胰腺形成出血性结节。

四、显微镜油镜的使用注意事项

油镜的特点是前透镜很小,油镜头的标记也因厂牌不同而异,一般多刻有放大率。如 $(90\times,100\times)$,镜口率(N. A=1.25 或 1.30),Oil,国产镜头刻"油"字等。油镜可以使标本放大 $1\,000\sim2\,500$ 倍,油镜观察时,在标本与镜头之间必须滴加镜油,否则视野不清。原因是油镜前透镜很小,光线通过玻片标本后在空气中发生折射,进入镜头的光线少,致使视野暗物象不清。如在标本与镜头间加一滴(切勿散开)与玻片折光率(N=1.52)相近的香柏油(N=1.515)则进入镜头的光线增多,视野明亮,物象清晰,滴油又能增加油镜孔径数值,从而提高显微镜的分辨率。油镜使用步骤如下。

1. 对光

将标本置于载物台上,注意勿将镜台倾斜,以免液体标本流出。用低倍镜对光,左眼通过目镜观察,用手调节反光镜(天然光源用平面镜,人工光源或光源弱的地方用凹面反光镜),使视野光亮均匀。检查染色标本用强光(将集光器升到最上,光圈完全打开)检查不染色的活体标本则宜用弱光(集光器适当下降,光圈适当缩小)。

2. 调焦

于标本上滴加镜油一滴(不要多加! 使呈滴状切勿散开),然后用眼从侧面观察,转动粗螺旋,使载物台缓缓上升(或油镜头缓缓下降),至油镜浸入油中接近玻片为止(注意调节粗螺旋时不要用力过猛、过急、以免损坏镜头或压坏标本)。左眼通过目镜观察,同时再缓缓转动粗螺旋下降载物台或上升油镜头,当见到模糊图像时,转动细螺旋,上下调节即可见到清晰的物像。然后一边移动标本片,一边观察,寻找理想的视野仔细观察。观察标本时,两眼宜同时睁开。减少眼睛疲劳。最好用左眼观察,右眼配合绘图和记录。

3. 维护

油镜用毕,先将油镜上提,取下标本片,然后以擦镜纸拭去镜头香柏油,不许用手、布或其他纸张擦拭。如油已干,可用擦镜纸蘸少量二甲苯擦净,并立即擦去二甲苯。长久不用时,取下油镜,置于干燥器内保存。

五、作业

绘出鸡柔嫩艾美耳球虫孢子化卵囊、弓形虫速殖子、伊氏锥虫形态图,并标出其结构名称。

实验七　彩图

一、常见的原虫

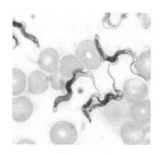
伊氏锥虫(染色)

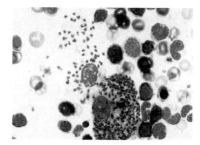
利什曼原虫无鞭毛体(染色)

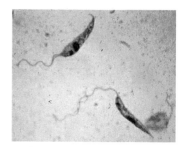
利什曼原虫无鞭毛体(染色)

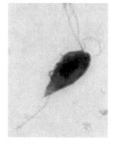
牛胎儿三毛滴虫(染色)

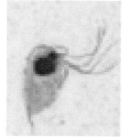
鸽毛滴虫(染色)

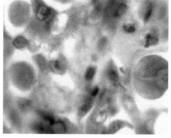
肝组织中火鸡组织滴虫(HE染色)

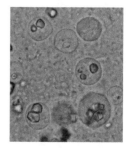
火鸡组织滴虫(实物)

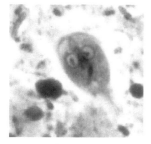
蓝氏贾第虫滋养体(染色)

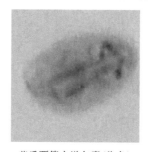
蓝氏贾第虫滋包囊(染色)

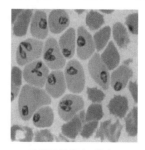
双芽巴贝斯虫(染色)

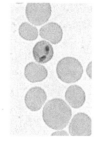
牛巴贝斯虫(染色)

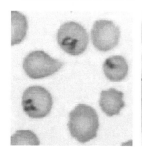
分歧巴贝斯虫(染色)

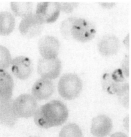
仓鼠巴贝斯虫(染色)

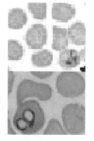
驽巴贝斯虫(上)
犬巴贝斯虫(下)(染色)

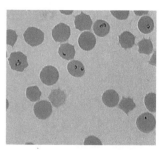
环形泰勒虫(染色)

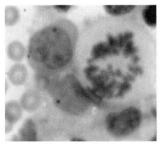
环形泰勒虫裂殖体（染色）

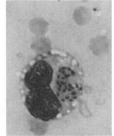
环形泰勒虫裂殖体（染色）

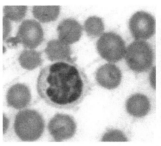
瑟氏泰勒虫（染色）

小泰勒虫裂殖体（染色）

球虫未孢子化卵囊（实物）

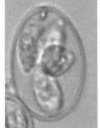
柔嫩艾美球虫（实物）

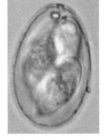
巨型艾美球虫（实物）

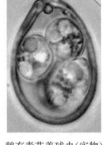
鹅有毒艾美球虫（实物）

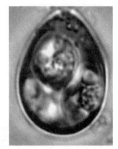
鹅艾美球虫（实物）

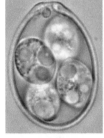
棕黄艾美球虫（实物）

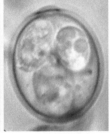
山羊艾美球虫（实物）

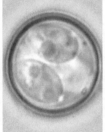
艾力加艾美球虫（实物）

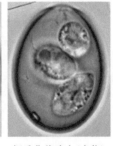
柯氏艾美球虫（实物）

尼柯雅氏艾美球虫（实物）

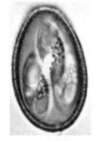
猪粗糙艾美尔球虫（实物）

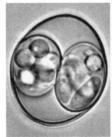
猪等孢球虫（实物）

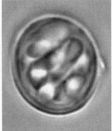
泰泽球虫（实物）

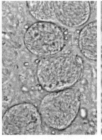
球虫裂殖体（实物）

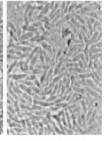
球虫裂殖子（实物）

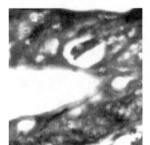
球虫滋养体（染色）

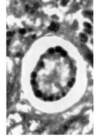
球虫大配子体（染色）

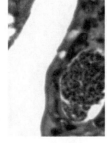
球虫小配子体（染色）

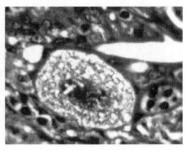
球虫小配子（染色）

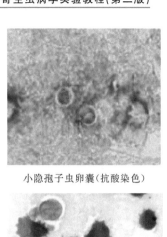

小隐孢子虫卵囊(抗酸染色)

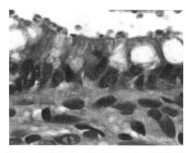

肠道上皮微绒毛上隐孢子虫卵囊(HE染色)

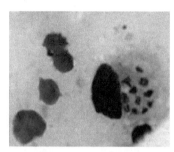

弓形虫细胞内速殖子(染色)

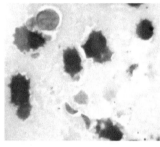

弓形虫细胞外速殖子(染色)

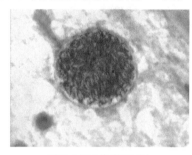

弓形虫脑内包囊(染色)

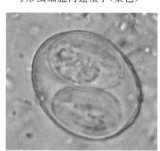

弓形虫卵囊(染色)

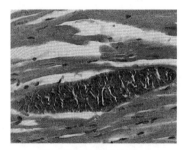

猪肉孢子虫包囊(染色)

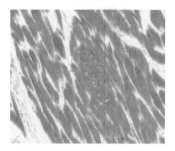

乳牛心肌肉孢子虫包囊(染色)

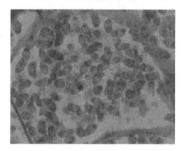

肉孢子虫包囊内缓殖子(染色)

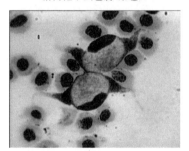

沙氏住白细胞虫配子体(染色)

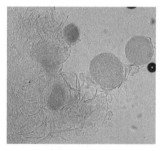

住白细胞虫裂殖体(实物)

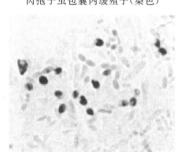

粪便涂片中的微孢子虫(染色)

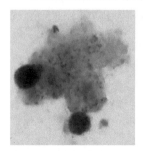

卡氏肺孢子虫滋养体(染色)

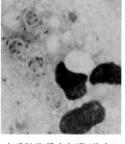

卡氏肺孢子虫包囊(染色)

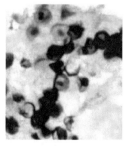

卡氏肺孢子虫包囊(银染)

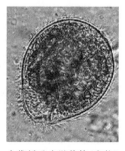

小袋纤毛虫滋养体(实物)

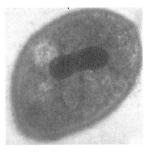
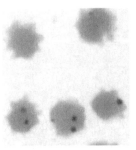
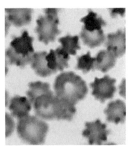

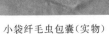

小袋纤毛虫包囊（实物）　　　小袋纤毛虫包囊（碘液染色）　　　牛边虫（染色）　　　牛附红细胞体（染色）

二、常见原虫　引起的病变

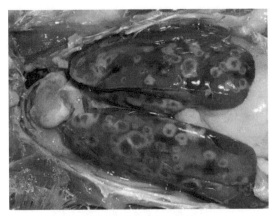
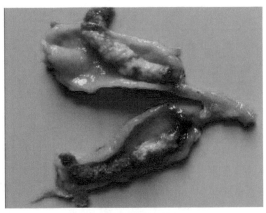

火鸡组织滴虫引起的鸡肝脏病变　　　　　　火鸡组织滴虫引起的鸡盲肠病变

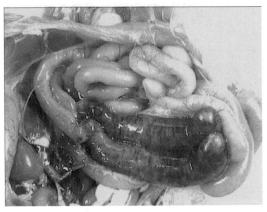

鸽毛滴虫引起的口腔病变　　　　　　柔嫩艾美球虫引起的盲肠病变

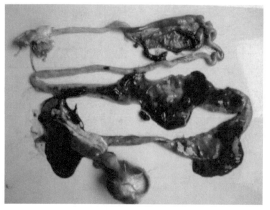

毒害艾美球虫引起的小肠病变

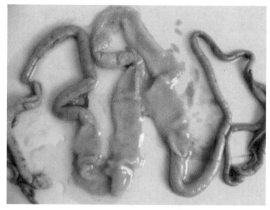

鹅艾美球虫引起的小肠病变

兔肝球虫引起的病变

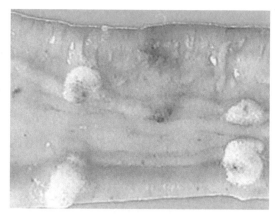

山羊球虫引起的小肠黏膜病变

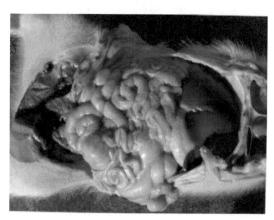

猪等孢球虫引起的空肠病变

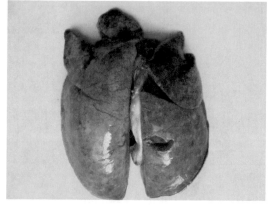

弓形虫引起的肺脏病变

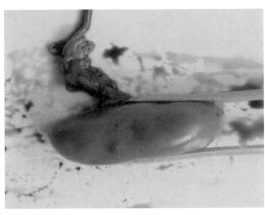

弓形虫引起的肾脏坏死

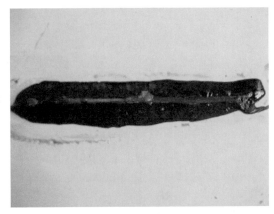

弓形虫引起的脾脏坏死

猪肉孢子虫寄生于猪肉

牛肉孢子虫寄生于牛食道壁肌肉

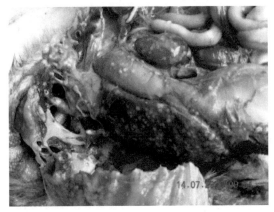

鸡住白细胞虫引起肝脏、胃、脾脏和肠结节

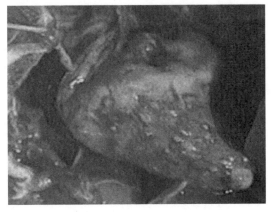

鸡住白细胞虫引起心肌结节

实验八

动物蠕虫病的实验室常规诊断

一、实验目的和要求

通过实习,认识动物蠕虫病实验室常规诊断方法的一般原理。掌握粪便中虫卵检查的原理和方法,以及虫卵识别的基本特征;掌握粪便虫卵计数与显微测量虫卵大小的原理与方法;了解粪便中虫体检查、幼虫分离检查的方法;了解粪便毛蚴孵化法的操作技术;了解肛周刮取物、尿液、气管和鼻腔分泌物与血液中蠕虫卵或幼虫的检查方法。

二、实验材料

新鲜猪、牛、羊粪便各 200 g,60 目铜筛漏斗,260 目锦纶筛兜,25 mL 锥形瓶,50 mL 和 100 mL 烧杯,500 mL 三角量杯,吸管,平皿,载玻片,盖玻片,玻棒,镊子,挑虫针,锻子,铁丝圈,甘油与水(1∶1)等量混合溶液,0.1 mol/L NaOH,各种盐类或糖类饱和溶液,研钵,玻璃珠,麦克马斯特计数板,贝尔曼氏幼虫分离装置,目测微尺和台测微尺,双目生物显微镜,台式离心机,恒温培养箱等。

三、实验内容及操作步骤

(带 * 为指导教师重点讲解和学生自己重点观察内容,其余内容为指导教师进行示教讲解)

1. 粪便检查

粪便检查必须采用新鲜粪便,必要时对大家畜可进行直肠内直接采粪,对一般家畜可进行清水灌肠采样。采样量大家畜至少 100 g,草食兽的采粪量必须多于肉食兽。采样时力求具有代表性,必须同时采取粪便的内外各层。如果粪便不能当日进行检查,则应放在 4 ℃普通冰箱内或阴冷处,以抑制虫卵和幼虫的发育和防止粪便的发酵。如需转送他处检查的,则可将粪样浸入 5%～10% 的甲醛溶液,将病原体固定,使其丧失活力。

(1) 虫体检查法*

在消化道内寄生的绦虫常以含卵节片(孕卵节片)整节排出体外。此外,有时一些寄生虫的完整虫体因其寿命或驱虫药的影响等原因而排出体外。粪便中的节片和虫体,其中较大型者,易被发现,对较小的应先将粪便收集于盆(或桶)内,加入 5～10 倍的清水,搅拌均匀,静置待自然沉淀,尔后将上层液体倾去,重新加入清水,搅拌沉淀,反复操作,直到上层液体清澈为止,最后将上层液倾去,取沉渣置于大玻璃皿内,先后在白色背景和黑色背景上,以肉眼或借助于放大镜寻找虫体,发现时用挑虫针或毛笔将虫体挑出供检查。

(2) 粪便虫卵检查[*]

粪便中虫卵检查方法有直接涂片法和集卵法两种。集卵法总的原则是利用各种方法,将分散在粪便中的虫卵集中起来,再行检查,以提高检出率。所采用的方法一般有两种类型,一是利用虫卵和粪渣中其他成分比重的差别,将虫卵集中;二是利用孔径大小不同的金属筛,过滤粪液,使虫卵与粪渣分开,并且将虫卵集中。集卵法常有漂浮法、沉淀法和锦纶筛兜淘洗法三种,其方法的设计必须达到三项要求:第一,病原检出率要高;第二,操作方法要简单;第三,符合经济原则。

1) 直接涂片。取清洁的载玻片一张,加入少许粪便,上面滴加 1～2 滴甘油水溶液,用竹签搅拌均匀并涂成一薄层,厚薄以玻片置于纸上能隐约看见字迹为宜,剔除较大的粪渣,盖上盖玻片,置显微镜下观察,先用低倍镜顺序查盖玻片下所有部分,发现疑似虫卵物时,再用高倍镜仔细观察(如图 8-1)。直接涂

图 8-1 直接涂片法操作过程示意图

片法是简单和最常用的方法,但检查时因被检查的粪便极少,检出率也较低。本法用于产卵较多的蠕虫如蛔虫、捻转血矛线虫、毛圆线虫等。同一粪样要求至少重复检 3 次,除此之外,还可以采用回旋法和加藤氏玻璃纸厚层涂片法检查。回旋法步骤为:取 2～3 g 粪样加清水 2～3 倍,充分混匀成悬液。后用玻璃棒搅拌 0.5～1 min,使之成回旋运动,在搅拌过程中迅速提起玻璃棒,将棒端附着的液体放于载片上涂开,加上盖片在镜下检查。检查时多取几滴悬液。该方法的原理是由于回旋搅动的结果,可使玻璃棒端悬液小滴中附有较多量的寄生虫卵或幼虫。加藤氏玻璃纸厚层涂片法步骤为:取约 50 mg(已用 100 目不锈钢筛除去粪渣)粪便,置于载玻片上,覆以浸透甘油-孔雀绿溶液的玻璃纸片,轻压,使粪便铺开(20 mm×25 mm)。置于 30～36 ℃温箱中约半小时或 25 ℃约 1 h。待粪膜稍干并透明,即可镜检。玻璃纸准备:将玻璃纸剪成 22 mm×30 mm 大小的小片,浸于甘油-孔雀绿溶液(含纯甘油 100 mL、水 100 mL 和 3% 孔雀绿 1 mL 的水溶液)中,至少浸泡 24 h,至玻璃纸呈现绿色。使用此法需掌握粪膜的合适厚度和透明的时间。如粪膜厚,透明时间短,虫卵难以发现;如透明时间过长,则虫卵变形,也不易辨认。

2) 漂浮法。其原理是用一些比重大于虫卵的盐类或糖类饱和溶液作漂浮液,将粪便虫卵浮集于液体表面,从而提高检出率。本法适用于检查大多数线虫卵和绦虫卵,操作时要根据所检查虫卵的比重选择相应的漂浮液。除特殊需要外,一般采用饱和氯化钠溶液。采用过大比重溶液是不适宜的,因为加大了比重会浮起更多的粪内杂质,反而影响检出率。另外,过浓的溶液黏稠度增加,使虫卵浮起的速度减慢。各种漂浮液的比重和特点见表 8-1。

表 8-1　常用漂浮液的比重、特点及配制

漂浮液	比重	特点	配制
饱和盐水	1.200	优点:盐分不分解,价格低廉 缺点:使原虫包囊和幼虫破坏	400 g 加 1 000 mL 水煮沸到不再溶解,冷却后过滤或不过滤
饱和硝酸钠	1.390	优点:能漂起各种虫卵 缺点:易产生气泡,杂物多,价格贵	850 g 溶解于 1 000 mL 水
饱和硫酸镁	1.285	优点:价廉,漂浮力强	920 g 溶解于 1 000 mL 水
硫酸锌(33%)	1.180	优点:不破坏线虫幼虫	331.4 g 溶解于 1 000 mL 水
饱和硫酸锌	1.40	优点:也能漂浮包囊和吸虫卵 缺点:易使吸虫卵变形,损伤	440 g 溶解于 1 000 mL 水
饱和蔗糖	1.2～1.30	优点:可用于多种虫卵的漂浮	500 g 溶解于 320 mL 水,加石炭酸 6.5 mL
饱和硫酸钠	1.4	优点:肺线虫卵漂浮	1 750 g 溶解于 1 000 mL 水

　　具体操作步骤为:取 5～10 g 粪便,置 50 mL 的烧杯内,先加入少量漂浮液搅拌均匀,再加漂浮液,充分混匀后用 60 目铜筛过滤入 25 mL 的锥形瓶内,将液面加到瓶口,静置 20 min,然后用直径 0.5～1.0 cm 的铁丝圈蘸取表面液膜,抖落在载玻片上镜检,或直接盖上盖玻片,盖玻片应与液面完全接触,不能留有气泡,静置 20 min。取下盖玻片贴于载玻片上镜检(如图 8-2)。另外也可以用试管或离心管代替锥形瓶,并可以将其在离心机内离心加快虫卵的漂浮,漂浮时间不宜太长或短,太长则虫卵容易破裂变形,不容易识别,太短则难以完全漂浮。

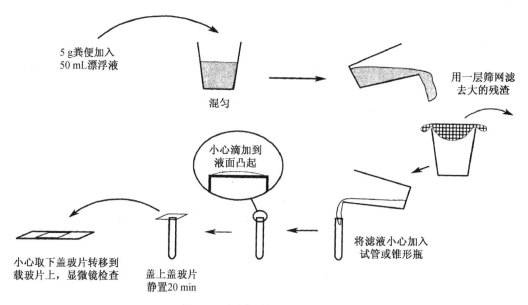

5 g粪便加入
50 mL漂浮液

混匀

用一层筛网滤去大的残渣

小心滴加到液面凸起

将滤液小心加入试管或锥形瓶

小心取下盖玻片转移到载玻片上,显微镜检查

盖上盖玻片静置20 min

图 8-2　漂浮法操作过程示意图

　　3) 沉淀法。其原理是比重大的虫卵在水中沉淀于容器底部,从而使虫卵集中,检查沉淀物。本法适用于比重较大的蠕虫卵如吸虫卵。

　　具体操作步骤为:取 5～10 g 粪便放入 500 mL 烧杯内,加入少量清水搅拌均匀,再加清水充分混匀后,用 60 目的铜筛过滤入 500 mL 量杯内,加清水至满,静置 10 min 后,倒去上层粪液,留下沉淀,再加水至满,静置 10 min,又倒去上层粪液,这样反复进行,到上层液变清为止,最后倒去上层液,吸沉渣于载玻片上镜检。也可以离心管代替量杯,在离心机上离心

以加快沉淀代替自然沉淀(如图 8-3)。

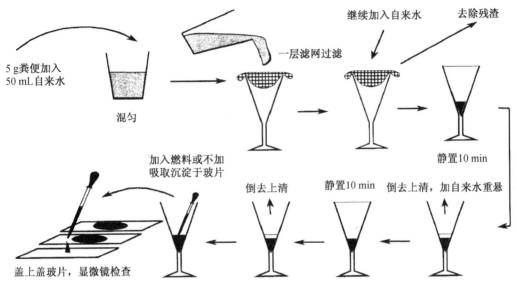

图 8-3 沉淀法操作过程示意图

4)锦纶筛兜淘洗法。其原理是利用孔径大小不同的金属筛和锦纶筛兜,过滤粪液,使粪渣和虫卵分开,最后使虫卵集中于筛兜内。本法用于检查 60 μm 以上的虫卵如较大型的吸虫卵。

具体操作步骤为:取 5 g 粪便置于烧杯内,加清水搅拌均匀后,先用 60 目铜筛过滤,滤液再放入 260 目的锦纶筛兜内用清水冲洗,直至滤液清晰为止,然后将兜内沉淀置于载玻片上镜检。

(3)虫卵计数方法*

虫卵计数法是测定每克动物粪便中的虫卵数,而以此推断家畜体内某种寄生虫的数量的方法,有时用于驱虫药前后虫卵数量的对比,以检查驱虫效果。虫卵计数的结果,常以每克粪便中虫卵数(eggs per gram of feces,简称 e. p. g)表示。常用方法有麦克马斯特氏法、斯陶尔计数法和片形吸虫卵的计数方法。

1)麦克马斯特氏法。取 2 g 粪便,放于研钵中,先加 10 mL 水,搅匀,再加饱和盐水 50 mL。混匀后,吸取粪液,注入计数室(图 8-4),置显微镜台上,静置 1~2 min。而后在镜

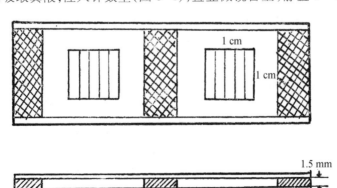

图 8-4 麦克马斯特氏虫卵计数室示意图

下计数 $1 cm^2$ 刻室(该小室中的容积为 $1 cm \times 1 cm \times 0.15 cm = 0.15 cm^3$)中的虫卵总数,求两个室中虫卵数的平均数,乘以 200 即为每克粪便中的虫卵数(e. p. g)。本法只适用于可被饱和盐水浮起的各种虫卵。

2) 斯陶尔计数法。自行标记 56 mL、60 mL 的大试管、量筒或三角烧瓶,注入 56 mL 的 0.1 mol/L 的 NaOH 溶液,再加入粪便,待水升到 60 mL 刻度时候(约 4 g 粪便),加 10 枚小玻璃珠,盖上橡皮塞振荡数分钟,使粪便完全均匀混于水中,然后很快地用吸管吸取 0.15 mL 置于玻片上,加盖玻片在显微镜下计算全部虫卵,系统地自一端至另一端,不重复,不遗漏,将所得虫卵数乘以 100,即每克粪便中含有的虫卵数量,为了获得正确结果,每日至少检查 3 次,取其平均值(图 8-5)。

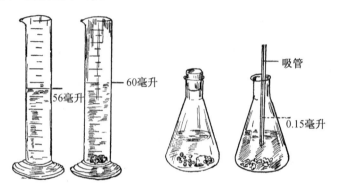

图 8-5　斯陶尔虫卵计数法示意图

3) 片形吸虫卵的计数法。片形吸虫卵在粪便中量少,比重大,因此要采取不同的方法,而且牛、羊又有所不同。

羊:取粪 10 g 置于 300 mL 的容量瓶中,加入少量 1.6% NaOH 溶液,静置过夜。次日,将粪块搅碎,再加入 1.6% NaOH 溶液到 300 mL 刻度处,再摇匀,立即吸取 7.5 mL 注入一离心管内,离心 1 000 r/min,2 min,倾去上层清液,换加饱和盐水,再次离心后倾去上层液体,再加饱和盐水后离心,如此反复操作,直到上层液体完全清澈为止。倾去上层液,将沉渣分别全部滴加到数张载玻片上,检查全部所制的载玻片,统计虫卵总数,以总数乘以 4,即为每克粪便的虫卵数。

牛:基本操作相同于羊,但取粪 30 g,加入离心管中的粪液量为 5 mL,求得的总数乘以 2,即为每克粪便的虫卵数。

虫卵计数所得数字,受很多因素的影响。因此只能对寄生虫的寄生量做一个大致的判定。因为粪中虫卵的数目是随寄生虫的年龄和宿主机体的状况、雌虫数目及其排卵周期(如反刍兽胃肠道线虫的春季排卵高峰 Spring rise)、粪便性状(圆形便、软便、稀便)、是否经过驱虫以及其他外界因素而变化。虽然如此,虫卵计数仍常被用为某种寄生虫感染强度的指标。根据已知成虫每天排卵数,可得出成虫(雌虫)的寄生数。计算公式为:雌虫寄生数=e. p. g×24 h 粪克数/已知成虫(雌虫)每天排卵数。几种常见的家畜寄生虫每天产卵量见表 8-2。

虫卵计数的结果,常可作为诊断寄生虫病的参考。马:当线虫卵的数量在粪便中达到每克含卵 500 枚时,为轻度感染;800～1 000 枚时为中度感染;1 500～2 000 枚时为重感染。羊、羔羊:一般每克粪便含 2 000～6 000 枚时应认为重度感染;每克粪便中含卵 1 000 枚以上,即认为应给以驱虫。牛:每克粪便含卵 300～600 枚时,即应给以驱虫。猪蛔虫卵每克粪便达 1 000 枚以上时,可以诊断为猪蛔虫。对于肝片吸虫,牛每克粪便中的虫卵数达到

100～200 时,羊达到 300～600 时即应考虑其致病性。采用虫卵计数的方法适用于每天产卵量比较均匀的寄生虫如蛔虫、鞭虫、钩虫、毛圆线虫等线虫和部分吸虫。对大部分绦虫也适用,但对蛲虫不能达到测定寄生虫感染强度的目的。

表 8-2　常见寄生虫每天的产卵量

寄生虫名称	平均 24 h 产卵量(枚)
猪蛔虫(♀)	200 000～270 000
鞭虫(♀)	2 000
钩虫(♀)	10 000～20 000
姜片吸虫	21 000～28 000
华枝睾吸虫	2 400
日本血吸虫	1 000

(4)幼虫检查法

有些寄生虫如牛和羊的肺线虫,其虫卵在经过宿主消化道随粪便排到外界后已变成幼虫,而类圆线虫的虫卵随宿主的粪便排至外界后,在适宜温度和湿度情况下,经 5～10 min,从其卵内也可孵出幼虫。对粪便中幼虫的检查,虽然也可以采用直接涂片或其他检查虫卵的方法,但不如以下方法的检出率高。

漏斗幼虫分离法(贝尔曼氏):采被检粪便约 20 g(或撕碎的组织器官),置贝尔曼幼虫分离装置(图 8-6)漏斗内的滤粪网内(或纱布内),漏斗下面接连一长 10～20 cm 的胶皮管,并用止水钳夹住胶管的游离端。然后向漏斗内慢慢加入温水(40 ℃),使刚淹过粪便为宜,静置 1 h 后,松开止水钳,将胶皮管下面液体放入试管内,静置半小时,或离心沉淀 2 min,去掉上清液,将沉淀全部倒入小平皿内镜检。

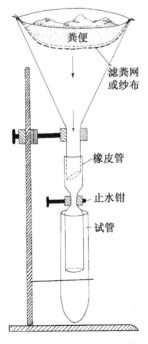

粪便

滤粪网或纱布

橡皮管

止水钳

试管

图 8-6　贝尔曼幼虫分离装置

图 8-7　平皿法检查幼虫

幼虫检查法除贝尔曼氏法外还有平皿法(图 8-7)。将被检粪球放在平皿中,加 40 ℃温水少许,经 10～15 min 后除去粪球,用放大镜或放置于低倍镜下检查水滴中有无幼虫。

(5)粪便培养

圆线目中有很多线虫的虫卵在形态结构上非常相似,难以进行鉴别。有时为了进行科学研究或达到确切诊断目的,可进行第三期幼虫的培养,之后再根据这些幼虫的形态特征进行种类的判定。另外,做人工寄生性线虫感染试验时,也要用到幼虫培养技术。

幼虫培养的方法很多,这里仅介绍最简单的一种。即:取新鲜粪便若干,弄碎置培养皿中央堆成半球状,顶部略高出,然后在培养皿内边缘加水少许(如粪便稀可不必加水),加盖盖好使粪与培养皿接触。放入 25～30 ℃的温箱内培养(夏天放置室内亦可)。每日观察粪便是否干燥,要保持适宜的湿度,约经 7～15 d,第三期幼虫即可出现(Egg-L$_1$-L$_2$-L$_3$),它们从粪便中出来,爬到培养皿的盖上或四周。这时可用胶帽吸管吸上生理盐水把幼虫冲洗下来,滴在载玻片上覆以盖片,在显微镜下进行观察。在观察幼虫时,如幼虫运动活跃,不易看清,这时可将载玻片通过火焰或加进碘液将幼虫杀死后,再做仔细观察。

培养幼虫时如无培氏皿,可用一大一小两个平皿来代替,将小平皿(去掉盖)加上粪便放于大平皿中央,大平皿内加少许水,然后用大平皿盖盖上,即可进行培养。

另外,也可用两个塑料杯来培养幼虫,效果更好。即先将一个塑料杯(上大下小)一截为二,较小的底部用针扎许多小孔,装满待培养粪便,上用双层纱布蒙上,再把截下的那部分套上(头向下),使纱布绷紧;然后在另一个塑料杯内加少量水,把需培养的粪便杯套在该杯上(纱布面朝下),外面套上塑料袋进行培养即可。培养好后,用幼虫分离法分离幼虫。即把装粪便的小杯放在分离装置的漏斗上(用三角量筒也可),同时把塑料杯内的水也倒入(用水冲洗几次)。注意在放培养物时务必小心,不要使粪便散开。圆线虫第三期幼虫可以通过下表进行鉴别:

圆线虫第三期幼虫检索表

1. 幼虫无鞘 ·· 粪圆线虫
   幼虫有鞘 ··· 2
2. 肠细胞 8 个 ··· 细领线虫
   肠细胞 16 个 ··· 3
   肠细胞超过 16 个,有食道甲 ··· 7
3. 尾鞘短 ··· 4
   尾鞘长 ··· 6
4. 幼虫尾部有结节 ·· 毛圆线虫
   幼虫尾部无结节 ··· 5
5. 幼虫尾尖 ·· 奥斯特线虫
   幼虫尾部圆 ·· 古柏线虫
6. 口囊呈球形,幼虫长 650～750 μm ··· 血矛线虫
   口囊呈球形,幼虫长 514～678 μm ··· 仰口线虫
7. 肠细胞 16～24 个,细胞呈三角形 ··· 食道口线虫
   肠细胞 24～36 个,细胞呈长方形 ··· 夏柏特线虫

(6)显微测量法[*]

各种虫卵和幼虫常有一定的大小,测定其大小,可作为鉴定某种虫卵或幼虫属于哪一种寄生虫的诊断依据。

在显微镜下测量虫卵和幼虫,经常使用目镜测微尺(图 8-8)。目镜测微尺是一个圆形玻片,其上有 50 或 100 个刻度的小尺。使用时将显微镜目镜头旋开,把此测微尺刻度面朝

下放于镜头内隔环上,再将镜头旋好。通过此镜可以清晰看到刻度,但此刻度并无绝对长度意义,仅为一种随目镜物镜放大倍数变化而变化的相对长度。长度必须通过物镜测微尺计算。物镜测微尺是一块载玻片(图 8-8),其中央封有一标准刻度,即 1 mm 均分为 100 格,每格的绝对长度为 10 μm。使用时,将物镜测微尺置于镜台上,调节焦距,使目镜内的测微尺刻度和物镜测微尺刻度都清楚看到为宜。然后移动物镜测微尺,使两者其零点重合,寻找目镜测微尺和物镜测微尺远端的另一重合线,此时即可测出物镜测微尺若干格相当于目镜测微尺的若干格,由于已知物镜测微尺的一格为 10 μm,所以就能够算出目镜测微尺一格在一定物镜和目镜倍数下的绝对长度。例如,在使用 10 倍目镜和 40 倍物镜时,目镜测微尺的 40 格相当于物镜测微尺的 10 格(即 100 μm),即可算出目镜测微尺每格的长度为 100÷40＝2.5 μm。在测量虫卵和幼虫时,将物镜测微尺移去,只需用目镜测微尺测量。如某虫卵的长度量为 24 格,则绝对长度为 24×2.5 μm＝60 μm。

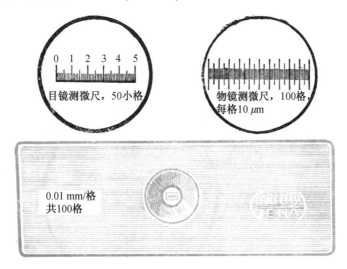

图 8-8　目镜测微尺、物镜测微尺及其刻度示意图

对于某一显微镜测出的目镜测微尺每格的长度只适用于该显微镜一定的目镜和物镜倍数,更换其中任一因素,都必须重新标定,使用油镜时,必须在物镜测微尺上加盖玻片,以避免损坏格线。

在没有物镜测微尺时,可以用血球计数板代替使用。以该板内 1 个小方格的长度为标准,即可按上述方法测出目镜测微尺每 1 格的微米数。

用目镜测微尺测量虫卵大小时,一般是测量虫卵的最长和最宽处(图 8-9),圆形虫卵则是测量直径;测量幼虫和某些成虫时,是测量虫体的长度、宽度及各部构造的尺寸大小;虫体弯曲时,可通过旋转目镜测微尺的办法,来进行分段测量,最后将数据加起来即可。

(7) 毛蚴孵化法

毛蚴孵化法为诊断日本血吸虫病的方法,其原理为,日本血吸虫虫卵经水洗沉淀后在适宜的条件下,卵内毛蚴在水中可以较快孵化,且毛蚴有向上、向光和向清的特点,将聚集于水表层做直线运动,易于查见,在短时间内可以判断结果。方法有多种,如常规沉淀孵化法、棉析毛蚴孵化法、湿育孵化法、塑料杯顶管孵化法、尼纶筛网集卵孵化法(筛绢孔径为 260 目/英寸)(图 8-10)等,这里只介绍其中两种方法。

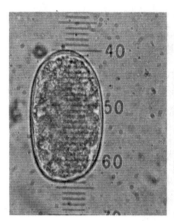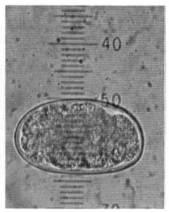

图 8-9　测微尺测量虫卵示意图(Thienpont et al. , 1986)

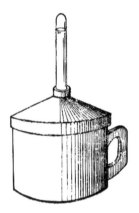

图 8-10　塑料杯顶管装置及尼纶筛网

沉淀孵化法或沉孵法:取新鲜牛粪便 100 g,置 500 mL 容器内,加无氯自来水调成糊状,通过(40~60 目)铜筛,收集滤液于 500~1 000 mL 的量杯中,加水,静置 20 min,待粪渣和虫卵下沉后,倾去上层液体,再换入新水,此后每隔 15 min 换一次清水,直到水清澈为止,取沉渣孵化。在有 260 目锦纶筛兜时,可将以上滤液倒入筛兜内,加水充分淘洗,直到滤出液变清为止,尔后将兜内粪渣供孵化用。孵化时将含虫卵的粪渣倒入 500 mL 的三角烧瓶中,加入无氯自来水至瓶口,在 22~26 ℃条件下,经过 1 h、3 h、5 h 各观察一次有无毛蚴出现。气温高时,毛蚴在短时间内孵出,故在夏季需用 1.2%食盐水或冰水冲洗粪便,最后一次改用室温清水。观察时应该在光线明亮处的黑色背景下用肉眼或放大镜观察水面下方 4 cm 以内水中有无白色针尖大小点状物做直线来回运动即可。也可在三角烧瓶上倒插试管或玻璃管(图 8-11),让管内保持一段露出瓶塞的水柱,检查柱内是否有毛蚴运动。

棉析法:取粪便 50 g,经反复淘洗或锦纶筛淘洗后(不淘洗也可),将粪渣移入 300 mL 的平底孵化瓶中(图 8-11),灌注 25 ℃的清水至瓶颈下部,在液面上方塞一薄层脱脂棉,大小以塞住瓶颈下部不浮动为宜,再缓慢加入 20 ℃清水至瓶口 1~3 mm 处。如棉层上面水中有粪便浮动,可将这部分水吸去再加清水,然后进行孵化。

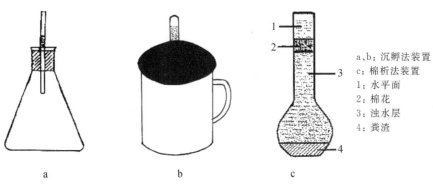

a、b：沉孵法装置
c：棉析法装置
1：水平面
2：棉花
3：浊水层
4：粪渣

图 8-11　沉孵法装置和棉析法装置

2. 肛门周围刮下物检查

由于蛲虫类的成熟雌虫有爬行至肛门周围产卵的特殊习性,故在动物粪中不易查到蛲虫卵。检查时采用牛角药匙,蘸取 50%甘油水溶液,然后轻刮肛门周围、尾底和会阴部的表面,将刮下物直接涂布于载玻片上镜检,或将纱布或脱脂棉卷在玻璃棒一端,成一拭子,用温水浸泡,以此在肛门口周围仔细揩拭,然后用生理盐水充分洗涤拭子,洗脱液离心沉淀后取沉淀物镜检。此外,也可用透明胶带纸贴在肛门周围,然后取下贴于载玻片上检查。

3. 血液蠕虫幼虫的检查

大部分丝虫目线虫的幼虫均可在血液中发现,因此一些丝虫病的诊断就依靠血液中幼虫的发现,检查血液中幼虫可采用下列方法:

(1) 取一滴新鲜血液于载玻片,覆盖以盖玻片,立即在显微镜低倍下检查,可见到微丝蚴在其中运动。

(2) 如血液中幼虫很多,可以推制薄血膜涂片(图 8-12),染色后检查。方法是在载玻片 1/3 与 2/3 交界处蘸血一小滴,以一端缘光滑的载片为推片,将推片的一端置于血滴之前,待血液沿推片端缘扩散后,自右向左推成薄血膜。操作时两载片间的角度为 20°～40°,推动速度适宜。理想的薄血膜,应是一层均匀分布的血细胞,血细胞间无空隙且涂血膜末端呈扫帚状。

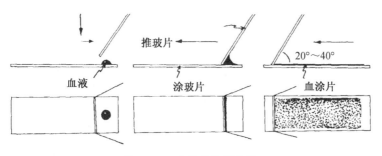

推玻片

20°～40°

血液　　　涂玻片　　　血涂片

图 8-12　血涂片推制方法

(3) 如果血液中幼虫较少,可取血液一大滴,在载玻片上,待其自然干燥成厚血膜,或在载玻片的另一端(右)1/3 处蘸血一小滴(约 10 mm³),以推片的一角,将血滴自内向外作螺旋形摊开,使之成为直径约 0.8～1 cm 厚薄均匀的厚血膜,而后以血膜面向下斜浸入一小杯蒸馏水中,待其完全溶血,取出晾干,在甲醇中固定 10 min,取出,晾干后以明矾苏木素[苏木素 1 g 溶于纯酒精或 95%酒精 10 mL 中,加饱和硫酸铝铵(8%～10%)100 mL,倒入棕色瓶中,瓶口用两层纱布扎紧,在阳光下氧化 2～4 周,过滤,加甘油 25 mL 和甲醇 25 mL,用时稀释 10 倍左右]染色至白细胞深紫色,取出以蒸馏水洗 1～2 min,显微镜下检查,如染色过深,则以 0.42%盐酸褪色 0.5 min,如染色适宜,则用自来水冲洗 10 min,尔后在 1%伊红中染色 0.5～1 min,水洗 2～5 min,检查。

(4) 如果血液中幼虫很少,可采血于离心管中,加入 5%醋酸溶液以溶血,待溶血完成,离心并取沉淀检查。

4. 尿液中蠕虫的检查

在泌尿生殖系统中寄生的蠕虫(如有齿冠尾线虫、肾膨结线虫、膀胱毛细线虫),其虫卵常随着尿液排出,可以收集尿液进行检查。收集清晨尿液于烧杯或玻璃杯中,沉淀 30 min,去上清,吸取沉淀,在载玻片上检查。也可以在杯内尿液倒去后,杯底衬以黑色背景,肉眼可以见到杯底部沉有白色虫卵颗粒。

5. 气管和鼻腔分泌物中蠕虫的检查

寄生于呼吸道中的蠕虫其虫卵可能出现在气管和鼻腔分泌物中,检查时用棉拭子采取分泌物,将采集的黏液涂抹于载玻片上镜检,在采集时为了获得较多的检查液体,可用手小心轻压气管或喉头上部以引起动物咳嗽。

四、注意事项

(1) 本次实验中除标明为示教的内容外均需要自己操作,鉴于粪便样品的来源,漂浮法最好用羊粪便检查,其余用牛粪便检查。

(2) 请正确按照显微镜的使用方法及注意事项使用显微镜,在显微镜下检查虫卵时,必须按照一定的顺序依次检查完整个涂片,避免遗漏,并注意采用低倍镜寻找,高倍镜观察,观察时候注意调节光圈或灯泡亮度,使视野亮度适中。

(3) 虫卵与粪便中的杂质如食物残渣、花粉粒、脂肪滴、动植物细胞、植物孢子、淀粉颗粒、气泡等应该区分,虫卵具有一定的特征,如一定的形状、大小、颜色,明显的卵盖及特有的内容物,如卵细胞、卵黄细胞、幼虫等。

五、思考题与作业

1. 检查粪便中蠕虫卵的方法有哪几种? 根据检查目的应怎样选用? 为什么?
2. 在显微镜下怎样识别出虫卵和非虫卵?
3. 绘出实验所观察到的虫卵的形态图。

附:动物常见蠕虫卵的主要特征和鉴别方法

1. 虫卵鉴定时的注意点

首先应掌握吸虫卵、绦虫卵、线虫卵、棘头虫卵的结构特征。此外,虫卵一般具有以下特征:(1) 一定的大小;(2) 比较规则的形态特征;(3) 很明显的卵壳和特有的内容物;(4) 同份标本中具有的上述特征性的个体常有多个。注意鉴别假寄生虫卵。

2. 各种蠕虫卵的形态特征

(1) 吸虫卵。吸虫卵多数呈卵圆形或椭圆形,为黄色、黄褐色或灰褐色。卵壳由数层卵膜组成,比较厚而坚实。大部分吸虫卵的一端有卵盖,卵盖和卵壳之间有一条不明显的缝(新鲜虫卵在高倍镜下时可看见)。当毛蚴发育成熟时,则顶盖而出;有的吸虫卵无卵盖,毛蚴则破壳而出。有的吸虫卵卵壳表面光滑,也有的有各种突出物(如结节、小刺、丝等)。新排出的吸虫卵内,有的含有卵黄细胞所包围的胚细胞,有的则含有成形的毛蚴。

(2) 绦虫卵。圆叶目绦虫卵与假叶目绦虫卵构造不同。圆叶目绦虫卵中央有一椭圆形具 3 对胚钩的六钩蚴。六钩蚴被包在一层紧贴着的膜里,该膜称为内胚膜;还有一层膜位于内胚膜之外,叫外胚膜。内外胚膜之间呈分离状态,中间含有或多或少的液体,并常含有颗粒状内含物。有的绦虫卵的内层胚膜上形成突起,称之为梨形器(灯炮样结构)。各种绦虫卵卵壳的厚度和结构有所不同。绦虫卵大多数无色或灰色,少数呈黄色、黄褐色。假叶目绦虫卵则非常近似于吸虫卵。

(3) 线虫卵。一般的线虫卵有 4 层膜(光学显微镜下只能看见 2 层)所组成的卵壳,壳内为卵细胞。但有的线虫卵随粪排至外界时,已经处于分裂前期;有的甚至已含有幼虫。各种线虫卵的大小和形状不同,常见的为椭圆形、卵形或近于圆形。卵壳的表面也各有所不同,有的完全光滑,有的有结节,有的有小凹陷等。各种线虫卵的色泽也不尽相同,从无色到黑褐色。不同线虫卵壳的薄厚不同,蛔虫卵卵壳最厚;其他多数卵壳较薄。

(4) 棘头虫卵。虫卵多为椭圆或长椭圆形。卵的中央有一长椭圆形的胚胎,在胚胎的一端具有 3 对胚钩。胚胎被 3 层卵膜包着;最里面的一层常是最柔软的;中间一层常较厚,大多在两端有显著的压迹;最外一层的构造往往变化较大,有的薄而平,有的厚,并呈现凹凸不平的蜂窝状构造。

3. 各种动物的主要虫卵的鉴别表

以下列出了各种动物常见蠕虫卵的鉴别表,具体图谱见本教程附录部分。

猪常见蠕虫虫卵

1. 虫卵有卵盖 ⋯⋯⋯⋯⋯⋯⋯⋯⋯⋯⋯⋯⋯⋯⋯⋯⋯⋯⋯⋯⋯⋯⋯⋯⋯⋯⋯⋯⋯2
   虫卵无卵盖 ⋯⋯⋯⋯⋯⋯⋯⋯⋯⋯⋯⋯⋯⋯⋯⋯⋯⋯⋯⋯⋯⋯⋯⋯⋯⋯⋯⋯⋯3
2. 虫卵较大(130 $\mu m \times$ 85 μm 以上),黄色 ⋯⋯⋯⋯⋯⋯⋯⋯⋯⋯⋯⋯姜片吸虫卵
   虫卵较小(38 $\mu m \times$ 18 μm 以下),内含毛蚴 ⋯⋯⋯⋯⋯⋯⋯⋯⋯华枝睾吸虫卵
3. 虫卵内含六钩蚴 ⋯⋯⋯⋯⋯⋯⋯⋯⋯⋯⋯⋯⋯⋯⋯⋯⋯⋯⋯⋯⋯⋯克氏伪裸头绦虫卵

牛羊常见蠕虫卵

犬、猫常见蠕虫卵

7. 两端有塞状突起⋯⋯⋯⋯⋯⋯⋯⋯⋯⋯⋯⋯⋯⋯⋯⋯⋯⋯⋯⋯毛首线虫卵

　　两端无塞状突起⋯⋯⋯⋯⋯⋯⋯⋯⋯⋯⋯⋯⋯⋯⋯⋯⋯⋯⋯⋯⋯⋯⋯⋯8

8. 蛋白膜光滑⋯⋯⋯⋯⋯⋯⋯⋯⋯⋯⋯⋯⋯⋯⋯⋯⋯⋯⋯⋯⋯⋯狮弓蛔虫卵

　　蛋白膜有小泡状结构⋯⋯⋯⋯⋯⋯⋯⋯⋯⋯⋯⋯⋯⋯⋯⋯⋯⋯弓首蛔虫卵

家禽常见蠕虫卵

1. 虫卵有卵丝⋯⋯⋯⋯⋯⋯⋯⋯⋯⋯⋯⋯⋯⋯⋯⋯⋯⋯⋯⋯⋯⋯背孔吸虫卵

　　虫卵无卵丝⋯⋯⋯⋯⋯⋯⋯⋯⋯⋯⋯⋯⋯⋯⋯⋯⋯⋯⋯⋯⋯⋯⋯⋯⋯⋯2

2. 虫卵有卵盖⋯⋯⋯⋯⋯⋯⋯⋯⋯⋯⋯⋯⋯⋯⋯⋯⋯⋯⋯⋯⋯⋯⋯⋯⋯⋯3

　　虫卵无卵盖⋯⋯⋯⋯⋯⋯⋯⋯⋯⋯⋯⋯⋯⋯⋯⋯⋯⋯⋯⋯⋯⋯⋯⋯⋯⋯6

3. 内含有毛蚴⋯⋯⋯⋯⋯⋯⋯⋯⋯⋯⋯⋯⋯⋯⋯⋯⋯⋯⋯⋯⋯⋯⋯⋯⋯⋯4

　　内不含有毛蚴⋯⋯⋯⋯⋯⋯⋯⋯⋯⋯⋯⋯⋯⋯⋯⋯⋯⋯⋯⋯⋯⋯⋯⋯⋯5

4. 虫卵较大(120 μm×60 μm 左右)⋯⋯⋯⋯⋯⋯⋯⋯⋯⋯嗜气管吸虫卵

　　虫卵较小(31 μm×15 μm 以下)⋯⋯⋯⋯⋯⋯⋯⋯⋯⋯后睾科吸虫卵

5. 虫卵较大(80 μm×50 μm 以上)⋯⋯⋯⋯⋯⋯⋯⋯⋯⋯棘口科吸虫卵

　　虫卵较小(32 μm×15 μm 以下)⋯⋯⋯⋯⋯⋯⋯⋯⋯⋯前殖科吸虫卵

6. 虫卵含有六钩蚴⋯⋯⋯⋯⋯⋯⋯⋯⋯⋯⋯⋯⋯⋯⋯⋯⋯⋯⋯⋯⋯⋯⋯7

　　虫卵不含有六钩蚴⋯⋯⋯⋯⋯⋯⋯⋯⋯⋯⋯⋯⋯⋯⋯⋯⋯⋯⋯⋯⋯⋯8

7. 有卵囊包囊⋯⋯⋯⋯⋯⋯⋯⋯⋯⋯⋯⋯⋯⋯⋯⋯⋯⋯⋯赖利或戴纹绦虫卵

　　无卵囊包囊⋯⋯⋯⋯⋯⋯⋯⋯⋯⋯⋯⋯⋯⋯⋯⋯⋯⋯⋯剑带或膜壳绦虫卵

8. 虫卵两端有塞状物突起⋯⋯⋯⋯⋯⋯⋯⋯⋯⋯⋯⋯⋯⋯⋯⋯⋯毛细线虫卵

　　虫卵两端无塞状物突起⋯⋯⋯⋯⋯⋯⋯⋯⋯⋯⋯⋯⋯⋯⋯⋯⋯⋯⋯⋯9

9. 虫卵内含幼虫⋯⋯⋯⋯⋯⋯⋯⋯⋯⋯⋯⋯⋯⋯⋯⋯⋯⋯⋯⋯⋯禽胃线虫卵

　　虫卵内不含幼虫⋯⋯⋯⋯⋯⋯⋯⋯⋯⋯⋯⋯⋯⋯⋯⋯⋯⋯⋯⋯⋯⋯⋯10

10. 虫卵内含 1 个卵细胞⋯⋯⋯⋯⋯⋯⋯⋯⋯⋯⋯⋯⋯⋯鸡蛔虫或异刺线虫卵

　　虫卵内含多个卵细胞⋯⋯⋯⋯⋯⋯⋯⋯⋯⋯⋯⋯⋯⋯⋯⋯⋯⋯圆线虫卵

4. 显微镜下易与虫卵相混淆的物质

(1) 植物细胞。有的为螺旋形,有的为小的双层环状物,有的像铺石状的上皮,均有明显的细胞壁。这类细胞有时易被认为寄生虫卵。在温暖季节,有时在粪中发现花粉颗粒,易被误认为蛔虫卵,但无卵壳,且表面常呈网状,故仔细观察时,不难将二者分开。

(2) 植物毛与植物纤维。常被误认为线虫的幼虫。但植物毛的外壁是均一而具有极强的折光力的,中间有明显的管道自此端通至彼端,无活动力(人粪中的橘络易误认为吸虫,香蕉纤维常误认为小绦虫,棉线片常易误认为十二指肠钩虫等)。

(3) 淀粉粒。淀粒的形态、大小,因其来源的不同而不同。马铃薯淀粉粒是无色半透明的小块,略似西米粒或似黏液片。豆类的淀粉粒外被粗糙的植物纤维,颇似绦虫卵。但不论其为何种淀粉粒,如用卢戈氏碘液染色时,则在未消化前显蓝色,略经消化后显红色。沙丁鱼鳞片的形态与淀粉粒相似,但可以用卢戈氏碘液将二者区分开来。

(4) 肌肉纤维。若消化不良时,则为黄、短而有横纹的圆柱体,常见于肉食兽和人的粪中。通常两端略显圆形,横纹不甚明显,或仅成形状不规则的卵黄色的块。若在盖片下加入少量伊红染液,则肌肉纤维被染成红色,不难分辨。

　　(5)脂肪。在粪便中以三种形态出现:中性脂、脂肪酸及肥皂。正常粪便中的中性脂很少或全无,为无色并具有高度折光性的小滴,或为微黄色的平片,随熔点而定。中性脂可溶于醚,用苏丹Ⅲ染色时,着色性很强(染液的配法是在等量的70%酒精与丙酮的混合液中,加入苏丹Ⅲ使之达到饱和)。用时,将粪和50%~70%的酒精混合起来,然后加入上述染液一滴,速加盖玻片镜检之,则脂肪球被染为橙色或金黄色。脂肪酸可能为中性脂状的片形物,有时为无色针状结晶。针状结晶常集聚成球或成不规则的块状,其中很难看出单独的晶体。若用苏丹Ⅲ染色,则非晶形的片块染成较中性脂为浅的淡橘黄色;针形结晶体不着色,加热溶解成球,并溶于醚。肥皂(主要是钙肥皂)有时呈轮廓分明的片或团,有时如针状结晶,但较粗厚,不若脂肪酸者的细长。此物为无色或淡黄色,不溶于醚,不受苏丹Ⅲ的染色;加温时也不若脂肪酸之能溶解成球。如以醋酸处理(取一小份粪便放入36%醋酸中,在酒精灯焰上加热,直到起泡为止),则可将肥皂(其他脂化物也一样)变为游离的脂肪酸,冷后即出现脂肪酸的结晶。动物服用油类泻剂后,可在粪便中出现大量油滴。尤其在使用漂浮法检查粪便时,有时可以见到脂肪球,但可依其大小及结构的不同而与虫卵及球虫卵囊相区别。

　　(6)结缔组织。无色或微黄色的丝状物,边缘不明晰,纵长条纹不明显。若加30%醋酸溶液,则纤维变为明显清晰。

　　(7)弹力纤维。常和结缔组织同时存在,外形比较明晰,有时有分枝,加醋酸后则更加清晰。

　　(8)上皮细胞。有扁平上皮细胞与柱状上皮细胞,有一个大核。但它们常以不同的损坏程度出现,故常不易认出。在消化道有炎症的动物粪便中,可以找到。

　　(9)大吞噬细胞及脓球。常可在患痢疾的动物粪便中找到。大吞噬细胞已或多或少地发生变性,有时在细胞里尚可见到被吞噬的红细胞,有时可以看到透明的伪足。

　　(10)红细胞。正常的红细胞不常见,一般均已变性。

　　(11)酵母菌和霉菌。出芽或成链的酵母菌常可在粪便中找到。霉菌的孢子常易误认为蛔虫卵或鞭虫卵,但其内部无明显的胚胎,折光性与虫卵不同,可据此与虫卵相区别。

　　(12)细菌。正常粪便中有很多种非病原性细菌,大肠杆菌最为常见。

　　(13)结晶。在粪便中常常可以看到脂肪酸和肥皂的细长针形结晶和三联磷酸盐的结晶。胃肠出血后,可以在粪便中找到黄色或褐色针形或斜方形的结晶。吃了某些蔬菜以后,可以看到草酸钙的结晶。有时在粪便中还可以看到棱形针状的夏科雷盾氏结晶(常常是肠道有溃疡和大量蠕虫寄生的象征)。

　　(14)其他。在做粪便虫卵检查时,须注意某些动物常有食粪癖(如犬、猪),在它们的粪便中,除寄生于其本身的寄生虫和虫卵以外,还可以发现被吞食的其他寄生虫卵,慎勿误认为系由寄生于其本身的寄生虫所产生。粪便中有时还可以看到螨和它们的卵。有时还可以在粪便中找到纤毛虫,易误认为吸虫卵。

　　在用显微镜检查粪便的过程中,如对某些物体和虫卵分辨不清,可用解剖针轻轻推动盖玻片,使盖玻片下的物体转动。利用这个简单的方法,常常可以把虫卵和其他物体区分开来。常见的非虫卵物质见图8-13。

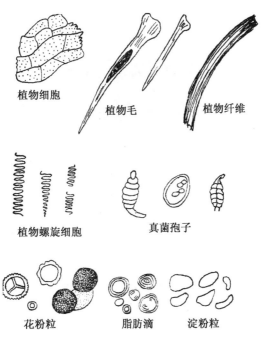

植物细胞　　植物毛　　植物纤维

植物螺旋细胞　　真菌孢子

花粉粒　　脂肪滴　　淀粉粒

图 8-13　粪便中常见的非虫卵物质示意图

实验九

动物外寄生虫病的实验室常规诊断

一、实验目的和要求

通过实习,掌握动物螨病的实验室诊断方法,了解蜱、虱和蚤等动物外寄生虫的检查方法。

二、实验材料

患蠕形螨的猪病变皮肤;患突变膝螨(石灰脚)的母鸡,从市场购得;患疥螨的病猪或刮取的病料;手术刀片和刀柄;甘油-水等量混合液体;10% NaOH 溶液;60%硫代硫酸钠;透明胶带纸;台式离心机;10 mL 试管。

三、实验内容及操作步骤

1. 内容

(1) 蜱、虱、蚤等动物外寄生虫的检查。

(2) 蠕形螨的实验室诊断。

(3) 疥螨、痒螨和突变膝螨类外寄生虫的实验室诊断。

2. 操作步骤

(1) 蜱、虱、蚤的检查

蜱、虱、蚤等在动物的口、眼、耳、腋窝、乳房、脚趾间等部位寄生多,检查时用镊子或解剖针轻轻拨开毛发,仔细检查,发现后采集并装于有塞试管或浸泡于 70%酒精中。

(2) 蠕形螨的实验室诊断

用力挤压猪皮肤毛囊结节或丘疹,挤出毛囊内皮脂腺及分泌物如脓液,刮取后于载玻片上,滴加适量甘油-水等量混合液或生理盐水,涂匀后盖上盖玻片在显微镜下检查。也可以用刀片切开结节或丘疹,挤压后进行检查。皮肤有皮屑的,可以用刀片刮取皮屑,在 10% NaOH 溶液中加热后进行镜检。

(3) 疥螨、痒螨和突变膝螨等外寄生虫的实验室诊断

1) 病料的刮取

螨类外寄生虫的一般寄生于动物的体表或皮内,主要采集皮屑作为病料检查虫体或虫

卵。刮取皮屑的方法很重要,刮取部位应选择患病皮肤与健康皮肤交界处,这里的螨多,应该尽量去除坏死的痂皮,刮的时候应在刀片上滴加甘油-水等量混合液体,防止皮屑和虫体乱飞,脱落并污染周围环境。对于寄生于皮肤角质层的疥螨和突变膝螨,应刮到皮肤轻微出血。

本实验主要以患突变膝螨(石灰脚)的母鸡或患疥螨病的病猪为病料采集对象进行病料采集和检查。

2)直接检查

在没有显微镜的条件下,可将刮下的干燥皮屑放于培养皿或黑纸上,在日光下曝晒,或用热水或炉火等对皿底底面以 40～50 ℃加温 30～40 min 后,移去皮屑,用肉眼观察,可见白色虫体在背景上移动,此法仅适用于体形较大肉眼可见的螨如痒螨。

3)显微镜检查

取少量刮取的痂皮置于载玻片上,滴加 50％甘油-水溶液或煤油,用牙签调匀,剔去大的痂皮,涂开,覆以盖玻片,低倍镜检查活动的虫体。

4)虫体浓集法

将病料加入 10 mL 试管,加 10％ NaOH 溶液,在酒精灯上加热数分钟后,使皮屑溶解,虫体释放。然后待其自然沉淀(或以 2 000 r/min 离心 5 min),虫体即沉于管底,弃去上层液体,吸取沉渣镜检。或向沉淀中加入 60％硫代硫酸钠溶液,直至虫体上浮,再取表面溶液检查。

5)温水检查法

将病料浸入 40～45 ℃的温水中,置恒温箱中,1～2 h 后,将浸过病料倾入表面玻璃内解剖镜下观察。活的螨在温热的作用下,由皮屑内爬出,集成团,沉入水底。

6)培养皿内加温法

将刮取的干的病料(即没有加油和氢氧化钾等)放在培养皿内,加盖。将培养皿平放于盛 40～45 ℃的温水的杯子上,经 10～15 min 后,将皿翻转,则虫体与少量皮屑附于皿底,大量虫体和皮屑则倒在皿盖上,取皿底检查,皿盖继续放在温水杯上,15 min 后可以再次重复以上操作。

如欲判断收集到的虫体是否存活(特别是在药物治疗后看疗效),可采用以上方法观察能否看到虫体的活动,也可将以上虫体用油镜观察,活动虫体则可见到虫体内部淋巴包含物的流动。

四、寄生性节肢动物的鉴别

1. 无头、胸、腹的界限,有足 4 对 ————————————————————————2
   体分头、胸、腹三部,有足 4 对 ————————————————————————9
2. 个体大(2 mm 以上),有背板,口器有许多倒刺 ——————————————蜱类
   个体小(1.5 mm 以下),无背板,口器上无刺 ——————————————————3
3. 体细长,蠕虫状,200～300 μm ——————————————————————蠕形螨
   体略呈卵圆形 ————————————————————————————————4
4. 寄生于兽类 ————————————————————————————————5

五、作业

根据实验检查结果,整理出实验报告,并绘出所观察的虫体。

附：外寄生虫病的药浴防治技术

动物外寄生虫病的防治方法有口服灌药、注射治疗、浇注、局部用药物、药浴、喷淋等多种。在无新的杀虫药物及剂型的情况下，药浴是控制外寄生虫病较为有效的手段，但它需要特殊的设施、用药量大、费时费力等诸多不便，特别是废液的环境污染问题也很难解决。尽管如此，在某些地区和有限的条件下，特别是在牧区而且有大群动物的情况下，药浴仍旧是防治动物外寄生虫病的重要方法。以下以羊为例介绍药浴的方法及注意事项。

1. 药浴的器械、设施等

药浴容器(槽、桶、锅、缸、池等)、药物、刷子、解毒药、量筒、温度计、水桶、木棒、工作服、肥皂、毛巾、面盆等。动物饲养较多时，可修建药浴池，原则是经济实用、不浪费药浴药物、便于药浴的操作。以羊为例，药池长度 5～10 m(根据羊的多少确定)，上宽下窄，上部宽 0.7 m 左右(刚好允许羊只能向前移动)，深度以绵羊身高的 2 倍为宜，加入的药液深度以保证绵羊身体能充分浸泡在药液中为宜。入口与出口处分别砌有斜坡，以备绵羊安全出入药池。在药池的出口处砌有回流台，使羊身上的药液能充分回流到药池内。药浴除了可在特建的药浴池内进行，还可在特设的淋浴场淋浴，也可用人工方法抓羊在大盆(缸)中逐只洗浴。

2. 药浴时间、次数和温度的选择

绵羊和山羊一般分别在剪毛后和抓绒后进行药浴，最好每年春秋两季都要进行一次预防性药浴，药浴的时间最好是剪毛后 7～10 d，第一次药浴后 7～10 d 后再浴 1 次，如过早，则羊毛太短，羊体上药液附少，若过迟，则羊毛太长，药液沾不到皮肤上，均对消灭体外寄生虫不利。猪、牛、马、骆驼等可以根据实际情况进行。药浴应选在晴朗、无风、温和的天气的中午进行。溶液温度最好保持在 36～37 ℃，最好不要低于 30 ℃，过高会引起动物中毒，过低影响药效。

3. 药物的选择

常用的药品有螨净(250 mg/kg)、双甲脒(300～500 mg/kg)、0.1%～0.2%杀虫脒(氯苯脒)水溶液、1%敌百虫水溶液或速灭菊酯(80～200 mg/L)、溴氰菊酯(50～80 mg/L)。也可用石硫合剂，其配法为生石灰 7.5 kg，硫磺粉末 12.5 kg，用水拌成糊状，加水 150 L，边煮边拌，直至煮沸呈浓茶色为止，弃去下面的沉渣，上清液便是母液，在母液内加 500 L 温水，即成药浴液。为保证药浴安全有效，除按不同药品使用说明书正确配置药液外，在大批羊只药浴前，可用少量羊只进行试验，确证不会引起中毒时才能对大批羊只进行药浴。

4. 药浴过程及注意事项

(1) 准备好各种器械、药物和用具、工作人员保护用品及羊只中毒时的急救药品。

(2) 人员先进行详细分工，如药物配制、抓羊、洗刷等。

(3) 动物(羊群)进行分群，按照大小、性别、健康状况进行分群。两个月以内的羔羊、妊娠两个月以上的母羊、病羊和有外伤的羊不能进行药浴。

(4) 浴前 8 h 应停止放牧和喂料，浴前 2 h 要饮足水，免得药浴时因口渴误饮药液。

(5) 先用少数羊只试行药浴，认为安全后，再让大群羊只药浴。先让健康的羊药浴，患外寄生虫病羊后浴。

(6) 羊在药浴池中停留 3~4 min 为宜,头部可将羊头压入药液中 2~3 次,或人工浇一些药液淋洗,但要避免将药液灌入羊的口内。要使羊周身都受到药液浸泡,保证全身各部位均要洗到,药液要浸透被毛,适当控制羊只通过药浴池的速度。

(7) 药浴过程中根据具体情况随时添加同浓度的药液。

(8) 浴后赶羊在回流台 10~15 min,使毛丛中残留的药液滴落在台上,再回流池内。

浴后不能马上放牧,应将药浴后的羊群赶到通风阴凉的羊棚或圈舍内,避免阳光直射引起中毒。同时,也禁止在密集高温、不通风的场所停留,以免吸入药物中毒。要注意观察,羔羊因毛较长,药液在毛丛中存留时间长,药浴后 2~3 d 仍可发生中毒现象。发现中毒,要立即抢救。

(9) 废药液不能随便乱倒,以防羊只误食中毒。

动物原虫病的实验室常规诊断

一、实验目的和要求

通过实习,掌握动物血液中寄生原虫、肠道内寄生原虫和组织寄生原虫的实验室常规诊断的方法及步骤,了解生殖道寄生原虫的实验室常规诊断的方法及步骤,了解利用动物接种试验诊断原虫病的方法。

二、实验材料

可疑动物的血液、生殖道分泌物、肠道内容物及组织,各种染色液,动物接种用实验动物,具体见相应的实验内容及操作部分。

三、实验内容及操作步骤

(带 * 为指导教师重点讲解和学生自己重点观察内容,其余内容为指导教师进行示教讲解)

1. 血液内原虫的检查*

一般用消毒的针头自耳静脉或颈静脉采取血液。此法适用于检查寄生于血液中的伊氏锥虫和住白细胞虫及梨形虫等。

(1)鲜血压滴标本检查。将采出的血液滴在洁净的载玻片上,加等量的生理盐水混合,覆以盖玻片,立即用低倍镜检查,发现有运动的可疑虫体时,可再换高倍镜检查,由于虫体未染色,检查时应使视野中的光线弱些。此法适用于伊氏锥虫和附红细胞体。

(2)涂片染色检查法。采血滴于载玻片一端,按常规推制成血片,并使晾干,用甲醇2~3滴于血膜上,使其固定,尔后用姬氏或瑞氏液染色,染色后用油镜检查。本法适用于各种血液原虫。

1)姬氏染色法

[染色液的配制]

①原液　姬氏染色粉 0.5 g+无水甘油(中性)25 mL+无水甲醇(中性)25 mL 加少量甘油研磨,均匀后加入全部甘油,50~60 ℃的水浴锅中约 2 h,并摇动,完全溶解,装入棕色试剂

瓶中,散好放置2～3周后过滤,即为原液。

②缓冲液和缓冲蒸馏水 为了保证所染的血膜结果良好,必须用缓冲液和缓冲蒸馏水,缓冲液由甲、乙两液组成。

甲液:磷酸氢二钠(无水) 9.1 g+蒸馏水1 000 mL

乙液:磷酸二氢钾(无水) 9.07 g+蒸馏水1 000 mL

缓冲蒸馏水:稀释染液和冲洗血膜所用的蒸馏水,以pH 7.0～7.2最为适宜。每次应用时宜新鲜配制。甲:63 mL+乙:37 mL+900 mL水(pH7.0),或甲:73 mL+乙:27 mL+水900 mL(pH7.2)。

[染色法] 1份原液+10～20份缓冲蒸馏水→染液→染色30 min→缓冲蒸馏水轻轻冲洗载玻片上的染液→待干后→高倍镜或油镜检查。

[结果] 锥虫:细胞质浅蓝色,生核呈紫色或深红色,动基体呈紫色或红色。梨形虫:细胞质呈蓝色,核的染色质呈紫红色。其他:红细胞呈浅红色,嗜酸性粒细胞的颗粒呈红色,淋巴细胞呈蓝色,各种白细胞的核和嗜碱性粒细胞的颗粒呈蓝紫色。

2) 瑞氏染色法

[染色液配置] 瑞氏试剂粉0.1～0.5 g+(pH7.0)甘油3 mL+甲醇97 mL,放入甘油后研磨,加入甲醇,充分摇匀,一般1～2周后再过滤应用,也可隔24 h后即过滤应用。

[染色法](血片不需预先固定) 血膜上加数滴染液→2 min(相当于固定)后→等量中性蒸馏水,混匀,3～5 min(染色)→清水轻轻冲洗至血膜呈红色为止→待干后镜检。

[结果] 大体相同于姬氏染色。

3) 虫体的浓集法

当血液中的虫体较少,用常规血片法不易查到虫体时,可用虫体浓集法。方法如下:在离心管内加2%柠檬酸钠生理盐水3～4 mL,加被检血液6～7 mL,充分混匀,先以500 r/min离心5 min,然后将含有虫体、白细胞和少量红细胞的上层血浆,用吸管移入另一离心管内,加适量的生理盐水,再以2 500 r/min离心10 min,吸取沉淀物制成抹片,按上述方法染色镜检。此法适用于伊氏锥虫和梨形虫。

2. 生殖道原虫的检查

(1) 牛胎儿毛滴虫检查

1) 病料采集:牛胎儿毛滴虫存在于病母牛的阴道和子宫的分泌物,流产胎儿的羊水,羊膜或第四胃内容物和公牛的包皮鞘内,应采取以上病料检查虫体。

母畜病料的采集,可采取阴道分泌出的透明黏液,但为了减少污染,自阴道内采取黏液更为合适,可用一直径1 cm,长度45 cm的玻管,在距离一端12 cm处弯成150°角,消毒备用,使用时将短的一端插入阴道,另一端接一橡皮管,并抽取少量阴道黏液即可吸入管内,取出,两端塞以棉球,带回实验室检查。

公畜包皮冲洗液的收集,应先准备100～150 mL加温到30～35 ℃的生理盐水,用针筒注入包皮腔,用手指捏住包皮的出口,用另一手按摩包皮后部,而后放松手指,将液体收集到广口瓶中待查。

流产胎儿,可取其第4胃内容物、胸水、腹水检查。

在检查虫体时以发现运动活泼的虫体为准,实验时要注意以下几点:①应该尽量避免其他鞭毛虫混入样品而造成错误诊断。②虫体在低温时活动减弱,因此应该将冲洗液、载玻片等适当加温。③虫体较脆弱,冲洗液应采用无金属离子的生理盐水。④病料采集后要尽快检查。

2) 检查法:将收集到的病料立即放在载玻片上,注意防止病料干燥。对黏稠的阴道黏液检查前以生理盐水稀释 2～3 倍,羊水或包皮洗涤物最好先离心沉淀,而后以沉淀物制片检查。未染色的标本主要检查活动的虫体,在显微镜下能见到长度略大于一般的白血球,能清晰看到波动膜,有时可以看到鞭毛和虫体内含有圆形或椭圆形折光性很强的核,波动膜的发现可以作为与其他一些非致病性的鞭毛虫和纤毛虫的区别。

以上收集到的标本,可以固定后制成永久染色标本,下面介绍吉姆萨染色和苏木精染色方法。

吉姆萨染色法:①取含虫的阴道分泌物于载玻片上。②立即用 20% 福尔马林蒸汽固定,约熏 1 h 左右。③取出,晾干,甲醇固定 2 min。④用吉姆萨染色法染色。⑤水洗,晾干,检查。

苏木精法:首先配制固定液和染色液。邵氏固定液:氯化高汞饱和水溶液 2 份,95% 酒精 1 份,使用前每 100 mL 加冰醋酸 5～10 mL;苏木精染液:将苏木精 1.0 g 溶于 10 mL 纯酒精内,再加蒸馏水 200 mL,放置 3～4 星期;碘酒精:加碘于 70% 酒中,直至呈琥珀色。染色步骤为:①将玻片浸于 40 ℃ 的邵氏固定液中 3 min,70% 酒精中浸泡 2 min;②碘酒中浸泡 10 min,70% 酒精中浸泡 1～2 h,50% 酒精中浸泡 5 min;③流水洗 10 min,40 ℃ 的 2% 硫酸铵水溶液中浸泡 2 min;④流水洗 3 min,40 ℃ 苏木精染液中洗涤 1 min;⑤冷的 2% 硫酸铵水溶液中脱色 5～10 min,流水洗 10～30 min;⑥逐级通过 50%、70%、80%、90%、100% 的酒精,100% 的酒精与二甲苯等量混合液、二甲苯中 2 min,最后滴加加拿大胶,该上盖玻片,封固即可。

(2) 马媾疫锥虫检查

马媾疫锥虫检查在末梢血液中很少出现,而且数量也很少,因此血液学检查在马媾疫锥虫检查诊断上意义不大。做虫体检查用的病料,主要是浮肿部及皮肤丘疹的抽出物,阴道及尿道黏膜的刮取物,特别在刮取物中最易发现锥虫。

病料采取时,浮肿液和皮肤丘疹液用消毒注射器抽取,为了防止混入血液时发生凝固,可于注射器内先吸入适量的 2% 生理盐水。母马阴道黏膜刮取物,可先用阴道扩张器使阴道扩张,再以消毒长柄药勺在黏膜发炎部刮取。刮取时应稍用力,使刮取物稍带血色,较易检出。公马尿道黏膜刮取时,可以先将马保定,用普鲁卡因局部麻醉,将阴茎由包皮中脱出,以消毒长柄药勺插入尿道内刮取。

通过以上收集到的标本,可以制成压滴标本检查,也可以制成抹片标本,用吉姆萨染色后检查。

3. 肠道的原虫检查*

肠道内原虫主要是球虫、隐孢子虫、小袋纤毛虫和阿米巴,检查病料主要是粪便。

(1) 球虫卵囊检查法

一般情况下,取新排出的粪便,使用蠕虫虫卵检查法,或直接做抹片检查,或经过浓集法处理后提高检出率。应注意,使用浓集法中,利用尼龙筛兜时,由于卵囊较小,应采取滤下的液体,待其沉淀后抽取沉淀检查。在需要进行种类鉴定时,可以将收集的卵囊悬浮于 2.5% 的重铬酸钾,在恒温箱 25～28 ℃ 中孢子化后鉴定。

球虫卵囊可进行染色,以便于观察,但不能做封片保存。染色的步骤是将含有球虫卵囊的粪便抹片,在加温的醋酸中5~10 min固定,而后以1∶1 000的健那绿染色10 min,在水中洗涤,用深伊红染色5 min,再水洗后检查。

(2)隐孢子虫检查法

标本的采集与球虫相似,但隐孢子虫卵囊较小,仅$5.8~\mu m \times (4.5 \sim 5.6)\mu m$,因此用漂浮法检查和染色法检查。

1)漂浮法。同蠕虫卵的检查。

2)沙黄-美蓝染色法。

①染色液配置:30%的盐酸甲醇溶液(第一液);10%沙黄(safranin)水溶液(第二液);10%美蓝水溶液(第三液)。

②染色步骤:做粪便抹片,待干后火焰固定,滴加第一液3 min,水洗后滴加第二液,在火焰上加热蒸发出蒸气,2~3 min,冷水冲洗,再滴加第三液,30 s后水洗,干后镜检。卵囊呈橘红色,背景为蓝色。

3)金胺-酚改良抗酸染色法

对于新鲜粪便或经10%福尔马林固定保存(4 ℃ 1个月内)的含卵囊粪便都可用此法染色。染色过程是先用金胺-酚染色,再用改良抗酸染色法复染。方法步骤如下。

金胺-酚染色法:

①染液配制:1 g/L金胺-酚染色液(第一液,金胺0.1 g,石碳酸5.0 g,蒸馏水100 mL);3%盐酸酒精(第二液,盐酸3 mL,95%酒精100 mL);5 g/L高锰酸钾液(第三液,高锰酸钾0.5 g,蒸馏水100 mL)。

②染色步骤:滴加第一液于晾干的粪膜上,10~15 min后水洗;滴加第二液,1 min后水洗;滴加第三液,1 min后水洗,待干;置荧光显微镜检查。低倍荧光镜下,可见卵囊为一圆形小亮点,发出乳白色荧光。高倍镜下卵囊呈乳白或略带绿色,卵囊壁为一薄层,多数卵囊周围深染,中央淡染,似环状,或深染结构偏位,有些卵囊全部为深染。但有些标本可出现非特异的荧光颗粒,应注意鉴别。

改良抗酸复染:

①染液配制:石炭酸复红染色液(第一液,碱性复红4 g,95%酒精20 mL,石炭酸8 mL,蒸馏水100 mL);10%硫酸溶液(第二液,纯硫酸10 mL,蒸馏水90 mL,边搅拌边将硫酸徐徐倾入水中);20 g/L孔雀绿液(第三液,20 g/L孔雀绿原液1 mL,蒸馏水10 mL)。

②染色步骤:滴加第一液于粪膜上,1.5~10 min后水洗;滴加第二液,1~10 min后水洗;滴加第三液,1 min后水洗,待干;置显微镜下观察。经染色后,卵囊为玫瑰红色,子孢子呈月牙形,共4个。其他非特异颗粒则染成蓝黑色,容易与卵囊区分。

不具备荧光显微镜的实验室,亦可用上述方法先后染色,然后在光镜低、高倍下过筛检查,发现小红点再用油镜观察。效果好,可提高检出速度和准确性。

(3)结肠小袋纤毛虫的检查

取新鲜猪粪一小团,置载玻片上,加1~2滴温生理盐水,混匀剔去粗渣,覆以盖玻片,在低倍镜下检查,可见活虫体。如加碘液(碘片2.0 g,碘化钾4.0 g,蒸馏水1 000 mL)染色后镜检,虫体细胞质呈淡黄色,虫体内有的肝糖呈暗褐色,核则透明。也可用H.E染色做永久保存标本。如碘液过多,可用吸水纸从盖玻片边缘吸去过多的液体。若同时需检查活滋养体,可在用生理盐水涂匀的粪滴附近滴一滴碘液,取少许粪便在碘液中涂匀,再盖上盖玻片,涂片染色的一半查包囊,未染色的一半查活滋养体。

4. 组织内原虫检查法*

有些原虫寄生在动物的不同组织中。一般动物死后剖检时,取一块组织,以其切面在载玻片上做成抹片,触片,或将小块组织固定后做成组织切片。染色镜检。抹片或触片可用姬氏或瑞氏染色法染色。

(1)弓形虫的检查

取肝脏、肺、淋巴结、脑组织或视网膜等做成涂片,用姬氏或瑞氏染色检查包囊和滋养体。生前可以采集腹水,检查有无滋养体。采集时猪可以侧卧保定,穿刺部位在脐的后方。穿刺时,将局部消毒,皮肤推向一侧,针头略微倾斜的刺入,深度 2～4 cm,针头刺入腹腔后会感到阻力骤减,而后有腹水流出,取得腹水后可在载玻片上抹片然后以瑞氏染色或吉姆萨染色后检查。

(2)泰勒原虫的检查

会出现局部的体表淋巴结肿大,采取淋巴结穿刺物进行显微镜检查以寻找病原虫体,对早期诊断是非常必要的。首先将动物保定,用右手将肿大淋巴结向上推移,用左手固定淋巴结,局部剪毛,碘酒消毒,以 10 mL 注射器和较粗针头,将针头刺入淋巴结,抽取淋巴组织,拔出,将针头内容物推到载玻片上,涂成抹片,固定、染色后镜检,可见柯赫氏蓝体的存在。

(3)住白细胞虫的检查

取肌肉或脾脏病变组织,压片镜检或组织切片后染色镜检有无裂殖体的存在。

(4)球虫的检查

刮取肠黏膜压片镜检或组织切片后染色镜检观察其在肠上皮中的各个发育阶段。

(5)卡氏肺孢子虫的检查

取一小块肺组织作涂片,自然干燥后用甲醇固定,进行改良银染色检查。具体步骤为:①将肺涂片置于 5%铬酸,氧化 15 min,温度为 20 ℃。氧化后的标本均用流水冲洗数秒。②1%亚硫酸氢钠 1 min,自来水冲洗后,蒸馏水洗涤 3～4 次。③放入四胺银工作液内,并在 60 ℃孵育约 90 min,至标本转至黄褐色为止。流水、蒸馏水各洗 5 min。④0.1%氯化金 2～5 min,蒸馏水洗 4～5 次。⑤2%硫代硫酸钠 5 min,流水至少洗 10 min。⑥亮绿复染 45 s。⑦95%,99%,100%乙醇逐级脱水。⑧二甲苯透明 3 次,树胶封片。染色后卡氏肺孢子虫包囊呈圆形、卵圆形或不规则的多角形,囊壁为淡褐色或深褐色。红细胞为淡黄色,其余背景呈淡绿色。

5. 动物接种试验

有些原虫在病畜体内,用以上显微镜检查方法不容易查到,为了确诊,常采用动物接种试验。动物接种的病料、被接种的易感动物和接种部位,根据疾病种类而有所不同。

(1)伊氏锥虫病

试验动物用小白鼠或狗最为适用。接种材料用可疑病畜的血液,血液采取后应在 2～4 h 内接种完毕。接种量,小白鼠皮下 0.5～1.0 mL,腹腔 0.3～0.5 mL,狗皮下 5～10 mL,腹腔 10～20 mL,接种后动物应该隔离,也需要经常检查。在病料中虫体较多时,小白鼠在接种后 1～3 d,狗在接种后 3～8 d,即可在外周血液中查到锥虫。故在接种后第 3 d 即应该采血进行检查,而后每隔 2～3 d 检查血液一次。当病料内虫体量少时,发病的时间可能延长,因此接种后至少观察 1 个月。

（2）马媾疫

马媾疫不能使小白鼠、大白鼠、豚鼠、犬发病,但可以将病畜阴道或尿道的刮取物与无菌生理盐水混合后接种于雄家兔的睾丸实质内,每个睾丸接钟 0.2 mL,如有马媾疫锥虫存在,经过 1～2 周后,即可见家兔的阴囊、阴茎、睾丸以及耳鼻周围的皮肤发生水肿,在水肿液中可以检测到虫体。

（3）弓形虫

弓形体是多宿主的寄生原虫,对多种家畜和实验动物具易感性,但小白鼠对弓形虫特别敏感,常常仅数十个虫体即可使小白鼠感染发病。因此,常将可疑病料接种于小白鼠对本病进行诊断。将急性死亡被检动物的肺、淋巴结、脾、肝或脑,以 1.5～10 比例加入生理盐水制成乳剂,并加入少量青霉素与链霉素以控制杂菌感染。吸取乳剂 0.2 mL 接种于小白鼠腹腔,一般急性者在 4～5 d 发病,呈背毛粗乱,食欲消失,腹部膨大,有大量腹水。病程 4～5 d 死亡,抽取病鼠或死鼠的腹水作涂片,染色检查,可发现有游离的弓形虫滋养体存在。

四、作业

以兽医院门诊疑似弓形虫病猪为材料,进行剖检和实验室诊断,写出详细实验方法、步骤和结果,按照研究性论文格式完成实验报告。

动物寄生虫病的免疫学诊断

一、实验目的和要求

以家畜锥虫病琼脂扩散试验、弓形虫病间接血凝试验两种寄生虫病的常用免疫学诊断方法为例,让学生了解动物寄生虫病的免疫学诊断方法,建立利用免疫学方法诊断动物寄生虫病的概念。

二、实验材料

1. 锥虫病琼脂扩散试验

(1) 抗原。伊氏锥虫抗原或伊氏锥虫的补体结合反应抗原的原液。

(2) 标准阴性和阳性血清。用生物制品厂生产的标准锥虫阴性和阳性血清。

(3) 被检血清。采自实验牛或奶牛场饲养奶牛,使用前不必灭活和稀释。

(4) 琼脂凝胶平板的制备。取精制琼脂粉 1.2 g,氯化钠 0.9 g,蒸馏水 100 mL,1%硫柳汞 1 mL(0.01 g)及 1%甲基橙液 4～15 滴,放入三角烧瓶内,沸水中加热溶化后即成为 1.2%的生理盐水琼脂凝胶。把放凉到 50～60 ℃ 的凝胶小心地倒在平皿内,使成约 5 mm 厚的琼脂层即为凝胶平板。制凝胶平板时尽量一次倒成,使表面平整,厚薄均匀。待琼脂层凝固后,以直径 5～8 mm 的打孔器在琼脂平板上打孔,使孔呈"*"状分布,周孔距中央孔 5～6 mm。打孔后,用尖头镊子或解剖针挑出孔中的琼脂块。将平板在酒精灯上不停转动,适当加热,使底部凝胶溶化,封闭孔底即成。暂时不用的平板,保存于普通冰箱中半年内有效。

(5) 1 mL、200 μL、100 μL、10 μL 的移液器。

2. 弓形虫病间接血凝试验

(1) 抗原:弓形虫间接血凝试验冻干抗原(如兰州兽医研究所生产)。用于检测人和动物血清或滤纸干血滴中的弓形虫抗体,效价不低于 1∶1 024。用前按标定毫升数用灭菌蒸馏水稀释摇匀,1 500～2 000 r/min 离心 5～10 min,弃去上清液,加等量稀释液摇匀,置 4 ℃ 左右 24 h 后使用。抗原稀释后称诊断液,于 4 ℃ 左右保存,10 d 内效价不变。

(2) 标准阳性和阴性血清:兰州兽医研究所生产。

(3) 被检血清:受检猪血清,采自屠宰场,测定前 56 ℃ 灭能 30 min。

(4) 96 孔"V"型聚苯乙烯微量血凝反应板(江苏海门三河实验仪器厂)。

(5) 稀释液配制。先配制含 0.1% 叠氮化钠的 pH7.2、0.15 mol/L 磷酸盐缓冲液 (PBS):磷酸氢二钠 19.34 g,磷酸二氢钾 2.86 g,氯化钠 4.25 g,叠氮化钠 1.00 g,双蒸水或无离子水加至 1 000 mL,溶解后过滤分装,10 磅 15 min 高压灭菌。配稀释液。取含 0.1% 叠氮化钠的 PBS 98 mL,56 ℃ 灭能 30 min 的健康兔血清 2 mL,混合,无菌分装,4 ℃ 保存备用。

(6) 1 mL、200 μL、100 μL、10 μL 的移液器。

三、实验方法和步骤

1. 锥虫病琼脂扩散试验

将平板上各孔编号。用移液器吸取抗原注入中央孔内,然后向周围四孔分别加入待检血清,留下二孔分别加标准阳性和阴性血清。各孔滴加量以加满但不溢出为宜。将平板放在室温下(22 ℃ 以上)或 25~30 ℃ 恒温箱中,24 h 后检查,在抗原孔与被检血清孔之间出现白色沉淀线者为阳性反应,无沉淀线者为阴性反应。

2. 弓形虫病间接血凝试验

(1) 加稀释液在 96 孔 "V" 型反应板上,用移液器每孔加稀释液 0.075 mL。定性检查时,每个样品加 4 孔,定量加 8 孔。每块板上不论检几个样品,均应设阳、阴性血清对照。对照均加 8 孔。

(2) 加样品血清,阳、阴性对照血清,第一孔加相应血清 0.025 mL。

(3) 稀释。定性检查时稀释至第 3 孔,定量检查与对照均稀释至第 7 孔。定性的第 4 孔、定量和对照的第 8 孔为稀释液对照;按常规用移液器稀释后,取 0.025 mL 移入相应的第 2 孔内,如此法依次往下稀释,至应稀释的最后一孔,稀释后弃去 0.025 mL。每个孔内的液体仍为 0.075 mL。各孔的稀释度分别如下表:

孔 号	1	2	3	4	5	6	7	8
稀释度(1:)	4	16	64	256	1 024	4 096	16 384	稀释液

(4) 加诊断液。将诊断液摇匀,每孔加 0.025 mL,加完后将反应板置微型振荡器上振荡 1~2 min,直至诊断液中的血球分布均匀。取下反应板,盖上一块玻璃片或干净纸,以防落入灰,置 22~37 ℃ 下 2~3 h 后观察结果。

(5) 判定结果。在阳性对照血清滴度不低于 1:1 024(第 5 孔),阴性对照血清除第 1 孔允许存在前滞现象(+)外,其余各孔均为(-),稀释液对照为(-)的前提下,对被检血清进行判定,否则应检查操作是否有误,如反应板、移液器等是否洗涤干净,以及稀释液、诊断液、对照血清是否有效。

(6) 判定标准

1) (++++):100% 红细胞在孔底呈均质的膜样凝集,边缘整齐、致密。因动力关系,膜样凝集的红细胞有的出现下滑现象。

2) (+++):75% 的红细胞在孔底呈膜样凝集,不凝集的红细胞在孔底中央集中成很小的圆点。

3) (++):50% 的红细胞在孔底呈稀疏的凝集,不凝集红细胞在孔底中央集中成较大圆点。

4) (＋):25％的红细胞在孔底凝集,其余不凝集的红细胞在孔底中央集中成大的圆点。

5) (－):所有的红细胞均不凝集,并集中于孔底中央呈规则的最大的圆点。

以被检血清抗体滴度达到或超过 1∶64 判为阳性,判(＋＋)为阳性终点。

四、作业

按研究性论文格式写出实验报告。

附:动物寄生虫病免疫学诊断方法简介

　　动物寄生虫病生前诊断技术可分三大类,即病原诊断、免疫诊断和分子生物学诊断技术。病原诊断是最早建立起来的一类诊断方法,其主要优点是:多数方法技术简单,容易实施,可以直接查到寄生成虫、幼虫或虫卵,一般不出现假阳性;其主要缺点是:对许多寄生虫病的检出率低,即假阴性高,部分方法操作繁琐,花费人力物力较多,甚至还受季节影响,即有些季节检出率低。因此后来逐渐发展了免疫学诊断和分子生物学诊断技术。免疫学诊断方法操作简单快速,检出率高,影响因素少,在近年来获得了较大的发展。现将动物寄生虫病常用免疫学诊断方法和技术概述如下:

　　1. 凝集反应(Agglutination)

　　凝集反应。利用颗粒性抗原与相应抗体在一定条件下出现凝集物现象的原理而进行的反应。参与反应的抗原称凝集原,抗体称凝集素。凝集反应包括直接凝集反应、间接凝集反应、间接凝集抑制反应、反向间接凝集反应、协同凝集试验、抗球蛋白试验等。

　　直接凝集反应。颗粒性抗原与相应抗体直接结合所出现的凝集现象,基本方法有玻片法和试管法。其基本原理是抗原与抗体一般均为蛋白质,在中性或碱性溶液中多表现为亲水性,且带有负电荷。抗原抗体结合后,由于极性基的相互吸引而变为疏水性,易受电解质影响,如有适当的电解质存在,使其失去一部分负电荷而互相吸引出现肉眼可见的凝集块。

　　间接凝集反应。有些可溶性抗原与抗体结合后不出现凝集现象,如把可溶性抗原吸附在载体微球上,成为人工免疫微球,再与抗体结合即出现凝集现象,此称间接凝集反应。由于载体微球增大了可溶性抗原的反应面积,微球上少量存在就足以出现肉眼可见的反应。这种反应的敏感性比沉淀反应高得多。其中以间接血凝试验(IHA)操作简便,敏感性高,适于现场使用,可用于辅助诊断及流行病学调查。该反应先后在多种寄生虫感染中应用,如血吸虫、疟疾、猪囊虫、旋毛虫、肺吸虫、弓形虫、肝吸虫、肝片吸虫等。有些已制成商品诊断试剂盒。不足之处是不能提供检测抗体的亚型类别,并且容易发生异常的非特异凝集。另外抗原的标准化,操作方法规范化亟待解决,以提高其诊断效果和可比性。

　　间接凝集抑制反应。如先使可溶性抗原与抗体充分结合,再加入有关的免疫微球。因抗体已被抗原结合,不再出现免疫微球的凝集现象,这一试验称间接凝集抑制反应。

　　2. 沉淀反应(Precipitation)

　　可溶性抗原与特异性抗体结合,在适量电解质的存在下,形成沉淀物,称此反应为沉淀反应。参与沉淀反应的可溶性抗原称为沉淀原,抗体称为沉淀素。沉淀反应的试验方法有环状法、絮状法和琼脂扩散法三种基本类型。其中琼脂扩散法方法简单,用途也较广泛,衍生方法也较多。

　　双向琼脂扩散是利用可溶性抗原与相应抗体在半固体琼脂对应孔中各自向四周进行扩散,如抗原抗体相对应,两者在比例适当处,就出现肉眼可见的白色沉淀线。若同时具有几种抗原抗体系统,因各自的扩散速度不同,可在琼脂中出现多条沉淀线。

　　单扩散实验是一种定量试验方法。先将一定量抗体混合于琼脂中,倾注于平板上。凝固后打孔。加入待测抗原。如抗原与抗体一致时,抗原向孔四周扩散,与孔周围抗体形成抗原抗体复合物,呈白色沉淀环,沉淀环直径大小与抗原浓度成正比。如先用不同浓度的标准抗原制成标准曲线,则未知标本中的抗原含量,即可从标准曲线中求出。本试验主要用于检查标本中各种Ig与血清中各种补体成分的测定。

对流免疫电泳是把双扩散与电泳技术结合在一起的方法。抗原抗体在电场作用下,各向相反的电极移动。因抗原在pH8.6的缓冲液中带负电荷,由阴极向阳极移动。抗体等电点pH为6～7,在pH8.6环境中带负电荷少,分子又较大,则运动较慢。同时又因电渗作用等原因使抗体向阴极倒退。于是出现抗原抗体相向移动的情况。如二者相应,在相遇的最适比例处即形成白色沉淀线。由于抗原抗体在电场中定向移动,从而提高了试验的敏感性,且沉淀线出现较快,可在1h内出现结果。对流电泳法较简单的扩散法和常规免疫电泳法至少敏感10～20倍,省时,省料,可用已知抗原检测抗体或相反进行,反应结果特异,阳性反应的可信度高,适用范围广。医学上国内在血吸虫病、肺吸虫病免疫诊断中应用已获良好结果。国外报道也可应用于阿米巴病、锥虫病、棘球蚴病、旋毛虫病、血吸虫病等血清学诊断。

火箭电泳是把单扩散和电泳技术结合在一起的方法。抗原在含定量抗体的琼脂中泳动,二者比例合适时,在短时间内形成火箭样或锥状的白色沉淀线,沉淀峰的高低与抗原的浓度成正比。

3. 变态反应(Allergy)

变态反应的试验方法,可分为皮内变态反应、点眼法和皮下法,目前用于寄生虫病诊断的主要是皮内变态反应。皮内试验是利用宿主的速发型变态反应,将特异抗原液注入皮内,观测皮丘及红晕反应以判断有无特异抗体(IgE)的存在。

在棘球蚴病的诊断中,其抗原可直接采用棘球蚴的囊液,其他寄生虫病的皮内反应抗原都需要经过加工、提取。提取步骤包括抗原的浸出、抗原的提纯,一般提纯方法可用三氯醋酸提纯法、酸溶性蛋白质抗原制备法、多糖抗原提取方法等,具体见相关的参考资料。对于某一特定寄生虫病,根据其制备抗原的材料不同,抗原性质不同,各有其特有的提纯方法。

目前采用皮内反应作为诊断方法的寄生虫病有:弓形体病、锥虫病、日本血吸虫病、片形吸虫病、棘球蚴病、多头蚴病、猪囊虫病、旋毛虫病、马羊脑脊髓丝虫病、捻转血矛线虫病、肺丝虫病、蛔虫病及牛的皮蝇蛆病等,但是需要指出的是,皮内反应特别是用于蠕虫病的诊断时,其特异性较差。

4. 补体结合试验(Complement fixation test,CFT)

补体结合试验是用免疫溶血机制做指示系统,来检测另一反应系统抗原或抗体的试验。早在1906年Wasermann就将其应用于梅毒的诊断,即著名的华氏反应。该试验中有5种成分参与反应,分属于3个系统:①反应系统,即已知的抗原(或抗体)与待测的抗体(或抗原);②补体系统;③指示系统,即绵羊红细胞srbc与相应溶血素,试验时常将其预先结合在一起,形成致敏红细胞。反应系统与指示系统争夺补体系统,先加入反应系统给其以优先结合补体的机会。如果反应系统中存在待测的抗体(或抗原),则抗原抗体发生反应后可结合补体;再加入指示系统时,由于反应液中已没有游离的补体而不出现溶血,此为补体结合试验阳性。如果反应系统中不存在的待检的抗体(或抗原),则在液体中仍有游离的补体存在,当加入指示系统时会出现溶血,此为补体结合试验阴性。因此补体结合试验可用已知抗原来检测相应抗体,或用已知抗体来检测相应抗原。

补体结合试验较常用的有全量法(3 mL)、半量法(1.5 mL)、小量法(0.6 mL)和微量法(塑板法)等。目前以后两种方法应用较为广泛，因为可以节省抗原，血清标本用量较少，特异性也较好。

补体结合试验是一种传统的免疫学技术，能够沿用至今说明它本身有一定的优点：①灵敏度高。补体活化过程有放大作用，比沉淀反应和凝集反应的灵敏度高得多，能测定 $0.05\ \mu g/mL$ 的抗体，与间接凝集法的灵敏度相当。②特异性强。各种反应成分事先都经过滴定，选择了最佳比例，出现交叉反应的概率较小，尤其用小量法或微量法时。③应用面广，可用于检测多种类型的抗原或抗体。④易于普及，试验结果显而易见；试验条件要求低，不需要特殊仪器或只用光电比色计即可。但是补体结合试验参与反应的成分多，影响因素复杂，操作步骤烦琐并且要求十分严格，稍有疏忽便会得出不正确的结果，所以在多种测定中已被其他更易被接受的方法所取代。补体结合试验也广泛应用于寄生虫病的诊断，但操作和设备条件较为复杂，没有大面积使用。在棘球蚴病、多头蚴病、猪囊虫病、旋毛虫病、锥虫病、鞭虫病、焦虫病等中均有应用的报道，但其中应用较多的是锥虫病的诊断。补体结合试验用于寄生虫病的诊断时，除抗原的制备与动物传染病不同外，其他各项操作步骤均与动物传染病实验基本一致。

5. 荧光抗体试验(Immunofluoresence antibody test)

荧光抗体实验在免疫学诊断上已经广泛使用，用荧光素与抗体结合成荧光抗体进行的抗原抗体反应，是将抗原抗体反应的特异性、荧光素的敏感性和显微镜检查法相结合起来的一种免疫学检测方法。一般最常用的是直接荧光抗体法和间接荧光抗体法，此外还有荧光抗体补体法和可溶性抗原荧光补体法。

(1) 直接荧光抗体法

本法是以已知抗体，用荧光色素相结合，用荧光抗体直接染色病料，用荧光显微镜观察，阳性者即可见有绿色荧光。本法多用于诊断病料中是否含有某种病原体，对于不容易通过显微镜形态观察判定和诊断的寄生虫病，用此法有较好的效果，如用于弓形虫和肌肉中变形的旋毛虫等等。

(2) 间接荧光抗体法

在这一方法中，抗体分子不仅与抗原结合，而且再以本抗体作为抗原，以获取另一抗体，将这另一抗体与荧光色素相结合。将已知病原体置载玻片上，与被检血清作用，当被检血清中含有相关抗体时，抗体与抗原结合在载玻片上，再以荧光色素标记的二抗处理，则可见载玻片上有荧光物质，反之所检血清中不含相应抗体，则抗原上无抗体沉着。间接法的抗原可用虫体或含虫体的组织切片或涂片，经充分干燥后低温长期保存备用。一张载玻片可等距置放多个抗原位点用以同时检测多个待检样本或确定抗体滴度。

6. ELISA 试验(Enzyme-linked immunosorbent assay，ELISA)

ELISA 试验是免疫酶技术的一种，是把抗原抗体反应和酶的高效催化作用原理有机结合起来。酶标试剂制备容易、稳定、有效期长、敏感性高，试验结果可肉眼观察也可借助仪器作定量测定，所得结果比较客观。目前，酶标记技术广泛地应用于寄生虫病的诊断。常用有间接法(测抗体)、双抗体夹心法(测大分抗原)及竞争法(测小分子抗原)三种，以前两法较为常用，常见寄生虫病的 ELISA 检测试剂盒现在已经非常普遍。

ELISA 试验的方法根据所用载体、酶底物系统、观察反应结果等不同而有很大差别。

目前最常用的固相载体为聚苯乙烯微量滴定板,具有需样少、敏感、重演性好、使用方便等优点。酶底物系统也有多种,常用的有辣根过氧化物酶-邻苯二胺(HRP-OPD)、碱性磷酸酯酶-硝酚磷酸盐(AKP-PNP)等,具有较好的生物放大效应。其中 HRP 由于价廉、易得而被广泛应用。

ELISA 试验的基本操作过程可分为:①固相包被;②温育洗涤;③加样;④酶结合物反应;⑤底物显色;⑥终止反应读取结果等若干步骤。温育和洗涤需贯穿在每一步骤之间,用以去除多余的反应物。酶标记物制备:应用抗原或抗体与酶分子的交联技术,交联物亦称酶结合物(conjugate)。根据酶与抗体(抗原)的激活顺序,交联反应可分一步法、二步法及三步法不等。HRP 标记二步法中多用过碘酸钠法,而戊二醛一步法反应率较低,较适用于交联 AKP。免疫球蛋白标记辣根过氧化物酶(过碘酸钠法)与免疫球蛋白标记碱性磷酸酯酶(戊二醛一步法),已具备成熟和稳定的标记技术,应用也较多。

另外,抗 IgG 型抗体酶结合物也可用金黄色葡萄球菌 A-蛋白酶结合物替代,称 A-蛋白酶联试验(SPA-ELISA)。A-蛋白辣根过氧化物酶结合物(PA-HRP)已有市售标准品,其敏感度稍逊于抗体酶结合物。

ELISA 试验为高灵敏检测技术,结果可定量表示,可检测抗体、抗原或特异性免疫复合物,其中又以微量滴定板法消耗样本试剂少,能供全自动操作,适用批量样本检测,因此在寄生虫感染的研究和诊断领域乃至血清流行病学均被广泛应用。国内外有多种寄生虫感染的试剂盒出售,包括有血吸虫病、弓形虫病、阿米巴病、丝虫病、蛔虫病、旋毛虫病和犬蛔虫病等,ELISA 可作为辅助诊断、血清流行病学调查和监测疫情的方法。尽管 ELISA 试验操作程序的简单快速不如 IHA,但方法具有很大改良潜力和适应范围。当然,判断结果需用分光光度计,这限制了扩大应用;另外,应用抗原及酶结合物尚需进一步标准化,操作方法也应规范化。

7. 斑点 ELISA(Dot-ELISA)

斑点 ELISA 是近年新发展的一种 ELISA 技术,其原理是选用对蛋白质有很强吸附能力的硝酸纤维素薄膜作固相载体,吸附抗原或抗体,底物经酶促反应后形成有色沉淀物使薄膜着色,然后目测或用光密度扫描仪定量。Dot-ELISA 可用来检测抗体,也可用来检测抗原,由于该法检测抗体时操作较其他免疫学试验简便,故目前多用于抗体检测。有直接法和间接法之分。间接法基本操作步骤是将待检血清作 1:1～1:20 稀释,抗原液用微量加样器点滴于硝酸纤维素膜(NC)上,置于 70 ℃经 1 h,然后浸于 10%BSA 的 PBS 中室温摇荡 1 h 封闭,封闭后洗涤 2 次,加入待检血清(适当稀释),37 ℃作用 1～2 h,可以摇荡,洗涤 2 次后,加入酶标抗体,37 ℃摇荡作用 1～2 h,洗涤 3 次后,加底物二氨基联苯胺或 4 氯-1-乙萘酚,15 min 后,流水终止反应,以目视法判断结果。凡显示棕色斑点者为阳性,否则为阴性。以产生棕色斑点反应的最高稀释度为抗原滴度。

Dot-ELISA 法简易,快速,适合于现场应用,有广阔的应用前景。现有的资料初步证明既可以诊断,也可用于考核治疗效果,国内已用于血吸虫病、肝片吸虫病等的诊断,国外还用于旋毛虫病、弓形虫病以及肺孢子虫病的血清学诊断。

8. 免疫酶染色试验(Immunoenzyme technique)

免疫酶染色试验是以含寄生虫病原的组织切片、印片或培养物涂片用作抗原进行过氧化物酶特异免疫染色,然后在光镜下检示样本中的特异性抗体。该方法在蠕虫和原虫感染中均有多种应用。其基本操作过程是将抗原组织做冰冻(5～10 μm)或石蜡连续切片(4～

8 μm)排列于载玻片,经丙酮固定贮存于-20 ℃备用。原虫纯培养亦可制成分隔涂片,方法均同荧光染色法抗原制片。试验时先将抗原片在稀释的过氧化氢溶液浸泡 15 min,除去可能存在于组织中的内源性过氧化物酶;抗原片接着用 PBS 冲洗后经 Tris-HCl 缓冲液(PBS,pH7.6)10 倍稀释的正常兔或羊血清培育 10 min,迅速以 PBS 洗涤后加检测样本(单个或系列稀释度),置湿盒室温(20～25 ℃)或 37 ℃培育 30 min;PBS 洗涤 3 次,每次 5 min,然后加入酶标二抗,结合物中可加入所用抗原组织片供体动物血清约 1/25～1/3 体积,用以阻断可能交叉反应,降低背景色度;抗原片以 PBS 洗涤 3 次后加联苯胺(DAB)底物溶液,室温显色10～15 min 后在光镜下观察反应结果。反应标准:"-",组织内抗原部位不呈现棕红色;"+",组织内抗原部位(如血吸虫肝卵切片中的虫卵)呈现棕红色;"++",局部呈现清晰的棕红色;"+++",呈现非常清晰的棕红色。

免疫酶染色法简单,节省抗原;判断结果不需要特殊仪器;适合于现场应用。可用作辅助诊断、考核疗效、血清流行病学调查及监测疫情。目前主要应用于血吸虫病、丝虫病及囊虫病诊断,也可用来诊断华枝睾吸虫病、肺吸虫病、包虫病和弓形虫病。

9. 放射免疫测定(Radioimmunoassay,RIA)

放射免疫测定是 20 世纪 60 年代初期由 YaloW 和 Barson 创立的一种体外超微量定量分析方法。它将具有高灵敏度的放射性核素示踪技术与高度特异性的抗原抗体反应结合起来,具有灵敏度高、特异性强、重复性好、标本用量小、操作简便等优点,应用范围极广,几乎可以应用于一切具有活性物质的测定。目前普遍应用于体液中微量蛋白质、激素、药物等的测定,在动物寄生虫病的诊断中应用较少。

10. 其他免疫血清反应

(1) 弓形虫病染色试验

染色试验是比较独特的免疫反应,是目前诊断弓形虫病较好的方法,已广泛用于该病的临床诊断和流行病学调查。其原理是新鲜弓形虫滋养体和正常血清混合,在 37 ℃作用 1 h 或室温数小时后,大部分弓形虫失去原来的新月形,而变为圆形或椭圆形,用碱性美蓝染色时着色很深。但新鲜弓形虫和免疫血清混合时,虫体仍保持原有形态,用碱性美蓝染色时,着色很浅或不着色。其原因可能是弓形虫受到特异体抗体和辅助因子协同作用后,虫体细胞变性,结果虫体对碱性美蓝不易着色。

1) 材料和试剂

① 弓形虫速殖子抗原:采集人工接种弓形体 72 h 后的小白鼠腹腔渗出液,加生理盐水,反复离心,洗涤 2～3 次,再以生理盐水混悬,使每毫升悬浮液中含弓形虫约 500 万个。

② 辅助因子:即取健康人血清,预检对其着色影响不超过 10%。

③ 碱性美蓝溶液染液:以美兰在 95% 中的饱和溶液 1 份、pH11 缓冲液 9 份混合。pH11 缓冲液是以 0.53%碳酸钠溶液 97.3 mL 加 1.91%的硼砂溶液 2.7 mL 配制而成。

2) 方法

取被检动物血清,56 ℃水浴 40 min 灭活,用生理盐水作 1∶2,1∶4,1∶16,1∶32 等稀释后各取 0.1 mL,加辅助因子 0.2 mL,再加抗原 0.1 mL 置 37 ℃温箱中 12 h,取出待冷,加美兰染液 2～4 滴,振荡,5～6 min 后取出镜检。吸取每孔悬液 1 滴于载玻片上,加盖玻片,高倍显微镜检查,计数 100 个弓形虫速殖子,统计着色和不着色速殖子比例数。

在以上操作中应该同时设三种对照:

① 生理盐水 0.1 mL＋辅助因子 0.2 mL＋抗原＋美兰染液

② 生理盐水 0.1 mL＋抗原＋美兰染液

③ 生理盐水 0.1 mL＋辅助因子 0.2 mL＋已知阳性血清＋抗原＋美兰染液

3）结果判定

以能使50％弓形虫不着色的血清最高稀释度为该血清染色试验阳性效价。对照管：①应该全部着色；②应 30％着色；③应全部不着色。阳性血清稀释度1∶8 为隐性感染；1∶256 为活动性感染；1∶1 024 为急性感染。猪的判断标准，当 1∶16 时为阳性可疑，1∶64 时为阳性。

（2）环卵沉淀试验（Circumoval precipitin test，COPT）

环卵沉淀试验是以血吸虫整卵为抗原的特异免疫血清学试验，卵内毛蚴或胚胎分泌排泄的抗原物质经卵壳微孔渗出与检测血清内的特异抗体结合，可在虫卵周围形成特殊的复合物沉淀，在光镜下判读反应强度并计数反应卵的百分率称环沉率。

1）方法及步骤

用载玻片或凹玻片进行，加样本血清后，挑取适量鲜卵或干卵（约100～150 个，从感染动物肝分离），覆盖 24 mm×24 mm 盖片，四周用石蜡密封，37 ℃保温 48 h后，低倍镜观察结果，必要时需观察 72 h 的反应结果。典型的阳性反应为泡状、指状、片状或细长卷曲状的折光性沉淀物，边缘整齐，与卵壳牢固粘连。阴性反应必须观察全片；阳性者观察 100 个成熟卵，计环沉率及反应强度比例。环沉率是指 100 个成熟虫卵中出现沉淀物的虫卵数。凡环沉率≥5％者可报告为阳性（在基本消灭和消灭血吸虫病地区环沉率≥3％者可判为阳性），1％～4％者为弱阳性。环沉率在治疗上具有参考意义。

2）分级强度判定

"－"折光淡，与虫卵似连非连；"影状"物（外形不甚规则，低倍镜下有折光，高倍镜下为颗粒状）及出现直径小于 10 μm 的泡状沉淀物者，皆为阴性。

"＋"虫卵外周出现泡状沉淀物（＞10 μm），累计面积小于虫卵面积的 1/2；或呈指状的细长卷曲样沉淀物，不超过虫卵的长径。

"＋＋"虫卵外周出现泡状沉淀物的面积大于虫卵面积的 1/2；或细长卷曲样沉淀相当或超过虫卵的长径。

"＋＋＋"虫卵外周出现泡状沉淀物的面积大于虫卵本身面积；或细长卷曲样沉淀物相当或超过虫卵长径的 2 倍。

近年来对环卵沉淀试验的方法作了一些改进：①双面胶纸条法：将双面胶纸条制特定的式样作环卵沉淀试验，可省略蜡封片法的烦琐步骤，具有操作简易，方法规范，提高工效和避免空气污染的优点。双面胶纸条法已在现场扩大应用，今后若能将该法配套干卵，则更能提高它的应用价值。②血吸虫干卵抗原片（或膜片）环卵沉淀试验：利用环卵抗原活性物质的耐热特性，将分离的纯卵超声和热处理，定量滴加，烤干固定于载玻片或预制的聚乙烯薄膜上。此种干卵膜片，保存时间较长（4 ℃半年），已有市售商品。试验时只需加入血清试样，湿盒孵育，判读结果与常规法相同。干卵膜片法还具有简化操作规程，提高卵抗原的规范要求，并可长期保存等优点。

COPT 可作为诊断血吸虫病的血清学方法之一，作为临床治疗病牛的依据，可用作考核治疗和防治效果，还可用于血清流行病学调查及疫情监测。

实验十二

动物寄生虫病的分子生物学诊断

一、实验目的和要求

本实验以弓形虫病的 PCR 诊断为例介绍动物寄生虫病的分子生物学诊断方法,让学生了解动物寄生虫病的分子生物学 PCR 诊断方法的基本原理和操作步骤。

二、实验材料和仪器设备

(一)实验材料

1. 弓形虫虫株

NT 株(猪源汤山分离株),购自江苏省农科院,本实验室保存。

2. 实验动物

ICR 小鼠(18～22 g),购自扬州大学比较医学中心。

3. NT 株弓形虫 DNA

人工感染 NT 株 ICR 小鼠腹水,按照酚-氯仿法提取 DNA,分光光度计进行定量,分装后保存于 $-20\ ℃$。

4. 试剂

蛋白酶 K(上海 Promega 公司),dNTPs,$MgCl_2$,TaqDNA 聚合酶,DL2000 Marker 购自上海生物工程公司。Genome DNA Extraction Kit(code D9081),购自 TaKaRa 公司(大连)。其他常规试剂均为国产分析纯级,购自扬州市中林生化试剂有限公司。

5. 引物

据 Burg 等(1989)提供的 B1 基因设计并合成 1 对引物:上游引物 P1:5′-GGAACTG-CATCCGTTCATGAG-3′(694～714 bp)和下游引物 P2:5′-TCTTTAAAGCGTTCGTG-GTC-3′(887～868 bp)。该引物扩增片段长度为 194 bp。

据 J. T. Ellis 等(1998)的报告设计并合成第 2 对引物,上游引物 P3 为 5′-CGCTG-CAGGGAGGAAGACGAAAGTTG-3′;下游引物为 P4 5′-CGCTGCAGACACAGTG-CATCTGGATT-3′,PCR 产物的长度 529 bp。

以上两对引物由宝生物工程有限公司(大连)合成,用双蒸水稀释到适宜浓度并冻存于 $-20\ ℃$。

6. 耗材

PCR 管、琼脂糖、Tip 头、冰盒等。

7. 试剂的配制

(1) PBS 缓冲液(pH7.4)。在 800 mL 水中加入 NaCl 18 g,KCl 0.2 g,NaHPO₄ 1.44 g,KH₂PO₄ 0.24 g,以 HCl 调至 pH7.4,加水定容至 1 000 mL。

(2) DNA 提取液。10 mmol/L Tris-HCl pH8.0,0.1 mol/L EDTA(pH8.0),0.5% SDS。

(3) TE 缓冲液(Tris-EDTA 缓冲液)(pH8.0)。10 mmol/L Tris-HCl(pH8.0),1 mol/L EDTA。

(4) 50 mL 0.5 mol/L EDTA(pH8.0)。称取 9.30625 g EDTA,加入 40 mL 双蒸水,加入 NaOH(约 1.3 g)使其 pH8.0,然后加入双蒸水,使其为 50 mL。

(5) 0.1 mol/L Tris-HCl(pH8.0)的配制。称取 Tris 1.214 g,加入双蒸水,用浓 HCl 调整其 pH8.0。

(6) 无 DNA 酶的 RNA 酶的配制。将胰 RNA 酶(RNA 酶 A)溶于 10 mmol/L Tris-HCl(pH7.5)、15 mmol/L NaCl 中,配成 10 mg/mL 的浓度,于 100 ℃ 加热 15 min,缓慢冷却至室温,分装,保存于 -20 ℃。

(7) 10%SDS 的配制。在 900 mL 水中溶解 100 g 电泳级 SDS,加热至 68 ℃ 助溶,加入几滴浓 HCl 调节溶液的 pH 至 7.2,加水定容至 1 000 mL,分装备用。

(8) ACD 抗凝液。柠檬酸 0.84 g,柠檬酸钠 1.32 g,葡萄糖 1.47 g,加水至 100 mL。

(9) TAB 缓冲液。10 mmol/L Tris-HCl pH7.5,10 mmol/L KCl,2 mmol/L EDTA,4 mmol/L MgCl₂。

(10) DNA 加样缓冲液。0.25% 溴酚蓝,0.25% 二甲苯青,15% 聚蔗糖,配制后室温保存。

(11) 饱和酚-氯仿-异戊醇(体积比为 25∶24∶1)。饱和酚 25 份加氯仿 24 份加 1 份异戊醇。

(12) 氯仿-异戊醇(体积比为 24∶1)。氯仿 24 份加 1 份异戊醇。

(二)主要仪器设备

PCR 扩增仪,新加坡生产的 PCR system 2400 型和德国生产的 T-Gradient Thermoblock;电泳仪,北京市六一仪器厂生产的 DYY-2 型稳压稳流电泳仪;凝胶数码成像系统,上海天能科技有限公司生产,CIS-2000 型;冷冻离心机,上海安亭科学仪器厂生产,型号为 TGL16G-A 型;普通超净工作台;漩涡振荡器;各量程移液器;普通水浴锅;电子天平;微波炉。

三、实验方法和步骤

1. 猪组织样品的采集

活畜或屠宰动物的组织样品如肺和肺门淋巴结、腹水或者抗凝全血,无菌采集待检样品,4 ℃ 保存待检。

2. 组织内弓形虫模板 DNA 的制备

取肺及肺门淋巴结组织各 1 g,去掉筋膜,剪碎,加入 1 mL 裂解液,以匀浆器研磨成细胞匀浆,加入蛋白酶 K 使其终浓度为 $100\ \mu g/mL$,$55\ ℃$ 水浴 2 h,不时摇振。取出水浴中的指形管,加等体积饱和酚-氯仿-异戊醇,上下缓慢颠倒 10 次,室温下 $12\,000\ r/min$ 离心 5 min。再吸取上层水相,置于另一指形管中,加入等体积氯仿,轻轻混匀,$12\,000\ r/min$ 离心 5 min。吸取上层液相,置于另一指形管中,加入等体积氯仿,轻轻混匀,$12\,000\ r/min$ 离心 5 min。再吸取上层液相,置于另一指形管中,加入 2 倍体积的无水乙醇,置于 $-20\ ℃$ 15 min 以上,沉淀 DNA。取出指形管,$4\ ℃$ 下 $12\,000\ r/min$ 离心 2 min。吸出上清液。加入 70% 乙醇至管的 2/3 体积,轻弹指形管混匀。$4\ ℃$ 下,$12\,000\ r/min$ 离心 2 min,吸去上清液。并吹去酒精,将 DNA 沉淀溶于 $30\ \mu L$ TE 缓冲液中,加 $1\ \mu L$ RNA 酶。此 DNA 置于 $-20\ ℃$ 保存备用。

3. 腹腔液细胞 DNA 的提取

在离心管中的腹腔液的底部,加入等体积的淋巴细胞分离液,$1\,000\ r/min$ 离心 2 min。吸取离心管内中间白色层带,置于另一指形管内,$2\,000\ r/min$ 离心 20 min。倾去上清液,加入 PBS,混匀,$1\,500\ r/min$ 离心 10 min。重复洗涤 3 次。倾去上清液,将沉淀物转移到另一指形管中,加入 DNA 提取液 $500\ \mu L$。$37\ ℃$ 温育 1 h。加蛋白酶 K,使其终浓度为 $100\ \mu g/mL$,$55\ ℃$ 水浴 2 h。取出水浴中的指形管,冷却至室温,加等体积饱和酚-氯仿-异戊醇(25∶24∶1),上下缓慢颠倒 10 次,室温下,$12\,000\ r/min$ 离心 5 min。吸取上层水相,置于另一指形管中,在此管中加入等体积氯仿-异戊醇(24∶1),轻轻混匀,$12\,000\ r/min$ 离心 5 min。吸取上层水相,置于另一指形管中,在此管中加入等体积氯仿,轻轻混匀,$12\,000\ r/min$ 离心 5 min。吸取上层水相,置于另一指形管中,在此管中加入 2 倍体积的 $-20\ ℃$ 下保存的无水乙醇,置于 $-20\ ℃$ 冰箱内 15 min 以上,沉淀 DNA(或置于 $-20\ ℃$ 过夜)。取出指形管,$4\ ℃$ 下,$12\,000\ r/min$ 离心 2 min。$45°$ 角倾斜,吸出乙醇。加入 70% 乙醇至管的 2/3 体积,轻弹指形管混匀。$4\ ℃$ 下,$12\,000\ r/min$ 离心 2 min,吸去上清(可多洗几次,以除去杂质及离子)。将 DNA 沉淀溶于 $30\ \mu L$ 双蒸水或 TE 缓冲液(Tris-EDTA 缓冲液,pH8.0)中,加 RNA 酶 $1\ \mu L$。分光光度计定量并分装于 $-20℃$ 冻存。计算 DNA 含量。

4. 抗凝全血中白细胞 DNA 的提取

参照腹水 DNA 提取方法,组织和细胞中 DNA 提取也可参照试剂盒的步骤进行。

5. PCR 扩增

PCR 反应体系总体积 $50\ \mu L$,内含 $10×$ PCR 缓冲液 $5\ \mu L$,$10\ mmol/L$ dNTP $1\ \mu L$,$25\ mmol/L$ MgCl$_2$ $2\ \mu L$,上下游引物各 25 pmol,模板 DNA $2\ \mu L$,*Taq* 酶 2U,补充去离子水至 $50\ \mu L$。上述反应混合物于 $94\ ℃$ 预变性 7 min。然后进行 $94\ ℃×45\ s$,$56\ ℃×1\ min$,$72\ ℃×1\ min$ 处理,重复 30 个循环后 $72\ ℃$ 延伸 7 min。每次试验分别设置阳性对照,即模板 DNA 是已知 NT 株弓形虫 DNA、阴性对照即模板 DNA 是已知非弓形虫 DNA 及空白对照即不加任何模板 DNA 对照。

单一 PCR 时,在上述体系中加入 P1 及 P2,或 P3 及 P4,双重 PCR 时,同时加入 P1、P2、P3、P4,将去离子水的体积调整总体积为 $50\ \mu L$,其余多组分体积不变。

6. 扩增产物的分析

用 TAB 缓冲液配制 1.5% 琼脂糖凝胶,加入溴化乙锭,使溴化乙锭浓度达到 0.5%,在微波炉内加热溶解,取出冷却至 $50\ ℃$ 左右,浇板。在琼脂板上插入塑料梳子,待冷凝后拔出。在每个孔内加入扩增产物 $20\ \mu L$(预先加入 $4\ \mu L$ 缓冲液混匀),同时设立阳性对照和阴性对照,DNA Marker,将琼脂板置于电泳仪的电泳槽内,在 $70\sim100V$ 下电泳 1 h,取出,在紫外透射仪下观察记录结果。单一 PCR 阳性样品中应该出现图 12-1 和图 12-2 的电泳图谱,双重 PCR 阳性样品中应该出现图 12-3 的电泳图谱。

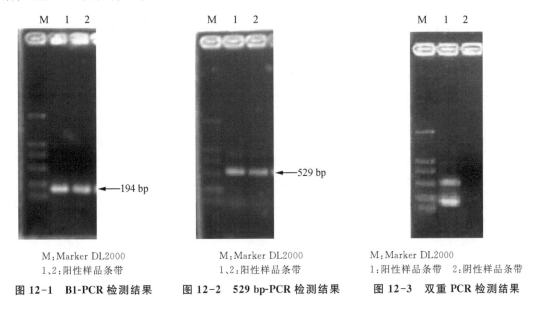

M：Marker DL2000
1、2：阳性样品条带
图 12-1　B1-PCR 检测结果

M：Marker DL2000
1、2：阳性样品条带
图 12-2　529 bp-PCR 检测结果

M：Marker DL2000
1：阳性样品条带　2：阴性样品条带
图 12-3　双重 PCR 检测结果

四、注意事项

(1) 实验前请认真了解有关 PCR 技术的原理、操作步骤和注意事项。

(2) 实验中以小组为单位进行,严格按照分子生物学操作要求进行操作,各种试剂需要在冰盒中进行操作的请严格按照要求进行,注意做好各种标记,防止发生交叉污染。

(3) PCR 仪、凝胶数码成像系统等高值仪器的使用请在指导教师的指导下进行。

(4) 凝胶电泳分析时凝胶中含有 EBC 有潜在的致癌性,勿用手直接接触,操作时应戴手套,废弃胶应集中处理,勿乱丢。

五、作业

按研究性论文格式写出实验报告。

附：聚合酶链反应
(Polymerase Chain Reaction，PCR)简介

分子生物学技术是近 10 年来建立与正在发展的新技术。用于动物寄生虫病的分子生物学诊断技术主要有两种：PCR 和 DNA 探针技术。PCR 是 20 世纪 80 年代中期发展起来的体外核酸扩增技术。它具有特异、敏感、产率高、快速、简便、重复性好、易自动化等突出优点，能在一个试管内将所要研究的目的基因或某一 DNA 片段于数小时内扩增至十万乃至百万倍，使肉眼能直接观察和判断，可从一根毛发、一滴血、甚至一个细胞中扩增出足量的 DNA 供分析研究和检测鉴定。过去几天几星期才能做到的事情，用 PCR 几小时便可完成。PCR 技术是生物医学领域中的一项革命性创举和里程碑。

一、发展历史

核酸研究已有 100 多年的历史，20 世纪 60 年代末、70 年代初人们致力于研究基因的体外分离技术，Korana 于 1971 年最早提出核酸体外扩增的设想："经过 DNA 变性，与合适的引物杂交，用 DNA 聚合酶延伸引物，并不断重复该过程便可克隆 tRNA 基因"。

1985 年美国 PE-Cetus 公司人类遗传研究室的 Mullis 等发明了具有划时代意义的聚合酶链反应。其原理类似于 DNA 的体内复制，只是在试管中给 DNA 的体外合成提供一种合适的条件——模板 DNA，寡核苷酸引物，DNA 聚合酶，合适的缓冲体系，DNA 变性、复性及延伸的温度与时间。

Mullis 最初使用的 DNA 聚合酶是大肠杆菌 DNA 聚合酶 I 的 Klenow 片段，其缺点：①Klenow 酶不耐高温，90 ℃会变性失活，每次循环都要重新加。②引物链延伸反应在 37 ℃下进行，容易发生模板和引物之间的碱基错配，其 PCR 产物特异性较差，合成的 DNA 片段不均一。此种以 Klenow 酶催化的 PCR 技术虽较传统的基因扩增具备许多突出的优点，但由于 Klenow 酶不耐热，在 DNA 模板进行热变性时，会导致此酶钝化，每加入一次酶只能完成一个扩增反应周期，给 PCR 技术操作程序添了不少困难。这使得 PCR 技术在一段时间内没能引起生物医学界的足够重视。1988 年初，Keohanog 改用 T4 DNA 聚合酶进行 PCR，其扩增的 DNA 片段很均一，真实性也较高，只有所期望的一种 DNA 片段。但每循环一次，仍需加入新酶。1988 年 Saiki 等从温泉中分离的一株水生嗜热杆菌(*thermus aquaticus*)中提取到一种耐热 DNA 聚合酶。此酶具有以下特点：①耐高温，在 70 ℃下反应 2 h 后其残留活性大于原来的 90%，在 93 ℃下反应 2 h 后其残留活性是原来的 60%，在 95 ℃下反应 2 h 后其残留活性是原来的 40%。②在热变性时不会被钝化，不必在每次扩增反应后再加新酶。③大大提高了扩增片段特异性和扩增效率，增加了扩增长度(2.0 kb)。由于提高了扩增的特异性和效率，因而其灵敏性也大大提高。为与大肠杆菌多聚酶 I Klenow 片段区别，将此酶命名为 *Taq* DNA 多聚酶(*Taq* DNA Polymerase)。此酶的发现使 PCR 广泛地被应用。

二、PCR 技术的基本原理

类似于 DNA 的天然复制过程,其特异性依赖于与靶序列两端互补的寡核苷酸引物。PCR 由变性—退火—延伸三个基本反应步骤构成:①模板 DNA 的变性:模板 DNA 经加热至 93 ℃左右一定时间后,使模板 DNA 双链或经 PCR 扩增形成的双链 DNA 解离,使之成为单链,以便它与引物结合,为下轮反应做准备;②模板 DNA 与引物的退火(复性):模板 DNA 经加热变性成单链后,温度降至 55 ℃左右,引物与模板 DNA 单链的互补序列配对结合;③引物的延伸:DNA 模板-引物结合物在 *Taq* DNA 聚合酶的作用下,以 dNTP 为反应原料,靶序列为模板,按碱基配对与半保留复制原理,合成一条新的与模板 DNA 链互补的"半保留复制链"。重复循环变性—退火—延伸三过程,就可获得更多的"半保留复制链",而且这种新链又可成为下次循环的模板。每完成一个循环需 2～4 min,2～3 h 就能将待扩目的基因扩增放大几百万倍。到达平台期(Plateau)所需循环次数取决于样品中模板的拷贝。

三、PCR 的反应动力学

PCR 的三个反应步骤反复进行,使 DNA 扩增量呈指数上升。反应最终的 DNA 扩增量可用 $Y=(1+X)n$ 计算。Y 代表 DNA 片段扩增后的拷贝数,X 表示平均每次的扩增效率,n 代表循环次数。平均扩增效率的理论值为 100%,但在实际反应中平均效率达不到理论值。反应初期,靶序列 DNA 片段的增加呈指数形式,随着 PCR 产物的逐渐积累,被扩增的 DNA 片段不再呈指数增加,而进入线性增长期或静止期,即出现"停滞效应",这种效应称平台期。

四、PCR 扩增产物

可分为长产物片段和短产物片段两部分。短产物片段的长度严格地限定在两个引物链 5′端之间,是需要扩增的特定片段。短产物片段和长产物片段是由于引物所结合的模板不一样而形成的,以一个原始模板为例,在第一个反应周期中,以两条互补的 DNA 为模板,引物是从 3′端开始延伸,其 5′端是固定的,3′端则没有固定的止点,长短不一,这就是"长产物片段"。进入第二周期后,引物除与原始模板结合外,还要同新合成的链(即"长产物片段")结合。引物在与新链结合时,由于新链模板的 5′端序列是固定的,这就等于这次延伸的片段 3′端被固定了止点,保证了新片段的起点和止点都限定于引物扩增序列以内,形成长短一致的"短产物片段"。不难看出"短产物片段"是按指数倍数增加,而"长产物片段"则以算术倍数增加,几乎可以忽略不计,这使得 PCR 的反应产物不需要再纯化,就能保证足够纯 DNA 片段供分析与检测用。

五、标准的 PCR 反应体系:

10×扩增缓冲液	10 μL
4 种 dNTP 混合物各	200 μm

引物各	10～100 pmol
模板 DNA	0.1～2 μg
Taq DNA 聚合酶	2.5 U
Mg^{2+}	1.5 μm
加双或三蒸水至	100 uL

六、PCR 反应五要素

参加 PCR 反应的物质主要有五种，即引物、酶、dNTP、模板和 Mg^{2+}。

引物：引物是 PCR 特异性反应的关键，PCR 产物的特异性取决于引物与模板 DNA 互补的程度。理论上，只要知道任何一段模板 DNA 序列，就能按其设计互补的寡核苷酸链做引物，利用 PCR 就可将模板 DNA 在体外大量扩增。

设计引物应遵循以下原则：

①引物长度：15～30 bp，常用为 20 bp 左右。

②引物扩增跨度：以 200～500 bp 为宜，特定条件下可扩增长至 10 kb 的片段。

③引物碱基：G＋C 含量以 40%～60% 为宜，G＋C 太少扩增效果不佳，G＋C 过多易出现非特异条带。A、T、G、C 最好随机分布，避免 5 个以上的嘌呤或嘧啶核苷酸的成串排列。

④避免引物内部出现二级结构，避免两条引物间互补，特别是 3′端的互补，否则会形成引物二聚体，产生非特异的扩增条带。

酶及其浓度：目前有两种 *Taq* DNA 聚合酶供应，一种是从栖热水生杆菌中提纯的天然酶，另一种为大肠菌合成的基因工程酶。催化一典型的 PCR 反应约需酶量 2.5U（指总反应体积为 100 μL 时），浓度过高可引起非特异性扩增，浓度过低则合成产物量减少。

dNTP 的质量与浓度：dNTP 的质量与浓度和 PCR 扩增效率有密切关系，dNTP 粉呈颗粒状，如保存不当易变性失去生物学活性。dNTP 溶液呈酸性，使用时应配成高浓度后，以 1M NaOH 或 1M Tris-HCL 的缓冲液将其 pH 调节到 7.0～7.5，小量分装，－20 ℃冰冻保存。多次冻融会使 dNTP 降解。在 PCR 反应中，dNTP 应为 50～200 μm，尤其是注意 4 种 dNTP 的浓度要相等（等摩尔配制），如其中任何一种浓度不同于其他几种时（偏高或偏低），就会引起错配。浓度过低又会降低 PCR 产物的产量。dNTP 能与 Mg^{2+} 结合，使游离的 Mg^{2+} 浓度降低。

模板（靶基因）核酸：模板核酸的量与纯化程度，是 PCR 成败与否的关键环节之一，传统的 DNA 纯化方法通常采用 SDS 和蛋白酶 K 来消化处理标本。SDS 的主要功能是：溶解细胞膜上的脂类与蛋白质，因而溶解膜蛋白而破坏细胞膜，并解离细胞中的核蛋白，SDS 还能与蛋白质结合而沉淀；蛋白酶 K 能水解消化蛋白质，特别是与 DNA 结合的组蛋白，再用有机溶剂酚与氯仿抽提掉蛋白质和其他细胞组分，用乙醇或异丙醇沉淀核酸。提取的核酸即可作为模板用于 PCR 反应。一般临床检测标本，可采用快速简便的方法溶解细胞，裂解病原体，消化除去染色体的蛋白质使靶基因游离，直接用于 PCR 扩增。RNA 模板提取一般采用异硫氰酸胍或蛋白酶 K 法，要防止 RNase 降解 RNA。

Mg^{2+} 浓度：Mg^{2+} 对 PCR 扩增的特异性和产量有显著的影响，在一般的 PCR 反应中，各种 dNTP 浓度为 200 μm 时，Mg^{2+} 浓度为 1.5～2.0 mm 为宜。Mg^{2+} 浓度过高，反应特异性降低,出现非特异扩增,浓度过低会降低 *Taq* DNA 聚合酶的活性,使反应产物减少。

七、PCR 反应条件的选择

PCR 反应条件为温度、时间和循环次数。

温度与时间的设置:基于 PCR 原理三步骤而设置变性—退火—延伸三个温度点。在标准反应中采用三温度点法,双链 DNA 在 90～95 ℃变性,再迅速冷却至 40～60 ℃,引物退火并结合到靶序列上,然后快速升温至 70～75 ℃,在 *Taq* DNA 聚合酶的作用下,使引物链沿模板延伸。对于较短靶基因(长度为 100～300 bp 时)可采用二温度点法,除变性温度外、退火与延伸温度可合二为一,一般采用 94 ℃变性,65 ℃左右退火与延伸(此温度 *Taq* DNA 酶仍有较高的催化活性)。

①变性温度与时间:变性温度低,解链不完全是导致 PCR 失败的最主要原因。一般情况下,93～94 ℃ min 足以使模板 DNA 变性,若低于 93 ℃则需延长时间,但温度不能过高,因为高温环境对酶的活性有影响。此步若不能使靶基因模板或 PCR 产物完全变性,就会导致 PCR 失败。

②退火(复性)温度与时间:退火温度是影响 PCR 特异性的较重要因素。变性后温度快速冷却至 40～60 ℃,可使引物和模板发生结合。由于模板 DNA 比引物复杂得多,引物和模板之间的碰撞结合机会远远高于模板互补链之间的碰撞。退火温度与时间,取决于引物的长度、碱基组成及其浓度,还有靶基序列的长度。对于 20 个核苷酸,G+C 含量约 50%的引物,55 ℃为选择最适退火温度的起点较为理想。引物的复性温度可通过以下公式帮助选择合适的温度:Tm 值(解链温度)=4(G+C)+2(A+T),复性温度=Tm 值-(5～10 ℃)。在 Tm 值允许范围内,选择较高的复性温度可大大减少引物和模板间的非特异性结合,提高 PCR 反应的特异性。复性时间一般为 30～60 s,足以使引物与模板之间完全结合。

③延伸温度与时间:PCR 反应的延伸温度一般选择在 70～75 ℃之间,常用温度为 72 ℃,过高的延伸温度不利于引物和模板的结合。PCR 延伸反应的时间,可根据待扩增片段的长度而定,一般 1 kb 以内的 DNA 片段,延伸时间 1 min 是足够的。3～4 kb 的靶序列需 3～4 min;扩增 10 kb 需延伸至 15 min。延伸时间过长会导致非特异性扩增带的出现。对低浓度模板的扩增,延伸时间要稍长些。

循环次数:循环次数决定 PCR 扩增程度。PCR 循环次数主要取决于模板 DNA 的浓度。一般的循环次数选在 30～40 次之间,循环次数越多,非特异性产物的量亦随之增多。

八、PCR 反应特点

特异性强:PCR 反应的特异性决定因素为:①引物与模板 DNA 特异正确的结合;②碱基配对原则;③*Taq* DNA 聚合酶合成反应的忠实性;④靶基因的特异性与保守性。其中引物与模板的正确结合是关键。引物与模板的结合及引物链的延伸是遵循碱基配对原则的。聚合酶合成反应的忠实性及 *Taq* DNA 聚合酶耐高温性,使反应中模板与引物的结合(复性)可以在较高的温度下进行,结合的特异性大大增加,被扩增的靶基因片段也就能保持很高的正确度。再通过选择特异性和保守性高的靶基因区,其特异性程度就更高。为了更精确特异地诊断寄生虫病,有时可以在同一 PCR 反应体系中加入两对或两对以上的特异性引物,即为双重 PCR 或多重 PCR。

灵敏度高:PCR 产物的生成量是以指数方式增加的,能将皮克($pg=10^{-12}$)量级的起始待测模板扩增到微克($\mu g=10^{-6}$)水平,能从 100 万个细胞中检出一个靶细胞;在病毒的检测中,PCR 的灵敏度可达 3 个 RFU(空斑形成单位);在细菌学中最小检出率为 3 个细菌。

简便、快速:PCR 反应用耐高温的 *Taq* DNA 聚合酶,一次性地将反应液加好后,即在 DNA 扩增液和水浴锅上进行变性—退火—延伸反应,一般在 2~4 h 完成扩增反应。扩增产物一般用电泳分析,不一定要用同位素,无放射性污染、易推广。

对标本的纯度要求低:不需要分离病毒或细菌及培养细胞,DNA 粗制品及总 RNA 均可作为扩增模板。可直接用临床标本如血液、体腔液、洗嗽液、毛发、细胞、活组织等粗制的 DNA 扩增检测。

九、PCR 扩增产物的分析

PCR 产物是否为特异性扩增,其结果是否准确可靠,必须对其进行严格的分析与鉴定,才能得出正确的结论。PCR 产物的分析,可依据研究对象和目的不同而采用不同的分析方法。

凝胶电泳分析:PCR 产物电泳,EB 溴乙锭染色紫外仪下观察,初步判断产物的特异性。PCR 产物片段的大小应与预计的一致,特别是多重 PCR,应用多对引物,其产物片段都应符合预计的大小,这是起码条件。琼脂糖凝胶电泳:通常应用 1%~2% 的琼脂糖凝胶,供检测用。聚丙烯酰胺凝胶电泳:6%~10% 聚丙烯酰胺凝胶电泳分离效果比琼脂糖好,条带比较集中,可用于科研及检测分析。

酶切分析:根据 PCR 产物中限制性内切酶的位点,用相应的酶切、电泳分离后,获得符合理论的片段,此法既能进行产物的鉴定,又能对靶基因分型,还能进行变异性研究。

分子杂交:分子杂交是检测 PCR 产物特异性的有力证据,也是检测 PCR 产物碱基突变的有效方法。Southern 印迹杂交:在两引物之间另合成一条寡核苷酸链(内部寡核苷酸)标记后做探针,与 PCR 产物杂交。此法既可作特异性鉴定,又可以提高检测 PCR 产物的灵敏度,还可知其分子量及条带形状,主要用于科研。斑点杂交:将 PCR 产物点在硝酸纤维素膜或尼膜薄膜上,再用内部寡核苷酸探针杂交,观察有无着色斑点,主要用于 PCR 产物特异性鉴定及变异分析。

核酸序列分析:是检测 PCR 产物特异性的最可靠方法,可以将扩增到的 DNA 片段加以回收,克隆到相应载体或纯化后进行 DNA 测序比较分析。

十、PCR 失败原因及对策

(一)假阴性

PCR 反应的关键环节有:①模板核酸的制备;②引物的质量与特异性;③酶的质量;④PCR 循环条件。寻找假阴性原因可以针对上述环节进行分析研究,具体分析可能有以下原因。

1.模板:①模板中含有杂蛋白质;②模板中含有 *Taq* 酶抑制剂;③模板中蛋白质没有消化除净;特别是染色体中的组蛋白;④在提取制备模板时丢失过多,或吸入酚;⑤模板核酸变性不彻底。在酶和引物质量好时,不出现扩增带,极有可能是标本的消化处理,模板核酸提取过程出了毛病,因而要配制有效而稳定的消化处理液,其程序亦应固定不宜随意更改。

2.酶:失活需更换新酶,或新旧两种酶同时使用,以分析是否因酶的活性丧失或不够而导致假阴性。需注意的是有时忘加 *Taq* 酶或溴乙锭。

3.引物:引物质量、引物的浓度、两条引物的浓度是否对称,是 PCR 失败或扩增条带不理想、容易弥散的常见原因。有些批号的引物合成质量有问题,两条引物一条浓度高,一条浓度低,造成低效率的不对称扩增,对策为:①选定一个好的引物合成单位。②引物的浓度不仅要看 OD 值,更要注重引物原液做琼脂糖凝胶电泳,一定要有引物条带出现,而且两引物带的亮度应大体一致,如一条引物有条带,一条引物无条带,此时做 PCR 有可能失败,应和引物合成单位协商解决。如一条引物亮度高,一条亮度低,在稀释引物时要平衡其浓度。③引物应高浓度小量分装保存,防止多次冻融或长期放冰箱冷藏部分,导致引物变质降解失效。④引物设计不合理,如引物长度不够,引物之间形成二聚体等。

4.Mg^{2+} 浓度:Mg^{2+} 离子浓度对 PCR 扩增效率影响很大,浓度过高可降低 PCR 扩增的特异性,浓度过低则影响 PCR 扩增产量甚至使 PCR 扩增失败而不出扩增条带。

5.反应体积的改变:通常进行 PCR 扩增采用的体积为 20 μL、30 μL、50 μL 或 100 μL,应用多大体积进行 PCR 扩增,是根据科研和临床检测不同目的而设定,在先做小体积如 20 μL 后,再做大体积时,一定要摸索条件,否则容易失败。

6.物理原因:变性对 PCR 扩增来说相当重要,如变性温度低,变性时间短,极有可能出现假阴性;退火温度过低,可致非特异性扩增而降低特异性扩增效率;退火温度过高影响引物与模板的结合而降低 PCR 扩增效率。有时还有必要用标准的温度计,检测一下扩增仪或水溶锅内的变性、退火和延伸温度,温度不合适也是 PCR 失败的原因之一。

7.靶序列变异:如靶序列发生突变或缺失,影响引物与模板特异性结合,或因靶序列某段缺失使引物与模板失去互补序列,其 PCR 扩增是不会成功的。

(二)假阳性

出现的 PCR 扩增条带与目的靶序列条带一致,有时其条带更整齐,亮度更高。具体原因可能为以下几个方面:

1.引物设计不合适:选择的扩增序列与非目的扩增序列有同源性,因而在进行 PCR 扩增时,扩增出的 PCR 产物为非目的性的序列。靶序列太短或引物太短,容易出现假阳性。需重新设计引物。

2.靶序列或扩增产物的交叉污染:这种污染有多种原因:标本间交叉污染、PCR 试剂的污染、气溶胶污、PCR 扩增产物污染等,其中后者是 PCR 反应中最主要最常见的污染问题,因为 PCR 产物拷贝量大(一般为 1 013 拷贝 /mL),远远高于 PCR 检测数个拷贝的极限,所以极微量的 PCR 产物污染,就可造成假阳性。试验时候应该设立阳性对照和阴性对照,阴性对照包括:①标本对照,被检的标本是血清就用鉴定后的正常血清作对照;被检的标本是组织细胞就用相应的组织细胞作对照。②试剂对照,在 PCR 试剂中不加模板 DNA 或 RNA,进行 PCR 扩增,以监测试剂是否污染。另外要做到合理分隔实验室、吸样过程防止污染、小心预混和分装 PCR 试剂、防止操作人员操作污染、减少 PCR 循环次数、选择质量好的 Eppendorf 管等措施。

(三)出现非特异性扩增带

PCR 扩增后出现的条带与预计的大小不一致,或大或小,或者同时出现特异性扩增带与非特异性扩增带。非特异性条带的出现,其原因:一是引物与靶序列不完全互补或引物聚合形成二聚体。二是 Mg^{2+} 离子浓度过高、退火温度过低及 PCR 循环次数过多。三是酶的质和量,往往一些来源的酶易出现非特异条带而另一来源的酶则不出现,酶量过多有时也会出现非特异性扩增。其对策:①必要时重新设计引物。②减低酶量或调换另一来源的酶。③降低引物量,适当增加模板量,减少循环次数。④适当提高退火温度或采用二温度点法(93 ℃变性,65 ℃左右退火与延伸)。

(四)出现片状拖带或涂抹带

PCR 扩增有时出现涂抹带、片状带或地毯样带。其原因往往是酶量过多或酶的质量差,dNTP 浓度过高,Mg^{2+} 浓度过高,退火温度过低,循环次数过多等。其对策有:①减少酶量,或调换另一来源的酶。②减少 dNTP 的浓度。③适当降低 Mg^{2+} 浓度。④增加模板量,减少循环次数。

另外,除 PCR 技术外,分子生物学方法中的 DNA 探针技术也常用于动物寄生虫病的诊断。其基本原理是:某种虫体具有特异性的 DNA 序列,而 DNA 两个互补链在一定条件下可变性,变性后的非标记单链 DNA(或 RNA)和标记的单链 DNA(DNA 探针)又有按碱基顺序互补配对的特点,在一定条件下可以复性,使它们在互补的碱基之间形成氢键,从而将两条单链联结起来,形成一种 DNA-DNA(或 DNA-RNA)的双链杂交分子,再将未配对结合的标记探针洗脱,然后用不同的检测系统(依据探针 DNA 的标记物而定)检测杂交反应结果。由于 DNA 碱基互补的精确性,经变性处理的单链 DNA 探针仅与互补的单链 DNA 发生杂交反应,这就构成了 DNA 探针的特异性。标记 DNA 可用放射性同位素(如 32p),也可用生物素,一般前者比后者敏感,但后者实验室设备相对简单,保存时间长,且对人无害。近来较多使用地高辛,它既敏感,又对人无害。该法敏感性达到检出 DNA 量可以 pg 计。

动物驱虫及寄生虫学剖检试验

一、实验目的和要求

以家禽为例,通过实验,掌握动物驱虫和寄生虫学剖检的方法;掌握寄生虫的感染率、感染强度、药物的驱虫率、驱净率等概念;了解寄生虫虫体标本的采集、固定和保存的基本方法。

二、实验材料与器材

1. 实验动物:散养的鸡、鸭或鹅(从农村农户收购)10 只。
2. 实验药物:咪唑类药物原粉 2 g。
3. 笼具与饲料:笼具一套,饲料 25 kg。
4. 试剂:饱和食盐水 500 mL、福尔马林 250 mL、70%酒精 250 mL。巴氏液:福尔马林 30 g、食盐 7.5 g、水 1 000 mL。甘油酒精:70%酒精 95 mL、甘油 5 mL。贝氏液:蒸馏水 35 mL、甘油 20 mL、水合氯醛 20 g、糖浆 3 mL、阿拉伯胶 20 g、酸性复红液 10 滴,顺序混合溶解后加热浓缩到胶状。
5. 仪器:显微镜每人一架、放大镜每人一个。
6. 其他器材:白搪瓷盆、载玻片与盖玻片,镊子、普通剪刀和肠剪各 1 把,不锈钢盆 2 只,40 目网筛 2 只,培养皿 5 个,挑虫针 5 根,标本瓶 2 只,100 mL 烧杯 2 只,棉线若干,标签纸 2 张。

以上动物、器械每组 1 套。

三、实验方法和步骤

(一)动物驱虫

1. 实验动物的选择与分组:购买消瘦、生长缓慢、未经驱虫的农户散养鸡(或鸭和鹅),用饱和食盐水漂浮法逐羽粪检及用麦克马斯特氏法虫卵计数得出 EPG,根据感染虫种和强度,分驱虫组和对照组。
2. 药物称取、投服和临床观察:逐羽称重,按选定药物的规定剂量称取药物,逐只投服。

投药后每天观察鸡的精神、食欲、排粪等情况，并在用药后每天收集各试验组的粪便，以水洗沉淀法处理后再找出排出的虫体并计数，直至停止排虫，以了解排出的情况和排虫高峰。给药后 8 d，按寄生虫学剖检法找虫。

（二）寄生虫学剖检法

1. 体表与血液检查

在动物扑杀后，首先制作血片，染色检查。然后仔细检查体表，观察有无体表寄生虫。

2. 皮肤、皮下组织、眼睛、天然孔的检查

家禽拔除羽毛，检查皮肤表面，遇到肿胀、包囊时应作专门检查，主要检查皮下有无鸟龙线虫（水禽）。检查眼和结膜腔，有无嗜眼吸虫、孟氏尖旋线虫等感染。（哺乳动物剥皮，检查皮下有无龙线虫、牛皮蝇蛆、牛丝虫等。）

3. 胸腔和腹腔的打开

打开体腔，用水将羽毛浸湿，拔除胸、颈部位羽毛，切开大腿与腹部相连的皮肤，用力将大腿向外翻压直至髋关节脱臼，使尸体背卧平放于瓷盘上，剪开颈部皮肤、腹部皮肤并打开胸腔和腹腔。打开胸腔和腹腔时，从剑状软骨的后缘剪一小口，分别向两侧向前沿肋骨和肋软骨的交界处剪开并向前掰断胸骨，然后沿小口向后打开腹腔，打开胸腔和腹腔注意勿剪破内部脏器如肝脏、肠道等。并分别剥离和摘出全部的消化器官、呼吸器官、泌尿生殖器官、法氏囊、心脏及较大的血管（哺乳动物）。哺乳动物的胸腔和腹腔打开后还要收集胸水与腹水，沉淀后观察有无寄生虫。

4. 内脏器官的检查

内脏器官实质分两类，一类是腔道器官如胃、肠等，检查时候在水中剪开，将内容物洗入水中，对黏膜仔细检查，对洗下的内容物则反复加水沉淀，等液体澄清后取沉淀检查。另一类是实质器官如肝脏、肺脏等，则首先在温水中用手撕碎挤压，取液体反复沉淀检查。

（1）呼吸系统

用剪刀剪开鼻腔、喉头、气管，先用肉眼观察，然后刮取黏液以扩大镜检。对于家禽，主要检查气管和喉头有无舟形嗜气管吸虫和比翼线虫，羊则检查有无狂蝇蛆，肺为实质器官，检查方法与肝脏等实质器官相同，具体方法见消化系统部分，家禽肺脏可以不检查，哺乳动物的肺脏主要检查有无肺吸虫或肺线虫。

（2）消化系统

首先将消化到附着的肝脏、胰腺取出，家禽主要检查肝脏的胆囊，将胆囊剪开，检查有无次睾吸虫，其肝脏、胰腺可以不检查。对于哺乳动物的肝脏和胰腺，首先在水中打开胆管或胰管，检查其中有无虫体，然后在水中将组织撕成小块，并用手挤压，而后去除小块组织，将液体倒入铜筛中冲洗，而后倒扣于不锈钢盆中，加水，反复洗涤，然后用培养皿舀出检查虫体。

消化道的检查首先将各段消化道分段取出，如家禽分食道、嗉囊、腺胃和肌胃、小肠、盲肠和直肠等，将食道、嗉囊、腺胃、肌胃、小肠、盲肠与直肠以及肝脏和胰脏分别结扎剥离，分别置于各个容器内。管腔器官的检查方法基本相同，首先在水中用剪刀打开管腔，用拇指将内容物刮到水中，倒入铜筛中冲洗，而后倒扣于不锈钢盆中，加水，再倒扣于不锈钢盆中，反复洗涤，最后用培养皿舀出检查虫体，注意绦虫应该连同肠壁一起剪下，以免头节断裂，影响虫体鉴定。嗉囊和肌胃有内容物应先倒去内容物。对于家禽，一般来说，消化道的虫体种类和数量均较多,如食道和嗉囊中毛细线虫较多,腺胃和肌胃中华首线虫、四棱线虫和裂口线虫较多,小肠中有蛔虫、吸虫和各种绦虫等,盲肠与直肠有吸虫和线虫等。

（3）生殖系统

主要检查家禽输卵管有无前殖吸虫,方法同肠管的检查。家畜如牛怀疑胎儿毛滴虫或马媾疫应刮下生殖道黏膜或分泌物,涂片染色后镜检,检查方法参考实验十的附录部分。家禽法氏囊与输卵管检查方法相同。

（4）泌尿系统(哺乳动物)

切开肾脏。先肉眼观察肾盂,再刮取肾盂黏膜检查,用剪刀剪开输尿管、膀胱和尿道,检查黏膜及下层有无包囊,收集尿液,用反复沉淀法检查有无虫体。

（5）其他内脏器官的检查(哺乳动物)

脑:劈开颅骨,检查有无多头蚴和猪肉囊尾蚴。

心脏和大血管:剖开将内容物洗于生理盐水,用反复沉淀法检查。心肌切成薄片压片检查。注意在进行血吸虫个别寄生虫剖检时往往采取血管灌注集虫法进行,详细的方法请参考相关的资料。

膈脚:先肉眼检查,见有白色针尖大小的可疑物,置于玻片上压片镜检。

5. 蠕虫的固定与保存的基本方法

这里介绍简单的方法,详细的方法见附录。

线虫:大型线虫用生理盐水洗净后保存于5%福尔马林内。小型线虫取出后计算数目,用生理盐水洗净,保存于巴氏液或甘油酒精内,微小的线虫计数后放于巴氏液中固定。

绦虫:绦虫取出后以生理盐水洗净,在常水中让其自然死亡,然后取其头节、成熟节片及孕节以滤纸吸干,再用压片压紧。放在70%酒精或5%福尔马林固定。

吸虫:同绦虫。

绦虫幼虫及病变组织:用10%福尔马林固定。

6. 虫种鉴定及驱虫数据统计分析

不同脏器取出的虫体应分别计数保存,并用铅笔书写标签,写明动物种类,虫体类别、寄生部位、编号等。需要立即进行检查者,可以在虫体洗净后立即进行检查。

（1）虫种鉴定:按虫体结构特征与寄生部位,对照教材和相关文献鉴定到种和属。

（2）感染率＝(感染鸡羽数÷剖解解羽数)×100%。

（3）感染强度＝感染总虫体数/剖解鸡羽数。

（4）驱虫率＝[(对照组平均残留虫体数－试验组平均残留虫体数)÷对照组平均残留虫体数]×100%。

精计驱虫率＝驱出虫体数÷(驱出虫体数＋残留虫体数)×100%。

粗计驱虫率＝(对照组虫体数－试验组残留虫体数)÷对照组虫体数×100%。

（5）驱净率＝(驱净虫体的鸡羽数÷试验鸡羽数)×100%。

（6）虫卵减少率＝(驱虫前平均虫卵数/g－驱虫后平均虫卵数/g)÷驱虫前平均虫卵数/g×100%。

（7）虫卵转阴率＝(驱虫前动物感染数－驱虫后动物感染数)÷驱虫前动物感染数×100%。

四、注意事项

1. 动物分组时,各组的体况、感染虫体种类和强度应相近。
2. 动物称重和药物称取量应准确。
3. 剖检前最好先通过粪便检查动物虫卵,初步确定动物体内寄生虫的感染情况。
4. 寄生虫学剖检时应仔细,尤其是计算绦虫的条数时应以头节为依据。
5. 珍惜实习机会,勤于动手,严格按照操作步骤进行操作。
6. 实习过程中脏物、废物统一收集处理,注意实验室和环境卫生。
7. 实习过程中发现的虫体按照动物个体为单位进行采集,用挑虫针、毛笔等挑取虫体,用生理盐水洗净后按如下方法保存:吸虫、绦虫用 1∶9 的福尔马林固定 24 h,5% 的福尔马林保存;线虫用 70% 酒精固定,5% 甘油的 80% 酒精保存;昆虫用 5%～10% 福尔马林或 70% 酒精固定,75% 酒精保存。

五、作业

按研究性论文格式,以组为单位每人写出实验报告,实验结果中应包括每个动物寄生虫感染的种类、数量,最后统计整个班级所剖检动物寄生虫总的感染率和感染强度,并能对实验结果适当进行分析和讨论。

实验十四

鸡球虫病病原分离、鉴定与抗球虫药疗效试验

一、实验目的和要求

通过实验,掌握鸡球虫的分离、培养与种类鉴定的方法;掌握抗球虫药物疗效试验的基本方法与步骤;掌握鸡球虫病的诊断方法;认识不同种类鸡球虫引起的病理变化特征。

二、实验材料和仪器:

1. 粪样:采集饲养日龄在 15～45 d 的鸡场新鲜鸡粪 200 g。
2. 实验动物:无球虫感染的 15 d 龄雏鸡 60 羽。
3. 球虫卵囊:柔嫩艾美耳球虫。
4. 笼具与饲料:无球虫污染的笼具 4 套、未加抗球虫药的全价饲料 100 kg。
5. 试剂:重铬酸钾 100 g、蔗糖 500 g,饱和盐水 500 mL。
6. 仪器:离心机 1 台、恒温培养箱 1 台、水浴锅 1 台、组织粉碎机 1 台、显微镜每人一架。
7. 其他器械:60 目铜筛 1 只、260 目锦纶兜 1 只、1 000 mL 量杯 1 只、500 mL 烧杯 1 只、培养皿 4 个、50 mL 烧杯 2 只、麦克马斯特氏虫卵计数板 1 块,盖玻片与载玻片各一盒、剪刀 2 把,灭菌的卡介苗注射器。

以上器械每组一套。

三、实验方法与步骤:

(一) 鸡球虫的分离、培养与种类鉴定

1. 卵囊的分离与培养

取采集的新鲜鸡粪 200 g,先经 60 目铜筛过滤,再经 260 目锦纶筛兜过滤;收集滤液经 2 500 r/min 离心 10 min,弃去上清液。沉淀物中加饱和盐水,2 500 r/min 离心 10 min。取漂浮物,加 10 倍清水后 2 500 r/min 离心 10 min,弃去上清液。沉淀物中加清水,以同样的速度和时间,离心洗涤两次,最后一次沉淀物中加 2.5%重铬酸钾,移入培养皿,在 29 ℃恒温培养 3 d,进行孢子化。

2. 球虫种类的初次鉴定

取孢子化的球虫卵囊悬浮液一滴,滴在载玻片上,盖上盖玻片置于显微镜下观察。按照卵囊的大小、卵囊壁颜色、形状(形状指数)、极粒、斯氏体、孢子囊大小、内外残余体、孢子化时间等进行初次鉴定。

3. 人工接种与临床症状观察

将分离后培养的孢子化卵囊经嗉囊接种 20 只 15 日龄的无球虫雏鸡,每羽 $4×10^4$ 个孢子化卵囊。接种后每天观察记录鸡的食欲、饮水和排粪情况。接种 80 h 后,每隔 8 h 用饱和盐水漂浮法粪检一次,以确定球虫发育的潜在期。

4. 肠道病理变化与虫体寄生肠区的观察

接种 80 h 后,每隔 8 h 剖杀鸡 2 只,观察肠道病理变化,同时刮取肠黏膜镜检,观察球虫的内生性发育阶段虫体。(鸡球虫引起的肠道相关病变情况详见教材相关章节。)

5. 球虫种类的再次鉴定

根据初次鉴定结果,结合潜在期、肠道病理变化与虫体在肠道的寄生区段进一步鉴定到种。

(二)抗球虫药疗效试验

1. 试验动物与分组

40 只 15 日龄的无球虫感染的雏鸡分成 4 个小组,每组 10 只,分别为不感染不给药组、感染不给药组、药物组Ⅰ和药物组Ⅱ。每组的初始体重、精神状况相近。所有组鸡饲养在严格消毒的实验室内,饮用洁净自来水。

2. 试验药物与给药途径

本试验选择地克珠利和盐霉素为试验药物。按推荐的临床剂量与给药途径给药,即地克珠利以饮水进行给药,盐霉素以添加于饲料中给药。

3. 接种

除不感染不给药组外,每鸡经嗉囊感染柔嫩艾美耳球虫孢子化卵囊 $8×10^4$ 个。感染后地克珠利组与盐霉素组即给药,直至试验结束。不感染不给药组与感染不给药组饲喂不含球虫药的饲料。

4. 观察和记录

试验期 7~8 d,一般为 8 d。每天观察精神状况、粪便状态、便血程度,并做记录。人工感染后死亡鸡,随机称重记录,剖检查明死因,凡因盲肠球虫病死亡鸡病变记分为+4。第 8 天末逐只称重、剖杀,进行盲肠病变记分。将各组盲肠内容物混合匀浆,用 M cmaster's 法计算每克盲肠内容物卵囊数(OPG)。

5. 药效判定方法及标准

按美国默克公司的计算公式计算抗球虫指数(ACI)。药效判定标准为:ACI 在 180 以上者为高效;180~160 者为中效;160~120 者为低效;120 以下者为无效。

ACI=(相对增重率+存活率)-(病变值+卵囊值+血粪值)。其中,指标按照如下进行统计:

相对增重率:相对增重率(%)=感染用药组或感染不用药组平均增重/不感染不用药组平均增重×100%。

存活率:存活率(%)=(组内存活只数/组内总鸡数)×100%。

病变记分及病变值:按 Johnson 和 Reid(1970)制定的标准对盲肠病变进行评定记分。

病变值＝组内平均病变记分×5。具体记分办法为：两侧盲肠病变不一致时，以严重的一侧为准。0分，无肉眼病变；＋1分，盲肠壁有很少量散在的瘀血点，肠壁不增厚内容物正常；＋2分，病变数量较多，盲肠内容物明显带血，盲肠壁增厚，内容物正常；＋3分，盲肠内容物多量血液或有盲肠芯（血凝块或灰白色干酪样的香蕉型块状物），盲肠壁肥厚明显，盲肠中粪便含量少；＋4分，因充满大量血液或肠芯而盲肠肿大，肠芯中含有粪渣或不含粪渣。死亡鸡只也记＋4分。

卵囊值：将盲肠内容物克卵囊数（OPG）换算为卵囊值。OPG值（$\times 10^6$）为0～0.1时，卵囊值为0；OPG值为0.1～1.0时，卵囊值为1；OPG值为2.0～5.0时，卵囊值为10；OPG值为6.0～10.0时，卵囊值为20；OPG≥11.0时，卵囊值为40。也可以根据卵囊比数计算，卵囊比数（％）＝（试验组卵囊数/感染不给药组卵囊数）×100％。卵囊比数为0～1％，卵囊值为0；卵囊比数为1％～25％，卵囊值为5；卵囊比数为26％～50％，卵囊值为10；卵囊比数为51％～75％，卵囊值为20；卵囊比数为76％～100％，卵囊值为40。

血粪记分及血粪值：按Morehouse（1970）制定的标准进行记分，血粪值＝组内平均血粪记分×5。具体记分办法为：对生前最严重的一天的血粪进行记分，该天每鸡平均血粪堆数在1～3堆的分别记1～3分，4堆及4堆以上的记4分，死于球虫病也记4分，一直无血粪的记0分。

四、实验注意事项

雏鸡应隔离饲养，饲料中应不含抗球虫药；接种剂量应按孢子化卵囊计数，且应用最近复制的卵囊，保存于4℃左右，以保证卵囊的活力；各组鸡应编号，防止混淆，并分开饲养；喂料和水应定时、定量，以便比较，每天应详细观察各种指标并记录；实验过程中每组所用的离心管、试管、烧杯等器皿和器械应防止组间交叉使用，若交叉使用，必须彻底洗涤干净，防止虫株交叉污染；卵囊孢子培养时应定期用吸管吹打或摇晃平皿（每天3～5次），保证通气通氧，提高卵囊的孢子化率；孢子化过程中卵囊密度不宜过大，溶液不宜过深；整个实验过程应保持实验室清洁卫生，每天定时打扫卫生，及时清理和处理粪便；实验过程记录要详细。

五、作业

按研究性论文格式写出实验报告。

附:单卵囊分离技术

稀释法:洗去重铬酸钾的卵囊悬浮于生理盐水中。用吸管吸一小滴卵囊悬浮液置载玻片上,并加水稀释,调整到底倍显微镜下观察时,一个视野仅见 1~2 个卵囊。在显微镜下,以右手持一毛细吸管,使其尖端瞄准并转向视野中的一个卵囊,使之随液体上升到毛细吸管内。在另一载玻片上,平铺一层球脂。将毛细吸管中的液体吹落到琼膜上,置显微镜下观察,确认是否为一个卵囊。

悬液法:稀释卵囊液,使每滴中仅有 1~2 个卵囊。稀释卵囊液,使每滴中仅有 1~2 个卵囊。在载玻片上平铺琼脂,在琼脂上再粘贴一塑料表面薄膜。用牙签沾取卵囊悬浊液滴加在膜上,镜下观察是否为一个卵囊。

显微镜操作器分离法:玻片上铺盖琼脂,滴加稀释液,镜下观察为一个卵囊时(每视野 0~1 个卵囊),旋转操作器,切割琼脂。

附录 A

动物常见寄生虫分类及寄生部位

本部分列出了动物常见寄生虫的分类、名称及寄生部位,在分类上,与畜禽和人关系不大的寄生虫只列出其分类地位,未具体到种及常见虫体和寄生部位。吸虫、线虫的寄生部位主要指虫体在终末宿主中的寄生部位,绦虫部分对其中间宿主和终末宿主都作了介绍,原虫部分只对其引起动物或人致病阶段时的虫体寄生部位进行了介绍。

一、吸虫

在分类上属于扁形动物门(Platyhelminthes),分单殖纲(Monogenea)和吸虫纲(Trematoda),前者主要是寄生于鱼皮肤和鳃的寄生虫,后者分为盾腹亚纲(Aspidogastrea)、孪体亚纲(Didymozoidea)和复殖亚纲(Digenea)。寄生于家畜、家禽和人的寄生虫主要属于复殖亚纲,复殖亚纲又分枭形目(Strigeata)、棘口目(Echinostomata)、斜睾目(Plagiorchiata)、后睾目(Opisthorchiat),其常见吸虫分类及寄生部位见表1。

表 1　常见吸虫分类及寄生部位

目	科	属	种	终末宿主及部位
枭形目	分体科 Schistosomatidae	分体属 Schistosoma	日本分体吸虫 S. japanicum	人、牛、羊、猪、犬、啮齿类/野生哺乳动物的门静脉系统
		东毕属 Orientobilharzia	土耳其斯坦东毕吸虫 O. turkestanicum 程氏东毕吸虫 O. cheni	牛、羊的门静脉系统
		毛毕属 Trichobilharzia	包氏毛毕吸虫 T. paoi	鸭、野鸭、鸟类的门静脉系统
	双穴科 Diplostomatidae	翼形属 Alaria	有翼翼形吸虫 A. alata	犬、猫、狼、狐、貂的小肠
	枭形科 Strigeidae	异幻属 Apatemon 杯尾属 Cotylurus	优美异幻吸虫 A. gracilis 角杯尾吸虫 C. cornutus	家鸭和野鸭的肠道 鸭的肠道
	环肠科 Cyclocoelidae	嗜气管属 Tracheophilus	舟状嗜气管吸虫 T. cymbiun	家鸭和野鸭的气管、支气管
	盲腔科 Typhlocoelidae 杯叶科 Cyathocotylidae 短咽科 Brachylaemidae 双士科 Hasstilesiidae	双士属 Hasstilesia	绵羊双士吸虫 H. ovis	反刍动物的小肠

目	科	属	种	终末宿主及部位
棘口目	片形科 Fasciolidae	片形属 Fasciola	大片形吸虫 F. gigantica 肝片形吸虫 F. hipatica	人、反刍动物的肝脏胆管
		姜片属 Fasciolopsis	布氏姜片吸虫 F. buski	人、猪的小肠
	前后盘科 Paramphistomatidae	前后盘属 Paramphistomum	鹿前后盘吸虫 P. cervi 后藤前后盘吸虫 P. gotoi 市川前后盘吸虫 P. ichikawai	反刍动物的瘤胃壁
		杯殖属 Calicophoron	杯状杯殖吸虫 C. calicophoroum 纺锤形杯殖吸虫 C. fusum 绵羊杯殖吸虫 C. ovillum 吴城杯殖吸虫 C. wuchengensis 江岛杯殖吸虫 C. ijimai	反刍动物瘤胃 反刍动物瘤胃 反刍动物瘤胃 反刍动物瘤胃 反刍动物瘤胃
		锡叶属 Ceylonocotyle	侧肠锡叶吸虫 C. scoliocoelium 链肠锡叶吸虫 C. streptocoelium 弯肠锡叶吸虫 C. sinuocielium wang 双弯肠锡叶吸虫 C. divranocolium	反刍动物瘤胃 反刍动物瘤胃 反刍动物瘤胃 反刍动物瘤胃
		殖盘属 Cotylophoron	殖盘殖盘吸虫 C. cotylophurum 印度殖盘吸虫 C. indicum 小殖盘吸虫 C. fiilleborni 弯肠殖盘吸虫 C. inuointestinum	反刍动物瘤胃 反刍动物瘤胃 反刍动物瘤胃 反刍动物瘤胃
		平腹属 Hokalogaster	野牛盲肠吸虫（平腹吸虫） Homalogaster paloniae	牛、羊小肠、盲肠、结肠
	腹袋科 Gastrothylacidae	腹袋属 Gastrothylax	荷包状腹袋吸虫 G. crumenifer	反刍动物瘤胃
		菲策属 Fischoederius	长形菲策吸虫 F. elongatus 泰国菲策吸虫 F. siamensis 鄱阳菲策吸虫 F. poyangensis	牛瘤胃 牛瘤胃 牛瘤胃
		卡妙属 Carmyerius	水牛卡妙吸虫 C. bubovlis	牛前胃
	嗜眼科 Philophthalmidae	嗜眼属 Philophthalmus	鸡嗜眼吸虫 P. gralli	禽类瞬膜下及结膜囊内
	光孔科 Psilotrematidae			
	背孔科 Notocotylidae	槽盘属 Ogmocotyle	印度槽盘吸虫 O. indica	牛、羊、鹿、狍、熊猫的小肠
		背孔属 Notocotylus	细背孔吸虫 N. attenuatus	禽类的直肠、盲肠
	棘口科 Echinostomatidae	棘口属 Echinostoma	卷棘口吸虫 E. revolutum 宫川棘口吸虫 E. miyagawai	禽类的直肠、盲肠 禽、犬、人的大小肠
		低颈属 Hypoderaeum	似锥低颈吸虫 H. conoideum	家鸭、鹅、野禽、人的小肠
		棘缘属 Echinoparyphium		
		棘隙属 Echinochasmus	日本棘隙吸虫 E. gaponicus 叶状棘隙吸虫 E. perfoliatus	人、犬、猫、鼠、狐狸、灵猫、野禽小肠 人、犬、猫的小肠
		真缘属 Euparyphium		
斜睾目	岐腔科 Dicrocoeliidae	岐腔属 Dicrocoelium	矛形岐腔吸虫 D. lanceatum 中华岐腔吸虫 D. chinensis	反刍动物、人肝脏、胆管和胆囊
		阔盘属 Eurytrema	胰阔盘吸虫 E. pancreaticum 腔阔盘吸虫 E. coelomaicum 支睾阔盘吸虫 E. cladotchis	反刍动物、人胰腺胰管

目	科	属	种	终末宿主及部位
	前殖科 Prosthogonimidae	前殖属 Prosthogonimus	卵圆前殖吸虫 P. ovatus 透明前殖吸虫 P. pellucidus 楔形前殖吸虫 P. cuneatus	鸡、鸭、鹅、野鸭及其他鸟类输卵管、法氏囊、泄殖腔、直肠
	斜睾科 Plagiorchiidae	斜睾属 Plagiorchis	巨睾斜睾吸虫 Plagiorchis megalorchis	鸡肠道
	隐孔科 Troglotrematidae			
	并殖科 Paragonimidae	并殖属 Paragonimus	卫氏并殖吸虫 P. westermani	犬、猫、人及多种野生动物的肺脏
	微茎科 Microphallidae 真杯科 Eucotylidae			
后睾目	后睾科 Opisthorchiidae	支睾属 Clonorchis	华枝睾吸虫 C. sinensis	人、犬、猫、猪及野生动物肝脏胆管胆囊
		后睾属 Opisthorchis	猫后睾吸虫 O. felineus	人、犬、猫、猪及狐肝脏胆管胆囊
		对体属 Amphimerus	鸭后睾吸虫 O. anatis	鸭、鹅及野禽肝胆管
			鸭对体吸虫 A. anatis	鸭肝胆管
		次睾属 Metorchis	东方次睾吸虫 M. orentalis 猫次睾吸虫 M. felis	鸡、鸭、野鸭、人、犬、猫肝胆管胆囊
		微口属 Microtrema	截形微口吸虫 M. truncatum	猪、犬、猫肝脏胆管
	异形科 Heterophyidae	异形属 Heterophyes	异形异形吸虫 H. heterophyes	犬、猫、狐狸、人的小肠
		后殖属 Metagonimus	横川后殖吸虫 M. yokogawai	犬、猫、猪、人的小肠

二、绦虫

在分类上属于扁形动物门（Platyhelminthes）、绦虫纲（Cestoidea）、真绦虫亚纲（Eucestoda），分圆叶目（Cyclophllidea）、假叶目（Pseudophyllidea）两个目，常见绦虫分类及寄生部位（含幼虫）见表2。

表 2　常见绦虫分类及寄生部位

目	科	属	种	终末宿主及部位	中间宿主及部位
圆叶目	裸头科 Anoplocephalidae	裸头属 Anoplocephala	叶状裸头绦虫 A. perfoliata 大裸头绦虫 A. magna	马、驴小肠 马、驴小肠	地螨 地螨
		副裸头属 Paranoplocephala	侏儒副裸头绦虫 P. mamillana	马小肠	地螨
		莫尼茨属 Moniezia	扩展莫尼茨绦虫 M. expansa 贝氏莫尼茨绦虫 M. benedeni	反刍动物小肠 反刍动物小肠	地螨 地螨
		曲子宫属 Helictometra	盖氏曲子宫绦虫 H. giardi	牛羊小肠	不完全清楚
		无卵黄腺属 Avitellina	中点无卵黄腺绦虫 A. centripunctata	羊小肠	不完全清楚

续表

目	科	属	种	终末宿主及部位	中间宿主及部位
	带科 Taeniidae	带属 Taenia	链状带绦虫 T. solium	人小肠	猪、人肌肉、心肌、脑等部位
			泡状带绦虫 T. hydatigena	犬、狼、狐的小肠	猪、反刍动物的肝浆膜、大网膜等处
			绵羊带绦虫 T. ovis	同上	羊、骆驼横纹肌
			豆状带绦虫 T. pisiformis	同上	兔肝脏、肠系膜和腹腔
			带状带绦虫 T. taeniaeformis	猫小肠	鼠类的肝脏
		带吻属 Taeniarhynchus	牛带吻绦虫 T. saginatus	人的小肠	牛的肌肉
		泡尾带属 Hydatigera	带状泡尾绦虫 H. taeniaeformis	猫小肠	鼠类的肝脏
		多头属 Multiceps	多头多头绦虫 M. multiceps	犬科动物的小肠	猪、马、反刍动物、人的脑及脊髓
			连续多头绦虫 M. serialis	犬科动物的小肠	兔肌间及皮下结缔组织
			斯氏多头绦虫 M. skrjabini	犬科动物的小肠	羊、骆驼的肌肉、皮下和胸腔内
		棘球属 Echinococcus	细粒棘球绦虫 E. granulosus	犬科动物的小肠	家畜、野生动物、人的肝、肺等器官
			多房棘球绦虫 E. multilocularis	犬科动物的小肠	人、啮齿类动物的肝脏
戴文科 Davaineidae		戴文属 Davainea	节片戴文绦虫 D. proglottina	鸡、鸽、鹌鹑的小肠	
		赖利属 Raillietina	四角赖利绦虫 R. tetragona	鸡、火鸡的小肠后半部	蚂蚁
			棘沟赖利绦虫 R. echinobothrida	鸡、火鸡的小肠	蚂蚁
			有轮赖利绦虫 R. cesticillus	鸡的小肠	蝇类和甲虫
双壳科 Dilepididae		对殖属 Cotugnia 钩棘属 Unciunia			
		复孔属 Dipylidium	犬复孔绦虫 D. caninum	犬、猫、人的小肠	蚤
膜壳科 Hymenolepididae		膜壳属 Hymenolepis	鸡膜壳绦虫 H. carioca	鸡、火鸡的小肠	甲虫和刺蝇
			微小膜壳绦虫 H. nana	鼠类、人的小肠	不需要或蚤类、面粉甲虫等小昆虫
			缩小膜壳绦虫 H. diminuta	鼠类、人的小肠	蚤类、甲虫、螳螂、鳞翅目的昆虫
		剑带属 Drepanidotaenia	矛形剑带绦虫 D. lanceolata	鹅、鸭的小肠	剑水蚤
		皱褶属 Fimbriaria	片形皱褶绦虫 F. fasciolaris	家禽、雁形目类的小肠	桡足类如剑水蚤
		伪裸头属 Pseudanoplocephala	柯氏伪裸头绦虫 Pseudanoplocephala crowfordi	猪、人的小肠	鞘翅目的昆虫
		单睾属 Aploparaksis 双睾属 Diorchis 剑壳属 Drepanidolepis 微棘属 Microsomacanthus			

目	科	属	种	终末宿主及部位	中间宿主及部位
	双阴科 Diploposthidae				
	漏斗科 Choanotaeniidae	漏斗属 Choanotaenia			
		变带属 Amoebotaenia			
	中绦科 Mesocestoididae	中绦属 Mesocestoides	线中绦虫 M. lineatus	犬、猫、人、野生肉食动物的小肠	第一中间宿主地螨,第二中间宿主蛙、蛇蜥蜴、鸟类、啮齿类等
假叶目	双叶槽科 Diphyllobothriidae	双叶槽属 Diphyllobothrium	阔节裂头绦虫 D. latum	食鱼哺乳动物的小肠	第一中间宿主剑水蚤或镖水蚤,第二中间宿主淡水鱼
		迭宫属 Spirometra	孟氏叠宫绦虫 S. mansoni	犬猫和其他食肉动物的小肠	第一中间宿主剑水蚤,第二中间宿主蝌蚪、蛙,转运宿主蛇、鸟或哺乳动物
		舌形绦属 Ligula	肠舌形绦虫 L. intestinalis	食鱼水鸟的肠道	第一中间宿主镖水蚤,第二中间宿主淡水鱼

三、线虫

线虫在分类上属于线形动物门(Nemathelminthes)、线虫纲(ematoda),又可以分为无尾感器亚纲 Adenophorea(Aphasmidea)和尾感器亚纲 Secernentia(Phasmidea),无尾感器亚纲线虫分为毛尾目(Trichurata)、膨结目(Dioctophymata),其常见线虫寄生部位(含幼虫)见表3。

表 3 无尾感器亚纲线虫分类及寄生部位

目	科	属	种	终末宿主及寄生部位
毛尾目	毛细科 Capillariidae	毛细属 Capillaria	有轮毛细线虫 C. annulata 鸽毛细线虫 C. columbae 膨尾毛细线虫 C. caudinflata 鹅毛细线虫 C. anseris	鸡嗉囊和食道 鸡、鸽的小肠 鸡、鸽的小肠 鹅、野鹅的小肠
		线形属 Thominx 真鞘属 Eucoleus		
	毛形科 Trichinellidae	毛形属 Trichinella	旋毛形线虫 T. spiralis	成虫寄生于小肠,幼虫寄生于该动物横纹肌
	毛尾科 Trichuridae (毛首科) Trichocephalidae	毛尾属 Trichuris	猪毛尾线虫 T. suis 绵羊毛尾线虫 T. ovis 球鞘毛尾线虫 T. globulosa 狐毛尾线虫 T. vulpis	猪、人、野猪、猴的盲肠 反刍动物的盲肠 反刍动物的盲肠 犬、狐的盲肠
膨结目	膨结科 Dioctophymatidae	膨结属 Dioctophyma	肾膨结线虫 D. renale	犬、貂、狐的肾脏或腹腔,偶见于猪、人

有尾感器亚纲线虫分为杆形目(Rhabditata)、圆形目(Strongylata)、蛔目(Ascaridata)、尖尾目(Oxyurata)、旋尾目(Spirurata)、驼形目(Camallanata)丝虫目(Filariata),其常见线虫寄生部位(含幼虫)见表4。

表 4　有尾感器亚纲线虫分类及寄生部位

目	科	属	种	寄生部位
杆形目	小杆科 Rhabditidae			
	类圆科 Strongyloididae	类圆属 *Strongyloides*	兰氏类圆线虫 S. ransomi	猪小肠
			韦氏类圆线虫 S. westeri	马属动物小肠
			乳突类圆线虫 S. papillosus	牛羊小肠
			粪类圆线虫 S. stercoralis	犬、猫、狐、灵长类小肠
圆形目	钩口科 Ancylostomatidae	钩口属 *Ancylostoma*	犬钩口线虫 A. caninum	犬、猫、狐、人的小肠
			巴西钩口线虫 A. braziliense	犬、猫、狐的小肠
		仰口属 *Bunostomum*	牛仰口线虫 B. phlebotomum	牛小肠
			羊仰口线虫 B. trigonocephalum	羊小肠
		旷口属 *Agriostomum*		
		球首属 *Globocephalus*	长尖球首线虫 G. longemucronatus	猪小肠
			萨摩亚球首线虫 G. samoensis	猪小肠
			锥尾球首线虫 G. urosubulatus	猪小肠
		板口属 *Necator*	美洲板口线虫 N. americanus	人、犬的小肠
		弯口属 *Uncinaria*	狭头弯口线虫 U. stenocephala	犬猫等肉食兽的小肠
	管圆科 Angiostrongylida	管圆属 *Angiostrongylus*	广州圆管线虫 A. cantonensis	鼠类的肺动脉
	网尾科 Dictyocaulidae	网尾属 *Dictyocaulus*	丝状网尾线虫 D. filarial	羊等反刍兽的肺脏
			胎生网尾线虫 D. viviparus	牛等反刍兽的肺脏
			骆驼网尾线虫 D. cacmeli	骆驼的肺脏
			安氏网尾线虫 D. arnfieldi	马属动物的肺脏
	后圆科 Metastrongylidae	后圆属 *Metastrongylus*	野猪后圆线虫 M. apri	猪、野猪肺脏
			复阴后圆线虫 M. pudendotectus	猪、野猪肺脏
			萨氏后圆线虫 M. salmi	猪、野猪肺脏
	食道口科 Oesophagostomatidae	食道口属 *Oesophagostomum*	哥伦比亚食道口线虫 O. columbianum	牛羊结肠
			微管食道口线虫 O. venulosum	牛羊结肠
			粗纹食道口线虫 O. asperum	羊结肠
			辐射食道口线虫 O. radiatum	牛结肠
			甘肃食道口线虫 O. kansuensis	绵羊结肠
			有齿食道口线虫 O. dentatum	猪结肠
			长尾食道口线虫 O. longicaudum	猪结肠
			短尾食道口线虫 O. brevicaudum	猪结肠
	原圆科 Protostrongylidae	原圆属 *Protostrongylus*	柯氏原圆线虫 P. kochi	羊肺脏
		缪勒属 *Muellerius*	毛样缪勒线虫 M. capillaris	羊肺脏
		刺尾属 *Spiculocaulus*		
		歧尾属 *Bicaulus*		
		囊尾属 *Cystocaulus*	有鞘囊尾线虫 C. ocreatus	羊肺脏
	冠尾科 Stephanuridae	冠尾属 *Stephanurus*	有齿冠尾线虫 S. dentatus	猪肾盂、肾周脂肪、输尿管壁、腹腔、膀胱
	圆线科 Strongylidae	圆线属 *Strongylus*	马圆线虫 S. equines	马类动物盲肠、结肠
			无齿圆线虫 S. edentatus	马类动物盲肠、结肠
			普通圆线虫 S. vulgaris	马类动物盲肠、结肠
		三齿属 *Triodontophorus*		
		盆口属 *Craterostomum*		
		食道齿属 *Oesophagodontus*		

续表

目	科	属	种	寄生部位
		夏柏特属 Chabertia	绵羊夏伯特线虫 C. ovina	反刍动物的大肠
			叶氏夏伯特线虫 C. erschpwi	反刍动物的大肠
	盅口科 Cyathostomidae 毛线科（Trichonema）	盅口属 Cyathostomum 毛线属 Trichonema		
		杯环属 Cylicocyclus 辐首属 Gyaocephalus		
		鲍杰属 Bourgelatia	双管鲍杰线虫 B. diducta	猪盲肠和结肠
	比翼科 Syngamidae	比翼属 Syngamus	斯克里亚宾比翼线虫 S. skrjabinomorpha	禽和野禽的气管
			气管比翼线虫 S. trachea	禽和野禽的气管
	裂口科 Amidostsmatidae	裂口属 Amidostomum	鹅裂口线虫 A. anseris	鹅、鸭、野鸭肌胃角质膜下
		肩口属 Epomidostomum		
	毛圆科 Trichostrongylidae	毛圆属 Trichostrongylus	蛇形毛圆线虫 T. oludriformis 艾氏毛圆线虫 T. axei 突尾毛圆线虫 T. probolurus	绵羊、山羊、牛骆驼、羚羊、鹿、兔、马、猪、犬、人、驴、等动物小肠或胃
		血矛属 Haemonchus	捻转血矛线虫 H. contortus 柏氏血矛线虫 H. placei	反刍兽的第四胃，偶见于小肠
		奥斯特属 Ostertagia	环纹奥斯特线虫 O. circumcincta	反刍兽的真胃或小肠
			三叉奥斯特线虫 O. trifurcata	反刍兽的真胃或小肠
		马歇尔属 Marshallagia	蒙古马歇尔线虫 M. mongolica	反刍兽的真胃
		古柏属 Cooperia	等侧古柏线虫 C. laterouniformis 叶氏古柏线虫 C. erschowi	反刍兽的小肠 反刍兽的小肠
		细颈属 Nematodirus	奥拉奇细颈线虫 N. oiratianus	牛羊的小肠
		似细颈属 Nematodirella	长刺似细颈线虫 N. longispiculata	反刍兽的小肠
			骆驼似细颈线虫 N. cameli	反刍兽的小肠
		长刺属 Mecistocirrus	指形长刺线虫 M. digitatus	牛、绵羊的第四胃
		猪圆线虫属 Hyostrongylus	红色猪圆线虫 H. rubidus	猪胃黏膜
蛔目	异尖科 Anisakidae	异尖属 Anisakis	简单异尖线虫 A. simplex	海洋哺乳动物胃和小肠
	蛔科 Ascaridae	蛔属 Ascaris	猪蛔虫 A. suum	猪的小肠
			施氏蛔虫 A. schroederi	大熊猫的小肠和胃内
		副蛔属 Parascaris	马副蛔虫 P. equorum	马属动物的小肠
	禽蛔科 Ascaridiidae	禽蛔属 Ascaridia	鸡蛔虫 A. galli	鸡的小肠
	弓首科 Toxocaridae	弓首属 Toxocara	牛弓首蛔虫 T. vitulorum	初生犊牛的小肠
			犬弓首蛔虫 T. canis	肉食兽小肠
			猫弓首蛔虫 T. cati	肉食兽小肠
		新蛔属 Neoascaris	牛新蛔虫 N. vitulorum	初生犊牛的小肠
		弓蛔属 Toxascaris	狮弓首蛔虫 T. leonina	肉食兽小肠
尖尾目	尖尾科 Oxyuridae	尖尾属 Oxyuris	马尖尾线虫 O. equi	马属动物的大肠
			胎生普氏线虫 P probstmayria vivipara	马、驴的盲肠、结肠
			绵羊斯克里亚宾线虫 Skrjavinema ovis	羊的结肠
		钉尾属 Passalurus	疑似钉尾线虫 P. ambiguus	兔盲肠和大肠

续表

目	科	属	种	寄生部位
旋尾目	异刺科 Heterakidae	住肠属 Enterobius		
		无刺属 Aspiculuris	四翼无刺线虫 A. tetraptera	大小鼠的结肠或盲肠
		管线属 Syphacia	隐匿管状线虫 S. obvelata	大小鼠的盲肠或结肠
		异刺属 Heterakis	鸡异刺线虫 H. gallinae	鸡等禽类和鸟类的盲肠
		肿尾属 Ganguleterakis		
	锥尾科 Subuluridae	锥尾属 Subulura		
	锐形科（华首科）Acuariidae	锐形科（华首属）Acuaria	小沟锐形线虫 A. hamulosa	鸡、火鸡的肌胃
			旋锐形线虫 A. spiralis	鸡、火鸡、鸽腺胃和食道
		分咽属 Dispharynx		
		链首属 Strepticara		
		副柔线属 Parabronema	斯氏副柔线虫 P. skrjabini	反刍动物第四胃
	似蛔科 Ascaropsidae	似蛔属 Ascarops	圆形似蛔线虫 A. strongylina	猪胃内
			有齿似蛔线虫 A. dentata	猪胃内
		泡首属 Physocephalus	六翼泡首线虫 P. sexalatus	猪胃内
		西蒙属 Simondsi	奇异西蒙线虫 S. paradoxa	猪胃内
	颚口科 Gnathostomatiidae	颚口属 Gnathostoma	刚棘颚口线虫 G. hispidum	猪胃内
			陶氏颚口线虫 G. doloresi	猪胃内
			有棘颚口线虫 G. spinigerum	犬猫、貂等肉食兽的胃内
	筒线科 Gongylonematidae	筒线属 Gongylonema	美丽筒线虫 G. pulchrum	猪牛羊食道黏膜中下层
			多瘤筒线虫 G. verrucosum	反刍动物的第一胃
			嗉囊筒线虫 G. ingluvicola	禽类嗉囊的黏膜下
	柔线科 Habronematidae	柔线属 Habronema	蝇柔线虫 H. muscae	马属动物的胃
			小口柔线虫 H. microstoma	马属动物的胃
		德拉西属 Drascheia	大口德拉西线虫 D. megastoma	马属动物的胃
	泡翼科 Physalopteridae	泡翼属 Physaloptera	包皮泡翼线虫 P. praputialis	犬、猫、野生猫科动物、狼、狐的胃
	尾旋科 Spirocercidae	尾旋属 Spirocerca	狼尾旋线虫 S. lupi	犬、狐的食道壁及主动脉壁
	旋尾科 Spiruridae			
	四棱科 Tetrameridae	四棱属 Tetrameres	美洲四棱线虫 T. americana	鸡、火鸡的腺胃
	吸吮科 Thelaziidae	吸吮属 Thelazia	罗氏吸吮线虫 T. rhodesii	牛结膜囊、泪管、第三眼睑
			大口吸吮线虫 T. gulosa	
			斯氏吸吮线虫 T. skrjabini	
			泪吸吮线虫 T. lacrymalis	马泪管、结膜囊
			丽嫩吸吮线虫 T. callipaeda	犬、兔、人瞬膜下
		尖旋尾属 Oxyspirura	孟氏尖旋尾线虫 O. mansoni	鸡、火鸡、孔雀的瞬膜下和鼻窦
驼形目	驼形科 Camallanidae			
	龙线科 Dracunculidae	龙线属 Dracunculus	麦地那龙线虫 D. medinensis	人、犬、猫、马、牛、狼、狐、猴等皮下结缔组织
		鸟蛇属 Avioserpens	台湾鸟蛇线虫 A. Taiwana	鸭皮下结缔组织
丝虫目	丝虫科 Filariidae	副丝虫属 Parafilaria	多乳突副丝虫 P. multipapillosa	马皮下和肌间结缔组织
			牛副丝虫 P. bovicola	牛皮下和肌间结缔组织
		恶丝虫属 Dirofilaria	犬恶丝虫 D. immitis	犬、毛、狐、狼、人的右心室和肺动脉

目	科	属	种	寄生部位
	盘尾科 Onchocercidae	盘尾属 Onchocerca	颈盘尾丝虫 O. cervicalis 网状盘尾丝虫 O. reticulata 吉氏盘尾丝虫 O. gibsoni 喉瘤盘尾丝虫 O. gutturosa 圈形盘尾丝虫 O. armillata	马项韧带 马屈肌腱和球节悬韧带 牛体侧和后侧皮下结节 牛项韧带、股胫韧带 牛主动脉壁内膜下
	双瓣科 Dipetalonematidae	浆膜丝属 Serofilaria	猪浆膜丝虫 S. suis	猪心脏、肝脏、胆囊、子宫、膈肌等处的浆膜淋巴管内
	丝状科 Setariidae	丝状属 Setaria	马丝状线虫 S. equina 鹿丝状线虫 S. cervi 指形丝状线虫 S. digitata	马属动物的腹腔 牛、羊、鹿、羚的腹腔 牛的腹腔

四、棘头虫

棘头虫在分类上属于棘头虫动物门（Acanthocephala），又可以分为原棘头虫纲（Archiacanthocephala）和古棘头虫纲（Palaeacanthocephala），前者主要有寡棘吻目（Oligacanthorhynchida），后者主要有多形目（Polymorphida），常见棘头虫寄生部位见表5。

表 5 棘头虫常见分类及寄生部位

目	科	属	种	寄生部位
寡棘吻目	寡棘吻科 Oligacanthorhynchidae	大棘吻属 Macracanthorhynchus	蛭形大棘吻棘头虫 M. hirudinaceus	猪、人、野猪、犬、猫的小肠
多形目	多形科 Polymorphidae	多形属 Polymorphus	大多形棘头虫 P. magnus 小多形棘头虫 P. minutus 腊肠状多形棘头虫 P. botulus	水禽、天鹅、野生游禽、鸡的小肠
		细颈属 Filicollis	鸭细颈棘头虫 F. anatis	水禽、天鹅、野生游禽、鸡的小肠

五、节肢动物

节肢动物在分类上属于节肢动物门（arthropoda），可以分为甲壳纲（Crustacea）、五口虫纲（Pentastomida）、蛛形纲（Arachnida）、昆虫纲（Insecta），其中以后两者最为重要。昆虫纲又包括虱目（Anoplura）、食毛目（Mallophaga）、双翅目（Diptera）、半翅目（Hemiptera）、蚤目（Aphaniptera），其常见寄生虫分类及寄生部位见表6。

表 6 昆虫纲节肢动物分类及寄生部位

目	科	属	种	寄生部位
虱目	颚虱科 Linognathidae	颚虱属 Linognathus	牛颚虱 L. vituli 绵羊颚虱 L. ovillus 绵羊足颚虱 L. pedalis 山羊颚虱 L. stenopsis	牛体表 绵羊体表 绵羊体表 山羊体表

目	科	属	种	寄生部位
	血虱科 Haematopinidae	血虱属 *Haematopinus*	猪血虱 *H. suis*	猪体表
			牛血虱 *H. eurysternus*	牛体表
			水牛血虱 *H. tuderculatus*	水牛体表
			驴血虱 *H. asini*	驴体表
食毛目	长角羽虱科 Philopteridae	长羽虱属 *Lipeurus*	广幅长羽虱 *L. heterographus*	鸡羽毛
			鸡翅长羽虱 *L. variabilis*	鸡羽毛
		圆羽虱属 *Goniocotes*	鸡圆羽虱 *G. gallinae*	鸡羽毛
		角羽虱属 *Goniodes*	大角羽虱 *G. gigas*	鸡羽毛
	短角羽虱科 Menoponidae	短羽虱属 *Menopon*	鸡羽虱 *M. gallinae*	鸡羽毛
	毛虱科 Trichodectidae	毛虱属 *Damalinia*	牛毛虱 *D. bovis*	牛体表
			马毛虱 *D. equi*	马体表
			绵羊毛虱 *D. ovis*	绵羊体表
			山羊毛虱 *D. caprae*	山羊体表
双翅目	蚊科 Culicidae	按蚊属 *Anopheles*		
		库蚊属 *Culex*	淡色库蚊 *C. pipiens*	吸血时寄生
		伊蚊属 *Aedes*	埃及伊蚊 *A. aegypti*	吸血时寄生
			奔巴伊蚊 *A. pembaensis*	吸血时寄生
			东乡伊蚊 *A. togoi*	吸血时寄生
		阿蚊属 *Armigeres*	骚扰阿蚊 *A. obturbans*	吸血时寄生
	蚋科 Simuliidae	蚋属 *Simulium*		
		原蚋属 *Prosimulium*		
		维蚋属 *Wilhelmia*		
		真蚋属 *Eusimulium*		
	蠓科 Ceratopogonidae	库蠓属 *Culicoides*	蚤库蠓 *C. pulicaris*	吸血时寄生
		细蠓属 *Leptoeonops*	虚库蠓 *C. schultzei*	吸血时寄生
		拉蠓属 *Lasiohelea*	哮库蠓 *C. arakawai*	吸血时寄生
	毛蠓科 Psychodidae	白蛉属 *Phlebobotomus*	中华白蛉 *P. chinensis*	吸血时寄生
			蒙古白蛉 *P. mongolenlis*	吸血时寄生
	虻科 Tabanidae	虻属 *Tabanus*		
		麻虻属 *Haematopota*		
		斑虻属 *Chrysops*		
	狂蝇科 Oestridae	狂蝇属 *Oestrus*	羊狂蝇 *O. ovis*	幼虫寄生于羊鼻腔
		鼻狂蝇属 *Rhinoestrus*	紫鼻狂蝇 *R. purpureus*	幼虫寄生于马属动物鼻腔、鼻窦、咽部
			宽额鼻狂蝇 *R. latifrons*	
		喉蝇属 *Cephalopsis*	骆驼喉蝇 *C. titillator*	骆驼鼻腔、鼻窦、咽部
	胃蝇科 Gasterophilidae	胃蝇属 *Gasterophilus*	肠胃蝇 *G. intestinalis*	幼虫寄生于马属动物胃
			红尾胃蝇 *G. haemorrhoidalis*	幼虫寄生于马属动物胃
			鼻胃蝇 *G. nasalis*	幼虫寄生于马属动物胃
			兽胃蝇 *G. pecorum*	幼虫寄生于马属动物胃
			黑角胃蝇 *G. nigricornis*	幼虫寄生于马属动物胃
			红小胃蝇 *G. inermis*	幼虫寄生于马属动物胃
	皮蝇科 Hypodermatidae	皮蝇属 *Hypoderma*	牛皮蝇 *H. bovis*	幼虫寄生于牛、人皮下
			纹皮蝇 *H. linneatum*	幼虫寄生于牛、人皮下
			中华皮蝇 *H. sinense*	幼虫寄生于牦牛皮下
			鹿皮蝇 *H. diana*	幼虫寄生于鹿皮下
	丽蝇科 Calliphoridae	丽蝇属 *Calliphora*	红头丽蝇 *C. erythrocephala*	幼虫寄生于动物伤口
		绿蝇属 *Lucilia*	丝光绿蝇 *L. sericata*	幼虫寄生于动物伤口
			凯撒绿蝇 *L. Caesar*	幼虫寄生于动物伤口

目	科	属	种	寄生部位
	蝇科 Muscidae	伊蝇属 *Idiella*	三色伊蝇 *I. tripartita*	幼虫寄生于猪腹部等
		螫蝇属 *Stomoxys*	厩螫蝇 *S. calcitrans*	吸血时寄生
		家蝇属 *Musca*	舍蝇 *M. vicina*	不吸血,传播疾病
			家蝇 *M. domestica*	不吸血,传播疾病
		血蝇属 *Haematobia*	东方血蝇 *H. exigua*	吸血时寄生
	虱蝇科 Hippoboscidae	虱蝇属 *Melophagus*	羊虱蝇 *M. ovinus*	绵羊体表吸血
			犬虱蝇 *H. capensis*	叮咬犬、猫、狐、人吸血
半翅目	麻蝇科 Sarcophagidae	污蝇属 *Wohlfahrtia*	黑须污蝇 *W. magnifica*	幼虫寄生于动物伤口
蚤目	角叶科 Ceratophyllidae			
	蚤科 Pulicidae	栉首蚤属 *Ctenocephalides*	犬栉首蚤 *C. canis*	犬、猫、人体表
			猫栉首蚤 *C. felis*	
	蠕形蚤科 Vermipsyllidae	蠕形蚤属 *Vermipsylla*	花蠕形蚤 *V. alacurt*	马、牛、羊、骡体表吸血
		尤氏蚤属 *Dorcadia*	尤氏羚蚤 *D. ioffi*	马、牛、羊、骡体表吸血

蜘蛛纲主要有蜱螨目(Acarina),包括蜱亚目(后气门亚目)(Ixodides)、疥螨亚目(无气门亚目)(Sarcoptiformes)、中(气)门亚目(Mesostigmata)和恙螨亚目(前气门亚目)(Trombidiformes),其常见寄生虫分类及寄生部位见表 7。

表 7　蜘蛛纲节肢动物分类及寄生部位

亚目	科	属	种	寄生部位
蜱亚目	纳蜱科 Nuttalliellidae			
	硬蜱科 Ixodidae	硬蜱属 *Ixodes*	全沟硬蜱 *I. persulcatus*	幼若蜱小动物或禽体表 成蜱寄生于大动物体表
		血蜱属 *Haemaphysalis*	长角血蜱 *H. longicornis*	同上
			日本血蜱 *H. japanisis*	同上
			二棘血蜱 *H. bispinosa*	同上
			青海血蜱 *H. qinghaiensis*	同上
		革蜱属 *Dermacentor*	草原革蜱 *D. nuttalli*	同上
			森林革蜱 *D. siluarum*	同上
			中华革蜱 *D. sinicus*	同上
		璃眼蜱属 *Hyalomma*	残缘璃眼蜱 *H. detritum*	同上
			亚东璃眼蜱 *H. asiaticum Kozlovi*	同上
		扇头蜱属 *Rhipicephalus*	镰形扇头蜱 *R. haemaphysaloides*	同上
			血红扇头蜱 *R. sanguineus*	同上
		牛蜱属 *Boophilus*	微小牛蜱 *B. microplus*	同上
		花蜱属 *Amblyomma*	龟形花蜱 *A. testudinarium*	同上
		盲花蜱属 *Aponomma*		
		异扁蜱属 *Anomalohimalaya*		
	软蜱科 Argasidae	锐缘蜱属 *Argas*	波斯锐缘蜱 *A. peisicus*	禽、鸟类、牛羊、人体表
		钝缘蜱属 *Ornithodoros*	拉合尔钝缘蜱 *O. lahorensis*	人、绵羊等牲畜体表
			乳突钝缘蜱 *O. papillipes*	人、家畜、野生动物体表
疥螨亚目	疥螨科 Sarcoptidae	疥螨属 *Sarcoptes*	人疥螨 *S. scabiei*	人、家畜、野生动物皮肤表皮下

续表

亚目	科	属	种	寄生部位
		背肛螨属(耳疥螨属) Notoedres	猫背肛螨 N. cati	
	痒螨科 Psoroptidae	膝螨属 Cnemidocoptes	突变膝螨 C. mutans 鸡膝螨 C. gallinae	鸡腿部无毛处皮下 鸡羽基部和羽干
		痒螨属 Psoroptes	马痒螨 P. equi	马皮肤表面
		足螨属 Chorioptes	牛足螨 C. bovis	牛尾、肛门蹄部皮肤表面
中(气)门亚目	肉食螨科 Cheyletidae	耳痒螨属 Otodectes 羽管螨属 Syringophilus	犬耳痒螨 O. cynotis var. canis	犬猫外耳道皮肤表面
	皮刺螨科 Dermanyssidae	皮刺螨属 Dermanyssus	鸡皮刺螨 D. gallinae	禽体表吸血
		禽刺螨属 Ornithonyssus	林禽刺螨 O. sylviarum 囊禽刺螨 O. bursa	禽体表吸血 禽体表吸血
	鼻刺螨科 Rhinonyssidae	新刺螨属 Neonyssus 鼻刺螨属 Rhinonyssus		
	厉螨科 Laelapidae		大蜂螨 Varroa jacobsoni 小蜂螨 Tropilaelaps clareae	蜜蜂的体表刺吸体液 蜜蜂幼虫体表刺吸体液
恙螨亚目	恙螨科 Trombiculidae	恙螨属 Trombicula 真棒属 Euschongastia		
		新棒属 Neoschongastia	鸡新棒恙螨 N. gallinarum	幼虫寄生于鸡及其他鸟类的翅和腿内侧、胸肌两侧的皮肤
	蠕形螨科 Demodicida	蠕形螨属 Demodex	犬蠕形螨 D. canis 猪蠕形螨 D. phylloides 山羊蠕形螨 D. caprae 绵羊蠕形螨 D. ovis 牛蠕形螨 D. bovis 马蠕形螨 D. equi 毛囊蠕形螨 D. folliculorum 皮脂蠕形螨 D. brevis	犬毛囊、皮脂腺 猪毛囊、皮脂腺 山羊毛囊、皮脂腺 绵羊毛囊、皮脂腺 牛毛囊、皮脂腺 马毛囊、皮脂腺 人毛囊、皮脂腺 人毛囊、皮脂腺
	肉螨科 Myobiidae	肉螨属 Myobia 雷螨属 Radfordia	鼷鼠肉螨 M. musculi 亲近雷螨 R. affinis	小鼠体表 小鼠体表
	癣螨科 Myocoptidae	癣螨属 Myocoptes 毛螨属 Trichoecius	鼠癣螨 M. musculinus 罗氏住毛螨 T. romboutsi	小鼠体表 小鼠体表

五口虫纲常见寄生虫分类及寄生部位见表8。

表8　五口虫纲常见寄生虫分类及寄生部位

纲	科	属	种	宿主及寄生部位
五口虫纲	舌形虫科 Linguatulidae	舌形虫属 Linguatula	舌形虫 L. serrata	成虫寄生于肉食动物的呼吸道和鼻腔,马、羊、人偶被寄生,幼虫寄生于牛、马、兔、绵羊的内脏

六、原虫

原虫属于原生动物门(Protozoa),包括肉足鞭毛亚门(Sarcomastigophora)、复顶亚门(Apicocomplexa)、微孢子虫亚门(Microspora)、黏孢子虫亚门(Myxospora)和纤毛虫亚门

(Ciliophora)，其中黏孢子虫亚门主要寄生于鱼。肉足鞭毛亚门又包括鞭毛虫总纲（Mastigophora）、玛瑙虫总纲（Opalinata）和肉足总纲（Sarcodina），其常见寄生虫分类及寄生部位见表 9。

表 9　肉足鞭毛亚门原虫分类及寄生部位

总纲	纲	目	科	属	种	寄生部位
鞭毛虫总纲	动物鞭毛虫纲	动体目 Kinetoplastida	锥体科 Trypanosomatidae	锥虫属 *Trypanosoma*	伊氏锥虫 *T. evansi* 马媾疫锥虫 *T. equiperdum*	多种家畜、鼠等动物血浆、造血器官 马属动物生殖道黏膜、水肿液、血液
				利什曼属 *Leishmania*	杜氏利什曼原虫 *L. donovani*	人和犬的肝、脾、淋巴结的网状内皮细胞
		旋滴目 Retuotamonadida	旋滴科 Retuotamonadidae	唇鞭毛属 Chilomastix		
		根鞭毛目 Rhizomastigida	鞭毛阿米巴科 Mastigamoebidae	组织滴虫属 *Histomonas*	火鸡组织滴虫 *H. meleagridis*	禽类盲肠和肝脏
		双滴目 Diplomonadida	六鞭科 Hexamitidae	六鞭属 Hexamita		
				贾第属 *Giardia*	牛贾第虫 *G. bovis* 山羊贾第虫 *G. caprae* 犬贾第虫 *G. canis* 蓝氏贾第虫 *G. lamblia*	牛肠道 山羊肠道 犬肠道 人肠道
		毛滴目 Trichomonadida	毛滴虫科 Trichomonadidae	毛滴虫属 *Trichomonas*		
				三毛滴虫属 *Tritrichomonas*	胎儿三毛滴虫 *T. foetus*	牛生殖道
玛瑙虫总纲						
肉足总纲	根足纲（叶足亚纲）	阿米巴目 Amoebida（管足亚目 Tubulinorina）	内阿米巴科 Endamoebidae	肠阿米巴属 *Entamoeba*		
				内蜒属 *Endolimax*		

复顶亚门包括孢子虫纲（Sporozoa）和梨形虫纲（Piroplasmea），其常见寄生虫分类及寄生部位见表 10。

表 10　复顶亚门原虫分类及寄生部位

纲	目	科	属	种	寄生部位
孢子虫纲（球虫亚纲） Coccidia	真球虫目 Eucoccida 艾美尔亚目 Eimeriina	艾美尔科 Eimeriidae	艾美尔属 *Eimeria*	柔嫩艾美尔球虫 *E. tenella*	鸡肠道
				巨型艾美尔球虫 *E. maxima*	鸡肠道
				堆形艾美尔球虫 *E. acervulina*	鸡肠道
				和缓艾美尔球虫 *E. mitis*	鸡肠道
				早熟艾美尔球虫 *E. praecox*	鸡肠道
				毒害艾美尔球虫 *E. necatrix*	鸡肠道
				布氏艾美尔球虫 *E. brunetti*	鸡肠道
				变位艾美尔球虫 *E. mivati*	鸡肠道
				哈氏艾美尔球虫 *E. hagani*	鸡肠道
				截形艾美尔球虫 *E. truncata*	鹅肾脏

纲	目	科	属	种	寄生部位
孢子虫纲(球虫亚纲) Coccidia	真球虫目 Eucoccida 艾美尔亚目 Eimeriina	艾美尔科 Eimeriidae	艾美尔属 *Eimeria*	鹅艾美尔球虫 *E. anseris*	鹅肠道
				斯氏艾美尔球虫 *E. stiedai*	兔肝脏
				穿孔艾美尔球虫 *E. perfornas*	兔肠道
				中型艾美尔球虫 *E. media*	兔肠道
				大型艾美尔球虫 *E. magna*	兔肠道
				梨形艾美尔球虫 *E. piriformis*	兔肠道
				无残艾美尔球虫 *E. irresidua*	兔肠道
				盲肠艾美尔球虫 *E. coecicola*	兔肠道
				肠艾美尔球虫 *E. intestinalis*	兔肠道
				小型艾美尔球虫 *E. exigua*	兔肠道
				黄艾美尔球虫 *E. flavescens*	兔肠道
				松林艾美尔球虫 *E. matsubayashii*	兔肠道
				新兔艾美尔球虫 *E. neoleporis*	兔肠道
				长形艾美尔球虫 *E. elongata*	兔肠道
				那格浦尔艾美尔球虫 *E. nagpurensis*	兔肠道
				邱氏艾美尔球虫 *E. zurnii*	牛肠道
				斯密氏艾美尔球虫 *E. smithi*	牛肠道
				拨克朗艾美尔球虫 *E. bukidnonensis*	牛肠道
				奥氏艾美尔球虫 *E. orlovi*	牛肠道
				椭圆艾美尔球虫 *E. ellipsoidalis*	牛肠道
				柱状艾美尔球虫 *E. cylindrica*	牛肠道
				加拿大艾美尔球虫 *E. canadensis*	牛肠道
				奥博艾美尔球虫 *E. auburnensis*	牛肠道
				阿拉巴艾美尔球虫 *E. alabamensis*	牛肠道
				亚球形艾美尔球虫 *E. subspherica*	牛肠道
				巴西艾美尔球虫 *E. brasiliensis*	牛肠道
				艾地艾美尔球虫 *E. ildefonsoi*	牛肠道
				怀俄明艾美尔球虫 *E. wyomingensis*	牛肠道
				皮利他艾美尔球虫 *E. pellita*	牛肠道
				牛艾美尔球虫 *E. bovisd*	牛肠道
				阿撒他艾美尔球虫 *E. ahsata*	绵羊肠道
				绵羊艾美尔球虫 *E. ovinoidalis*	绵羊肠道
				巴库艾美尔球虫 *E. bakaensis*	绵羊肠道
				小艾美尔球虫 *E. parva*	绵羊肠道
				苍白艾美尔球虫 *E. pallida*	绵羊肠道
				植形艾美尔球虫 *E. crandallis*	绵羊肠道
				颗粒艾美尔球虫 *E. granulosa*	绵羊肠道
				浮氏艾美尔球虫 *E. faurei*	绵羊肠道
				错乱艾美尔球虫 *E. intricata*	绵羊肠道
				温布里吉艾美尔球虫 *E. weybridgensis*	山羊肠道
				阿氏艾美尔球虫 *E. arloingi*	山羊肠道
				柯氏艾美尔球虫 *E. christenseni*	山羊肠道
				山羊艾美尔球虫 *E. hirci*	山羊肠道
				雅氏艾美尔球虫 *E. ninakohlyakimovae*	山羊肠道
				提鲁帕艾美尔球虫 *E. tirupatiensis*	猪肠道
				粗糙艾美尔球虫 *E. scabra*	猪肠道
				蠕孢艾美尔球虫 *E. cerdonis*	猪肠道
				蒂氏艾美尔球虫 *E. debliecki*	猪肠道
				猪艾美尔球虫 *E. suis*	猪肠道
				有刺艾美尔球虫 *E. spinosa*	猪肠道
				极细艾美尔球虫 *E. perminuta*	猪肠道
				豚艾美尔球虫 *E. porci*	马肠道
				鲁氏艾美尔球虫 *E. leuckarti*	马、驴
				单指兽艾美尔球虫 *E. solipedum*	马、驴
				单蹄兽艾美尔球虫 *E. uniungulati*	

纲	目	科	属	种	寄生部位
			等孢属 *Isospora*	犬等孢球虫 *I. canis* 俄亥俄等孢球虫 *I. ohioensis* 猫等孢球虫 *I. felis* 芮氏等孢球虫 *I. rivolta* 阿沙卡等孢球虫 *I. aksaica* 猪等孢球虫 *I. suis*	犬肠道 犬肠道 猫肠道 猫肠道 黄牛肠道 猪肠道
			泰泽属 *Tyzzeria*	毁灭泰泽球虫 *T. peniciosa*	鸭肠道
			温扬属 *Wenyonella*	菲莱氏温扬球虫 *W. philiplevinei*	鸭肠道
		隐孢科 Cryptosporididae	隐孢属 *Cryptosporidium*	小鼠隐孢子虫 *C. muris* 小隐孢子虫 *C. parvum* 贝氏隐孢子虫 *C. baileyi* 火鸡隐孢子虫 *C. meleagridis*	家畜(如牛羊)、人的胃黏膜 禽呼吸道、泄殖腔、法氏囊 禽肠道
		兰卡科 Lankesterellidae	兰卡属 *Lankesterella*		
		肉孢子虫科 Sarcocystidae	肉孢子虫属 *Sarcocystis*	猪肉孢子虫 S. *miescheriana* 牛肉孢子虫 S. *fusiformis* 羊肉孢子虫 S. *tenella* 马肉孢子虫 S. *bertrami* 兔肉孢子虫 S. *cuniculi* 鼠肉孢子虫 S. *muris* 人肉孢子虫 S. *lindemanni*	猪肌肉 牛肌肉 羊肌肉 马肌肉 兔肌肉 鼠肌肉 人肌肉
			贝诺孢子虫属 *Besnoitia*	贝氏贝诺孢子虫 *B. besnoiti*	草食动物皮下、浆膜、结缔组织、呼吸道黏膜
		弓形虫科 Toxoplasmatidae	弓形虫属 *Toxoplasma*	刚第弓形虫 *T. gondii*	人和猪等多种动物的有核细胞、腹水、心、脑、肌肉等处
	真球虫目 Eucoccida 血孢子虫亚目 Haemosporina	疟原虫科 Plasmodiidae	疟原虫属 *Plasmodium*	鸡疟原虫 *P. galinaceum*	鸡红细胞、内皮细胞、巨噬细胞
			血变原虫属 *Haemoproteus*	鸽血变原虫 *H. columbae*	鸡红细胞、内皮细胞
		住白细胞虫科 Leucocytozoidae	住白细胞虫属 *Leucocytozoon*	卡氏住白细胞虫 *L. caulleryi* 沙氏住白细胞虫 *L. sabrazesi*	鸡白细胞、红细胞

续表

纲	目	科	属	种	寄生部位
梨形虫纲	梨形虫目 Piroplasmida	巴贝斯科 Babesiidae	巴贝斯属 Babesia	双芽巴贝斯虫 B. bigemina	牛红细胞
				牛巴贝斯虫 B. bovis	牛红细胞
				分歧巴贝斯虫 B. divergens	牛、人红细胞
				卵形巴贝斯虫 B. ovata	牛红细胞
				驽巴贝斯虫 B. caballi	马红细胞
				马巴贝斯虫 B. equi	马红细胞
				莫氏巴贝斯虫 B. motasi	羊红细胞
				吉氏巴贝斯虫 B. gibsoni	犬红细胞
				仓鼠巴贝斯虫 B. microti	野鼠、人红细胞
				陶氏巴贝斯虫 B. trautmanni	猪红细胞
		泰勒科 Theileriidae	泰勒属 Theileria	环形泰勒虫 T. annulata	牛羊及野生动物的巨噬细胞、淋巴细胞、红细胞
				瑟氏泰勒虫 T. sergenti	
				山羊泰勒虫 T. hirci	
				绵羊泰勒虫 T. ovis	

微孢子虫亚门常见寄生虫分类及寄生部位见表11。

表 11　微孢子虫亚门原虫分类及寄生部位

纲	目	科	属	种	寄生部位
微孢子虫纲	微孢子虫目 Microsporida	微粒子虫科 Nosematidae	微粒子虫属 Nosema	兔脑原虫 N. cuniculi	兔、野兔的脑和肾脏

纤毛虫亚门常见寄生虫分类及寄生部位见表12。

表 12　纤毛虫亚门原虫分类及寄生部位

纲	目	科	属	种	寄生部位
纤毛虫纲	毛口目 Trichostomatida 毛口亚目 Trichostomatina	小袋虫科 Balantidiidae	小袋虫属 Balantidium	结肠小袋纤毛虫 B. coli	人、猪、牛、羊等的结肠、盲肠和直肠

附录 B

常见食源性寄生虫病的检验与处理

一、通过肉品传递给人的绦虫蚴病

（一）猪肉囊尾蚴（猪囊虫）

猪囊虫是一种重要的肉源性的人畜共患寄生虫，严重危害人类健康，有猪囊虫寄生的猪肉不能出口，即使内销，也不能食用，造成极大经济损失，所以猪囊虫的检验是肉品卫生检疫的重要项目之一。

检验

1. 生前检验

（1）基本情况调查。猪的饲养周期，饲养方式（是否采用散养），是否来自疫区。

（2）静态检查。猪是否肩胛部增宽，后臀部隆起，身体是否呈哑铃状或狮子形。

（3）动态检查。猪走路是否前肢僵硬，后肢不灵活，左右摇摆；发音嘶哑，呼吸困难，对外界给予的触摸等刺激是否表现恐惧。

（4）活体舌检。将猪只进行相应保定，然后用开口器将猪口撬开，拉出舌头，检视和用手触摸舌面、舌下、舌两侧及根部，发现有米粒至黄豆大小的凸起或感到有大小不等的疙瘩时应怀疑为囊虫，此时划破黏膜见到囊虫即可确定。

（5）免疫学方法。包括皮内试验、间接血凝试验、乳胶凝集试验、碳素凝集试验、补体结合试验、免疫扩散、对流免疫电泳、间接荧光抗体试验、免疫酶染色试验、酶联免疫吸附试验（ELISA）等。其中，ELISA法具有高敏感性和特异性，是猪囊尾蚴病生前诊断的常用方法，现已确定为我国猪囊尾蚴病诊断技术的标准方法，除炭末凝集试验外，其他方法均需时太久无法在收购站推广使用，现将炭末凝集实验和 ELISA 方法介绍如下：

1）炭末凝集实验：取无其他疾病的囊虫病猪的囊液经 56 ℃ 30 min 灭活，每 20 mL 放入一装有玻璃珠的三角烧瓶内，加炭粉 4 g，充分混匀后，加入 pH7.2 的 PBS 液 60 mL 混匀后置于 37～40 ℃ 水浴中致敏 1 h，致敏时连续振荡，致敏后移入沉淀管中，以 2 000 r/min，离心 10 min，弃去上清液，向沉淀物中加入灭活兔血清 4 mL 搅匀，以 300～500 r/min 离心 10 min，弃去上清液，加入 4 倍抗原稀释液即成炭末抗原。最后加千分之一的叠氮钠存放在 4 ℃ 冰箱中备用。当阳性血清稀释 64 倍达到"＋＋"，标准阴性血清完全不凝集，蒸馏水也不凝集时，此抗原效价合格。检测时取耳静脉血液 6 滴加入盛有 2 mL 0.3% 柠檬酸钠的试管中使血液完全溶解，取此液一滴于玻板圆圈中，加抗原一滴混匀，一般 1～3 min 可观察判定完毕。判断标准为"－"炭末不凝集,液体不透明;"＋"炭末微凝集,液体混浊;"＋＋"炭末半数凝集,液体比较透明;"＋＋＋"炭末大部分凝集,液体透明;"♯"炭末完全凝集,液体完全透明。"＋＋"以上判为阳性猪标准,"＋"以下按阴性猪处理,此法符合率为 73.8%。

2)酶联免疫吸附试验(ELISA)

①材料准备

A. 器材　ELISA 反应板、酶联免疫检测仪、加样器、洗瓶、10 cm×1 cm 普通滤纸条等。

B. 试剂　猪囊尾蚴层析抗原、葡萄球菌 A 蛋白(SPA)、辣根过氧化物酶(HRP)标记物(HRP-SPA)、猪囊尾蚴标准阴性血清滤纸片和阳性血清滤纸片等。

C. 被检猪全血滤纸片的制作　将 10 cm×1 cm 普通滤纸条的一端标记被检猪号码,另一端吸取被检猪任何部位血液 1～2 滴,于室内阴干后,置于 4 ℃冰箱内(可保存 6 个月)。

D. 溶液配制　溶液配置的方法见附录④部分。

②操作方法

A. 抗原包被　a)首先以抗原包被液洗涤 ELISA 反应板 3 次;b)按使用说明书用抗原包被液稀释抗原至工作浓度;c)用加样器加工作浓度抗原至 ELISA 反应板各孔内,每孔 0.1 mL,加盖后置于室温过夜。

B. 洗涤　甩净 ELISA 反应板孔内的抗原包被液,每孔加满洗涤液,浸泡 3 min 后,甩去洗涤液,并用滤纸吸去残留的洗涤液,驱除孔内气泡,重新加入洗涤液。按同样方法洗涤 3 次。

C. 滤纸血片的处理　将被检血滤纸片、标准阴性血清滤纸片及标准阳性血清滤纸片均剪成 1 cm×1 cm 大小,分别置于青霉素瓶内,每 1 cm×1 cm 滤纸片加入稀释液 0.3 mL,浸泡 20 min,即滤纸片变白后即可。

D. 加样　a)每份被检滤纸血片浸液加两孔,每孔 0.1 mL;b)标准阴性、标准阳性对照孔内加入相应滤纸血片浸液两孔,每孔 0.1 mL;c)空白对照孔加稀释液两孔,每孔 0.1 mL;d)加样后加盖,于室温下放置 30 min。

E. 洗涤

F. 加酶标记 SPA　a)按使用说明书以稀释液稀释 HRP-SPA 标准物至工作浓度;b)被检孔、标准阴性孔、标准阳性孔、空白对照孔每孔加 HRP-SPA 标记物 0.1 mL;c)加盖,于室温下放置 30 min。

G. 洗涤

H. 加底物　每孔加现配置的底物溶液 0.1 mL,于室温放置 10 min。

I. 终止反应　每孔加终止液两滴,以终止反应。

③判定

在标准阳性孔呈深黄色,标准阴性孔呈无色或浅黄色,空白孔呈无色的前提下,判定检验结果。

A. 目测判定　与标准阴性孔相比,颜色深于标准阴性孔者,即判定为 ELISA 法阳性病猪(＋)。

B. 酶联免疫检测仪判定(450 nm,620 nm 作参比波长)　以空白对照孔调零,测定被检孔透光(OD)值。待检孔 OD 值大于阴性对照 2.1 倍者为阳性。当阴性对照 OD 值低于 0.05 时按 0.05 计算。

④试剂的配制

A. 抗原包被液(碳酸盐缓冲液,pH9.6)

a) 碳酸钠(Na_2CO_3)	3.18 g
蒸馏水	300 mL
b) 碳酸氢钠($NaHCO_3$)	5.86 g
蒸馏水	700 mL

将 a)、b)两液混合即为抗原包被液,测 pH(现用现配)。

B. 稀释液(吐温-磷酸盐缓冲液,pH7.4)

a) 磷酸氢二钠($Na_2HPO_4 \cdot 12H_2O$)	14.5 g
蒸馏水	202.5 mL
b) 磷酸二氢钠($NaH_2PO_4 \cdot 12H_2O$)	0.14 g
蒸馏水	47.5 mL

将 a)、b)两液混合后,加氯化钠($NaCl$)19 g 和少许蒸馏水,溶解后加蒸馏水至 2 500 mL,然后再加入吐温-20(Tween-20)1.25 mL,即为稀释液,测 pH(现用现配)。该试剂即是被检猪抗体的稀释液,又是洗涤液。

C. 底物溶液(磷酸盐-柠檬酸缓冲液,pH5.0)

a) 柠檬酸(无水)	0.96 g
蒸馏水	50 mL
b) 磷酸氢二钠($Na_2HPO_4 \cdot 12H_2O$)	3.50 g
蒸馏水	50 mL

取 a)液 24.3 mL、b)液 25.7 mL 和蒸馏水 50 mL,混合后加邻苯二胺(OPD)0.04 g,避光溶解后,加 30%过氧化氢(H_2O_2)0.45 mL,混匀后立即使用。

D. 终止液(H_2SO_4)

a) 蒸馏水	177.8 mL
b) 浓硫酸(96%～98%)	22.2 mL

混匀即可。

2. 宰后检验

(1) 检验部位

根据中华人民共和国农业行业标准《畜禽屠宰卫生检验规范》(NY 467—2001),主要检验部位为咬肌、深腰肌和膈肌,其他可检部位为心肌、肩胛外侧肌和股部内侧肌等。

(2) 检查方法

用肉眼视检规定部位切面,发现囊虫,即可确定。成熟的囊尾蚴一般呈卵圆形,米粒至黄豆大,囊泡的直径约 6～8 mm。囊体呈乳白色半透明,囊内充满无色液体的囊泡,囊壁是一层薄膜,壁上有一圆形乳白色头节。

(3) 未成熟猪囊尾蚴的实验室镜检

未成熟的猪囊尾蚴的囊泡直径只有 1～3 mm,头节发育也不明显。为此,可用手术刀和镊子剥离囊泡,置于两张载玻片之间,加入 1～2 滴生理盐水并压片,显微镜低倍下镜检。见到头节的顶部有顶突,顶突上有内外两圈排列整齐的小钩,顶突的稍下方有 4 个均等的圆盘状吸盘时,即可确诊。

（4）死亡或钙化猪囊尾蚴的实验室镜检

死亡或钙化后的猪囊尾蚴虫体呈黄白色、粟粒大。可用手术刀和镊子将其剥离后,置于两张载玻片之间滴加10％稀盐酸将钙盐溶解后,压片,置于显微镜低倍下镜检。可见肌纤维之间有直径2 mm左右的包囊,包囊周围形成厚的结缔组织膜,其中含有崩解的虫体团块和特征性的角质小钩时,即可确诊。

肉尸处理

按《畜禽病害肉尸及其产品无害化处理规程》(GB 16548—1996)规定在规定检验部位切面视检,发现囊尾蚴和钙化的虫体者,全尸作工业用或销毁。可利用湿化机,将整个尸体投入化制(熬制工业用油)。或整个尸体或割除下来的病变部分和内脏投入焚化炉中烧毁炭化。

（二）牛囊尾蚴

牛囊虫是一种真性的肉源性的人畜共患病,是食品卫生检验的重点对象之一。

检验

生前检验比较困难,宰后检验一般依靠肉眼发现囊虫,按《畜禽屠宰卫生检验规范》(NY 467—2001)规定,囊虫的主要检验部位是牛的咬肌、舌肌、深腰肌和膈肌。有人提出在肉检时增加咬肌和心脏的切割刀数,省去其他部位的切割,可以提高检出率。

肉尸处理

按《畜禽病害肉尸及其产品无害化处理规程》(GB 16548—1996)规定,在规定检验部位切面视检,发现囊尾蚴和钙化的虫体者,全尸作工业用或销毁。

（三）裂头蚴

《畜禽屠宰卫生检验规范》(NY 467—2001)中尚无检验裂头蚴的规定,但此虫既然是肉源性人兽共患寄生虫,应该列为肉品卫生检验内容之一。

检验

裂头蚴寄生于猪体的部位以腹腔下的最多,依次为膈肌、腰肌、腹肌,肾周围脂肪组织、胸膜,浅腹股沟区皮下脂肪等。一般在猪屠宰后1～2 h内,其腹部脂肪色微红,裂头蚴盘曲在腹膜下,色浅黄,易于检出。39.6％在虫体周围附近有出血,更有助于检出。

肉尸处理

现行的病猪肉的高温处理办法以及猪囊虫冷冻无害化处理方法,完全可以使裂头蚴病肉达到无害化,处理的标准以腹脂、腹肌和股肌检出的虫数为依据。检出1～10条虫的冷冻无害化处理后作复制品原料;10～15条虫的,高温处理后出场;15条虫以上的,作食用油处理;15条虫以上且肉尸有病变或消瘦者作工业油处理。

二、通过肉品传递给人的主要线虫——旋毛虫

旋毛虫成虫寄生于人和动物的小肠,幼虫寄生于同一动物的横纹肌中,形成包囊。旋毛虫感染动物的种类较多,人感染主要是生吃或吃未煮熟的肉而感染的,发病后严重可导致死亡。旋毛虫的检验是肉品卫生检验的重要项目之一。

检验

1. 肌肉组织压片镜检法

（1）材料。①甘油透明液、盐酸溶液、美蓝溶液[见附录(6)部分];②仪器——显微镜。

(2) 新鲜肉检验操作方法。①采样。每头猪胴体的左右膈肌脚各取一块肉样,每块肉样的重量不少于 30~40 g,2 块膈肌角样品与胴体编记同一号码,依次排列在有号码的采样盘中。如果是部分胴体被检,可从肋间肌、腰肌、咬肌、舌肌等处采样。②肌样肉眼初步检查。膈肌脚样品在进行显微镜检查之前,由检验人员撕去肌膜或者不撕去肌膜作肉眼观察。将膈肌脚缠在检验者左手食指第二指节上,使肌纤维垂直于手指伸展方向,再将左手握成半握拳式,借助于拇指的第一节和中指的第二节将肉块固定在食指上面,随即使左手掌心转向检验者,右手拇指拨动肌纤维,在充足的光线下,仔细视检肉样的表面有无针头大半透明乳白色或灰白色隆起的小点,撕去膈肌的肌膜,检完一面后再将膈肌翻转,用同样方法检验膈肌的另一面。凡发现上述可疑小白点者,剪取可疑处肌样进行压片检查。③肌样压片。肉眼检查肉样后,放置玻片。将玻片放在检验台的边沿,靠近检验者;用外科剪刀顺着肌纤维方向,随机地剪取 12 个小肉粒(两块膈肌脚总共 24 个),每块大小 2 mm×10 mm(米粒大小)。在一块 5 mm 厚玻片(4 cm×16 cm)上排成两行,再覆盖另一厚玻璃片,将肌样压扁直到半透明。④镜检。将肌样压片置于传统显微镜或者投影显微镜——旋毛虫镜下,放大 15~40 倍检查,依次对 24 个肉粒压片进行观察。

(3) 镜检判定。①包囊形成期的旋毛虫。幼虫在卵圆形包囊内呈卷曲状。严重感染时,一个包囊内可见多个幼虫。②没有形成包囊的旋毛虫。虫体在肌纤维之间呈直杆状或蜷曲状,或虫体位于压出的肌浆中。无包囊旋毛虫(*Nonencapsulating Trichinella*)包括假旋毛虫(*T. pseudospiralis*)和有关类型,位于肌细胞外,不卷曲。③钙化旋毛虫包囊。钙化的旋毛虫包囊在镜下呈浓淡不均的黑色钙化物或见到模糊不清的虫体。可在肉样之上滴加数滴 5%~10% 的盐酸或 5% 的冰醋酸,等待 1~2 h 钙质溶解后镜检,可见包囊清晰,肌纤维灰色透明。④机化的旋毛虫。肉样压片上滴加数滴甘油,待肉片变得透明时,再覆盖玻片,置低倍镜下观察。虫体被肉芽组织包围后,形成纺锤形、椭圆形或圆形的肉芽肿。被包围的虫体结构完整或破碎,或者完全消失。⑤肉样自溶后的旋毛虫。新鲜肌肉存放时间较长以后,肌肉组织自溶,旋毛虫包囊不能看清。可用美兰染色液将标本染色。包囊和肌纤维染成蓝色或淡蓝色,虫体不着色。⑥住肉孢子虫的鉴别。住肉孢子虫位于肌纤维内,多为长圆形,壁薄,囊内含有大量香蕉状缓殖子。⑦死亡、钙化囊虫或幼小囊虫。形体较大,呈不规则团块状。囊内可有头节。钙质溶解以后不见残留虫体。⑧膈肌脚寄生的其他寄生虫。浆膜丝虫仅在肌肉表面形成透明菜籽大小水泡。肺丝虫幼虫在肌纤维外,没有旋毛虫幼虫食道念珠状的特征。刚棘颚口线虫的幼虫在膈肌表面大头针大的透明囊泡或者包囊呈脂肪小球状,用针挑破白色包囊,镜下见虫体体表密生小棘。旋毛虫包囊、肉孢子虫肉囊和猪囊虫包囊鉴别见表 B.1。

表 B.1 旋毛虫包囊、肉孢子虫肉囊和猪囊虫包囊鉴别比较

旋毛虫包囊	肉孢子虫肉囊	猪囊虫
椭圆形或梭形,大小(0.4~0.7) mm×(0.25~0.3) mm	多为长圆形,大小为(2~3) mm×(0.1~0.3) mm	不规则团块状
双层囊壁明显,在肌纤维内囊内含盘曲的幼虫	囊壁薄,紧贴内容物,在肌纤维内囊内为极多的香蕉状缓殖子	囊壁为似单层,在肌肉纤维间无盘曲的幼虫,无香蕉状物
周围肌纤维通常消失	周围肌纤维横纹不消失	
钙化包囊,钙溶解后有时可见残留虫体	钙化包囊,钙溶解后不见残留虫体	钙溶解后不见残留虫体

肉样中还可能见到与旋毛虫混淆的结构尚有:①猪浆膜丝虫病灶,一般在浆膜上面而不在肌纤维内。②肺线虫幼虫、类圆线虫污染肉样,均在肌纤维外,且虫体结构不同于旋毛虫幼虫,旋毛虫幼虫具有食道较长呈念珠状的特征。③重翼吸虫后囊尾蚴阶段,它位于肌纤维之间,灰色大小约等于旋毛虫包囊,但镜检可见口吸盘和腹吸盘。④在腌制品中可见到酪氨酸结晶,它的宽度可超过几根肌纤维,与旋毛虫钙化点不同处为酪氨酸结晶可被氢氧化钾溶解,钙化包囊可加数滴 5%~10%盐酸或 5%冰醋酸使之溶解,1~2 h 后镜检包囊轮廓清晰。

(4)冷冻肉的旋毛虫检查。冷冻猪肉在解冻时形成多量肉汁,肉汁侵入旋毛虫的包囊和虫体,影响虫体鉴别。可以采取如下方法检查:

①肉汁排除法。用力按压镜检标本,尽量排除肉汁后观察。

②压片盐酸透明法。切取厚度 0.15 cm 以内的肉片,制成压片以后,在肉样上滴加 0.05 mol 的盐酸(比重 1.19 的 0.45%盐酸)1~2 滴,维持 1~2 min。经过盐酸处理后的肌纤维淡灰色,透明。旋毛虫的包囊膨胀,轮廓清楚,包囊内的液体蛋白质凝固,囊液变清。这样可在淡灰色的肌纤维背景之上看到明显的包囊轮廓和囊内的絮状透明液体以及位于中部的虫体。

③冻肉的美蓝染色方法。在肉片上滴加 1~2 滴美蓝,浸渍 1 min,盖上玻片。肌纤维呈淡青色,脂肪组织不着染或周围淡染。旋毛虫包囊呈淡紫色、蔷薇色或蓝色,虫体完全不着染。

(5)咸肉的旋毛虫检查。将咸瘦肉切成 1.5~2.0 mm 厚的薄片,放入 5%~10%的苛性钠中加温,使肉片变软。再滴加 50%的甘油水溶液,使肉样透明后,显微镜下观察。咸肉制品中酪氨酸结晶宽度超过几根肌纤维,和钙化的旋毛虫不同,酪氨酸结晶可以被苛性钠溶解而不被酸溶解。

(6)试剂配制

A. 甘油透明液

    a)甘油   20 mL

    b)加双蒸水至   100 mL

B. 盐酸水溶液

    a)盐酸(HCl)   20 mL

    b)加双蒸水至   100 mL

C. 美蓝溶液

    a)饱和美蓝酒精溶液   5 mL

    b)加双蒸水至   100 mL

2. 集样消化法

本法是将一批肌肉样品集中起来用一定浓度的胃蛋白酶溶液在一定温度和 pH 条件下,使肌组织溶解,释放出旋毛虫幼虫,包括完整虫体、不完整虫体、包囊和空包囊。然后,浓缩样品中的虫体,在显微镜下观察或计数。

(1)材料。①消化液。②器械与仪器:肉样盘(为不锈钢或铝合金、塑料制品,内有放置肉样带编号方格);外科手术剪;不锈钢镊子;普通生物显微镜(或倒置显微镜);高速自控组织捣碎机;加热磁力搅拌器(40~50 W);贝尔曼氏装置;玻璃漏斗筛(网眼为 355 μm,60 目的滤筛);100 ℃水银温度计;1 000 mL 烧杯;底部带格的玻璃平皿;旋毛虫压板;计数器。

（2）检验程序。采集肌肉样品→混合捣碎→加入消化液消化→过滤集虫→镜检或计数→结果报告。

（3）检测方法。

1）采样。采每头猪左右横膈肌或舌肌,根据胴体编号,将肉样放入编号的肉样盘内,送检。

2）样品大小.取样时去净脂肪和筋膜,只剪取肌肉部分,每头猪取 5～8 g。每批 20～25 个猪胴体为一组,共 100～200 g。余样备查。

3）样品捣碎。将上述样品倒入组织捣碎器内,捣碎 30 s(转速 15 000 r/min),使肉样呈糜状。

4）肌样消化和虫体回收。①温热人工胃液磁力搅拌消化。在烧杯内按照每 100 g 肉糜加入 1 000 mL 预热的人工胃液,在磁力搅拌器上,维持 37 ℃消化 3 h(如温度较高可缩短消化时间,例如 44～46 ℃消化 30～60 min)。(可用恒温控制装置的组织捣碎机)。②消化物沉淀。搅拌结束后,消化物沉淀 15～20 min,倾去上 2/3 液体。③消化沉淀物过滤。遗留的液体和沉淀物,在 43 ℃环境下,通过玻璃漏斗筛过滤 45 min,滤进圆锥形的玻璃瓶内,继续沉淀 15～20 min。吸去上清液,尽可能不要搅动沉淀物。④消化物沉淀的洗涤。用 37 ℃自来水洗涤沉淀物,让其沉淀 15～20 min。如有必要,重复洗涤步骤,直到上清液清澈。⑤取沉淀物镜检。洗涤的沉淀物转移到 50 mL 试管中,吸取沉淀物。

5）镜检与计数。将 10 mL 沉淀物全部倒进底部带格的玻璃平皿内,将平皿移至显微镜载物台上,在 15～40 倍(也可用 60～100 倍)的解剖显微镜下观察旋毛虫幼虫并计数。检查被检物中是否有虫体、包囊、不完整虫体或空包囊存在。可以计算每克肌肉旋毛虫数(LPG, Larvae per gram)和繁殖力指数(RCI)。如虫数较高,可事先适当稀释。

（4）结果判定

1）发现有虫体、包囊、不完整虫体或空包囊均为阳性,否则为阴性。从肌细胞消化出来的游离第一期旋毛虫幼虫的长度大约 1 mm,宽度 0.03 mm。旋毛虫幼虫可表现为卷曲(温度较低)、运动(温暖)或 C-型(死亡幼虫)。旋毛虫幼虫的明显特征是由一串扁圆形细胞构成的杆状体(stichosome)位于食道表面,占据了虫体前 1/2。包囊是含有完整旋毛虫虫体的椭圆形囊状结构。空包囊是不含虫体或钙化物质的包囊。不完整虫体是虫体的片段。

2）若有疑问,应将虫体在高倍显微镜下检查,或再取组织检查。

3）发现阳性者应再用分组消化或镜检的方法进行复检,直到查出阳性者为止。

说明:使用本法时,一般是白天采样消化,晚上进行浓缩并镜检。如果发现阳性胴体组,第二天早晨逐个重新检查该批胴体。两班制使得猪的胴体在分割之前经过了冷却,不会影响分割加工。

（5）试剂配制

消化液的配制

a) 胃蛋白酶(3 000 国际单位)　　　　　　　　10 g

b) 盐酸(比重 1.19)　　　　　　　　　　　　10 mL

c) 加蒸馏水至　　　　　　　　　　　　　　1 000 mL

加温 40 ℃搅拌溶解,现用现配。

3. 酶联免疫吸附试验(ELISA)

(1) 材料

1) 旋毛虫虫株(猪源株)抗原。用第一期幼虫(L1)制备带有 TSL-1 表位的特异性分泌抗原。

2) 试剂。辣根过氧化物酶标记的兔抗猪免疫球蛋白(IgG-HRP);邻苯二胺(OPD);牛血清白蛋白(BSA)。

3) 仪器。酶联免疫检测仪;可调微量单道移液器 10 μL、200 μL、1000 μL;96 孔反应板;冰箱。

4) 血清。标准阳性血清、标准阴性血清、待检血清。

(2) 操作步骤

1) 抗原包被。用包被缓冲液[见(3)部分]将旋毛虫分泌性抗原稀释至 5 μg/mL,每孔加入此稀释液 100 μL 包被 96 孔反应板,37 ℃放置 60 min 或 4 ℃过夜。

2) 洗涤。用洗液[见(3)部分]将反应板洗涤 3 次,每次洗涤后,将反应板甩干。

3) 加血清。用洗液按 1∶100 稀释三种血清。每孔加 100 μL 稀释的血清。每块反应板设置与试验血清相同稀释度的已知阳性和阴性血清对照孔。室温下孵育 30 min。

4) 洗涤。

5) 加酶标抗体。按使用说明书用洗液将辣根过氧化物酶标记的兔抗猪免疫球蛋白稀释至工作浓度,然后在每孔加入 100 μL,室温下孵育 30 min。

6) 洗涤。洗涤 3 次,最后一次用蒸馏水洗涤。

7) 加底物。加入 100 μL 适当的过氧化物酶底物[见(3)部分],室温下孵育 5~15 min。

8) 终止反应。每孔加入终止液[见(3)部分]100 μL 终止反应。

9) 判定。在酶标仪以 450 nm 波长测定每个反应孔的光密度值。当待检血清孔光密度值/阴性对照血清光密度值≥2.1,且待检血清孔光密度值-阴性对照血清光密度值＞0.2 时判为阳性,否则判断为阴性。

(3) 试剂配制

A. ELISA 法抗原包被液(碳酸盐缓冲液,pH9.6)

a) 碳酸钠(Na_2CO_3)   3.18 g
    蒸馏水   300 mL

b) 碳酸氢钠($NaHCO_3$)   5.86 g
    蒸馏水   700 mL

将 a)、b)两液混合即为抗原包被液,测 pH(现用现配)。

B. ELISA 法洗涤液(吐温-磷酸盐缓冲液,pH7.4)

a) 磷酸氢二钠($Na_2HPO_4 \cdot 12H_2O$)   14.5 g
    蒸馏水   202.5 mL

b) 磷酸二氢钠($NaH_2PO_4 \cdot 12H_2O$)   0.14 g
    蒸馏水   47.5 mL

将 a)、b)两液混合后,加 25 g Triton X-100,脱脂干奶 125 g,Tris 15.0 g,氯化钠(NaCl) 21.9 g 和少许蒸馏水,溶解后加蒸馏水至 2 500 mL,然后再加入吐温-20(Tween-20) 1.25 mL,即为稀释液,测其 pH 值(现用现配)。该试剂即为被检猪抗体的稀释液,又是洗涤液。

C. ELISA 法底物溶液(磷酸盐-柠檬酸缓冲液,pH5.0)

a) 柠檬酸(无水)	0.96 g
蒸馏水	50 mL
b) 磷酸氢二钠($Na_2HPO_4 \cdot 12H_2O$)	3.50 g
蒸馏水	50 mL

取 a)液 24.3 mL、b)液 25.7 mL 和蒸馏水 50 mL,混合后加邻苯二胺(OPD)0.04 g,避光溶解后,加 30% 过氧化氢(H_2O_2)0.45 mL,混匀后立即使用。

D. ELISA 法终止液(H_2SO_4)

a) 蒸馏水	177.8 mL
b) 浓硫酸(96%~98%)	22.2 mL

混匀即可。

肉尸处理

按《畜禽病害肉尸及其产品无害化处理规程》(GB 16548—1996)规定,在 24 个肉样压片内,若发现有包囊的或钙化的旋毛虫者,其肉尸作工业用或销毁。

三、通过肉品传递给人的主要原虫

(一)弓形虫

弓形虫对人和动物的感染性阶段有速殖子、组织包囊和孢子化卵囊,人感染弓形虫主要是通过吃到动物肉品中感染性阶段的弓形虫,也可以通过吃到猫粪便中的卵囊而感染。

检验

根据肠系膜淋巴结、胃淋巴结及肝、肾、肺等脏器的病变找出可疑肉尸,再经实验室镜检证实。以肠系膜淋巴结为主要检验部位检出率较高。感染弓形虫的往往其肠系膜淋巴结肿大,表面呈桃红色,质地硬,刀切有脆感,切面呈砖红色或红紫色,切面中有灰白色干酪样坏死花纹,切面液体较多,周围一般没有胶样浸润,以病变部新鲜切面作触片经吉姆萨染色油镜检查可以发现虫体,其他检验部位为肺、肝和其他淋巴结。慢性感染期的猪宰后检验可采用脑或膈肌作压片镜检组织包囊。

免疫学诊断方法主要有间接血凝试验和 ELISA 试验。

1. 间接血凝试验

(1)试剂和材料

①健康绵羊红细胞;②弓形虫致敏绵羊红细胞;③弓形虫阳性对照血清;④弓形虫阴性对照血清;⑤血清稀释液(含 1% 健康兔血清的磷酸缓冲液);⑥微量血凝试验"V"型反应板;⑦微量加样器(20~200 μL);⑧灭菌试管、吸管;⑨振荡器、冰箱、高速冷冻离心机;⑩弓形虫抗原。

(2)方法

1)弓形虫抗原液的制备。猪源性南京汤山株(NT)弓形虫速殖子(虫数 10^4 个左右)接种小鼠(18~22 g),3~4 d 后收集腹水,2 500 r/min 离心 15 min,倾去上清液,在沉淀中加 10 倍 pH7.2 的 PBS,振荡混匀,4 ℃过夜。10 000 r/min 4 ℃离心 1 h,取上清液加等量 1.7% 盐水,-20 ℃以下保存备用。

2) 绵羊红细胞的鞣化。无菌采集健康绵羊全血 2 mL,注入抗凝剂溶液中,混匀后2 000 r/min 离心 10 min,倾去上清液。加入 0.01 M PBS(pH7.2)3~5 mL,2 000 r/min 离心 10 min,共洗涤 3 次。用 0.01 M PBS(pH7.2)配成 2.5%的绵羊红细胞悬液。

加入含 1%鞣酸的 0.01 M PBS(pH7.2),使鞣酸的终浓度为 1/10 000 或 1/20 000,37 ℃ 水浴 15 min;2 000 r/min 离心 10 min,倾去上清液。用 0.01 M PBS(pH7.2)以同样的方法离心洗涤 3 次。再加 PBS 配成 2.5%鞣化红细胞悬液。

3) 抗原致敏鞣化的绵羊红细胞。取 0.01 M PBS(pH7.2)稀释的 1%健康兔血清,加入等体积 2.5%的红细胞悬液,吸收非特异血凝素。

将 2.5%鞣化红细胞悬液 1 份、弓形虫抗原液 1 份、pH6.4 的 PBS 液 4 份混匀,室温下放置 15 min;2 000 r/min 离心 10 min,倾去上清液。

加入 3~5 mL 吸收处理过的 1%健康兔血清,以 2 000 r/min 离心 10 min 洗涤两次。再用 0.01 M PBS(pH7.2)配成 2.5%的抗原致敏鞣化的绵羊红细胞悬液。4 ℃下保存备用(在6 个月内有效)。

4) 待检血清的采集与处理。①待检血清的采集和分离。无菌采集待检动物血液 2.0~2.5 mL,制备血清待检;②待检血清的处理。取待检血清 0.5 mL 置于试管中,加入经过绵羊红细胞非特异凝集素吸收处理的 1%健康兔血清 1.5 mL,56 ℃灭活 30 min。加入未致敏的 2.5%健康绵羊红细胞 2 mL,4 ℃过夜。

(5) 间接红细胞凝集试验的操作。①待检血清的稀释。在 96 孔"V"型反应板中,每孔加入倍比稀释的待检血清 50 μL,加至第 7 孔(1∶64);②对照组的设置。空白对照:第 8 孔加入血清稀释液。阴性对照和阳性对照在同一块血凝反应板同时设立阳性对照和阴性对照,以标准的阳性血清作阳性对照,以标准的阴性血清作阴性对照。其中阳性血清至少稀释至 1∶1 024;③每孔加入抗原致敏的绵羊红细胞悬液 50 μL;④37 ℃作用 2 h 以上,观察结果。

(3) 判定标准

①红细胞呈膜状均匀沉于孔底,中央无沉点或沉点小如针尖,判为"＋＋＋＋";②红细胞虽呈膜状沉着,但颗粒较粗,中央沉点较大,判为"＋＋＋";③红细胞部分呈膜状沉着,周围有凝集团点,中央沉点大,判为"＋＋";④红细胞沉集于中心,周围有少量颗粒状沉着物,判为"＋";⑤红细胞沉集于中心,周围无沉着物,分界清楚,判为"—";⑥结果判定。以出现"＋＋"孔的血清最高稀释倍数定为本间接血凝试验的凝集效价。小于或等于 1∶16 判为阴性;1∶32 判为可疑;等于或大于 1∶64 判为阳性。

(4) 试剂的配制

A. 0.01 M pH7.2 PBS 的配制:

a) Na_2HPO_4 2.9 g
b) KH_2PO_4 0.2 g
c) NaCl   8.0 g
d) KCl   0.2 g
e) 蒸馏水   1 000 mL

置于玻璃瓶中,4 ℃贮存备用。

B. 1% 鞣酸的 PBS 的配制:1 mL 鞣酸加入 99 mL PBS 液中。置于玻璃瓶中,4 ℃贮存备用。

C. 抗凝液的配制:柠檬酸 0.84 g,柠檬酸钠 1.32 g,葡萄糖 1.47 g,加水至 100 mL,置于玻璃瓶中,4 ℃贮存备用。

2. ELISA 检测方法

(1) 试剂和材料

①牛血清白蛋白(BSA)、胰蛋白酶、微孔滤膜、兔抗猪 IgG 辣根过氧化物酶结合物(简称酶标抗体)、邻苯二胺(OPD);②弓形虫标准阳性血清和标准阴性血清(兰州兽医研究所);③抗原稀释液、血清稀释液、洗涤液、封闭液、底物溶液、终止液等,依照第(4)部分配制;④弓形虫检测 ELISA 诊断试剂盒;⑤酶标测定仪、恒温箱、超声波粉碎机、96 孔平底微量反应板、微量移液器(20~200 μL)等。

(2) 方法

1) 弓形虫抗原液的制备。猪源性南京汤山株(NT)弓形虫速殖子(虫数 10^4 个左右)接种小鼠(18~22 g),3~4 d 后收集腹水,2 500 r/min 离心 15 min,倾去上清液,在沉淀中加入适量 PBS,制成虫体悬液,然后加入植物血凝素,终浓度为 0.01%。室温放置 30 min。尼龙纱布过滤纯化弓形虫悬液。悬液反复冻融 3~5 次。超声波粉碎裂解(220V,每次 30 s,间歇 10 s,共计粉碎 15 min 终止),12 000 r/min 4 ℃离心 60 min。取上清液作为弓形虫检测用抗原,-20 ℃保存备用。

2) 待检动物血清样品的采集和分离。无菌采集待检动物血液 2.0~2.5 mL,制备血清,56 ℃恒温水浴锅中灭活 30 min 后备用。

3) 间接 ELISA 操作步骤。①包被抗原(包板)。取 96 孔平底微量反应板,每孔加入 100 μL 抗原液,置保湿盒内,于 37 ℃恒温箱中作用 2 h,或置 4 ℃冰箱内过夜;②洗板。弃去板中包被液,每孔加洗涤液 300 μL,保留 5 min,然后倾去洗涤液,如此洗涤 3 次;③封闭。每孔加入封闭液 100 μL,置保湿盒内,于 37 ℃恒温箱中作用 1 h;④洗板;⑤加待检血清。试验前将被检血清用血清稀释液作 100 倍稀释。将反应板孔编组,每头动物一组,每组包括稀释被检血清孔 1 个、标准阳性血清孔 2 个和标准阴性血清孔 2 个以及 1 个空白对照孔。分别加待检血清、阳性和阴性标准血清各 100 μL。空白孔不加血清,只加洗涤液 100 μL。扣上盖子封板,置保湿盒内于 37 ℃恒温箱中作用 1 h。如果检验多头动物血清,也只需设置标准阳性血清孔 2 个和标准阴性血清孔 2 个;⑥洗板;⑦加酶标抗体:按照说明书,每孔加工作浓度的酶标抗体 100 μL,封板,放保湿盒内,置 37 ℃恒温箱中作用 1 h;⑧洗板。方法同 2.3.2;⑨加底物。每孔加入新配制的底物溶液(见附录)100 μL,封板,在 37 ℃恒温箱中作用 10 min;⑩加终止液。每孔添加终止液(见附录)100 μL 终止反应,立即检测光密度;⑩光密度(OD)值测定与计算。在酶联免疫检测仪 490 nm 波长下以空白对照孔调零,测定每个反应孔的光密度值。各孔读取的数值分别标记为:检测样品为 $S(OD_{490})$,阳性对照为 $P(OD_{490})$,阴性对照为 $N(OD_{490})$。

(3) 判定标准

①阳性对照值 $P(OD_{490})$ 与阴性对照值 $N(OD_{490})$ 的差值必须大于或等于 0.150 时,才可进行结果判定。否则,本次试验无效。如阴性对照值 $N(OD_{490})$<0.06,均按 0.06 计算;②被检血清孔 OD 值/阴性对照值<2.1 或被检血清孔 OD 值-阴性对照孔值<0.3,均判定

为弓形虫抗体阴性,记作间接 ELISA(一);③被检血清孔 OD 值/阴性对照孔值≥2.1 但被检血清孔 OD 值－阴性对照孔值在 0.2~0.3 之间,判定为疑似,记作间接 ELISA(±);④被检血清孔 OD 值/阴性对照值≥2.1 且被检血清孔 OD 值－阴性对照孔值≥0.3,判定为弓形虫抗体阳性,记作间接 ELISA(＋);⑤间接 ELISA(＋)者表明被检动物血清中含有弓形虫抗体。

(4) 试剂配制

A. 洗涤液(0.01 mol/L PBS 0.05％吐温－20,pH7.4)

a) 磷酸二氢钾(KH_2PO_4)	0.2 g
b) 磷酸氢二钠($Na_2HPO_4 \cdot 12H_2O$)	2.9 g
c) 氯化钠(NaCl)	8.0 g
d) 氯化钾(KCl)	0.2 g
e) 吐温－20	0.5 mL
f) 双蒸水加至	1 000 mL

现用现配。

B. 抗原稀释液(0.05 mol/L 碳酸盐缓冲液,pH9.6)

a) 碳酸钠(Na_2CO_3)	1.59 g
b) 碳酸氢钠($NaHCO_3$)	2.93 g
c) 双蒸水加至	1 000 mL

4 ℃保存,一周内用完。

C. 血清稀释液

为含 1％犊牛血清的"PBST"液。

D. 封闭液

为含 1％犊牛血清白蛋白或 10％小牛血清的"PBST"液。

E. 底物溶液

a) 0.1 mol/L 磷酸氢二钠溶液

| 柠檬酸($C_6H_8O_7$) | 1.92 g |
| 加三馏水至 | 100 mL |

b) 0.1 mL/L 磷酸氢二钠溶液

| 磷酸氢二钠($Na_2HPO_4 \cdot 12H_2O$) | 3.58 g |
| 加双馏水至 | 100 mL |

c) 底物溶液($OPD-H_2O_2$)

0.1 mol/L 柠檬酸溶液	33.0 mL
0.1 mol/L 磷酸氢二钠溶液	66.0 mL
邻苯二胺(OPD)	40.0 mg
30％过氧化氢(H_2O_2)	1.5 mL

充分混合后装于褐色玻璃瓶避光存放。现用现配。

d) 终止液(H_2SO_4)

将 10 mL 浓硫酸沿烧杯壁缓缓加入装有 80 mL 双蒸水的烧杯中,并不断搅拌,配成浓度为 2 mol/L。注意防止硫酸飞溅,贮备在棕色瓶中备用。

肉尸处理

按《畜禽病害肉尸及其产品无害化处理规程》(GB 16548—1996)规定,发现弓形体者,采用高压蒸煮法(把肉尸切成重不超过 2 kg、厚不超过 8 cm 的肉块,放在密闭的高压锅内,在112kPa 压力下蒸煮 1.5～2 h)或一般煮沸法(将肉尸切成上述规定大小的肉块,放在普通锅内煮沸 2～2.5 h)处理。

(二)肉孢子虫

肉孢子虫在中间宿主体内以肉囊形式存在,寄生于肌肉组织内,各种肉孢子虫肉囊的形状和大小都有差异。如猪的迈万肉孢子虫肉囊长 0.5～4 mm,宽 3 mm,牛的梭形肉孢子虫肉囊长 10 mm 或更长,绵羊的柔嫩肉孢子虫肉囊呈较长的椭圆形,长达 10 mm。孢子虫肉囊在猪体内分布的情况为股部肌肉、腰肌、颈部肌肉、肩胛部肌肉和膈肌五个部分,水牛主要分布在食道周围肌肉。

检验

根据中华人民共和国农业行业标准《畜禽屠宰卫生检验规范》(NY 467—2001),肉孢子虫的检验方法与旋毛虫相同。

处理

按《畜禽病害肉尸及其产品无害化处理规程》(GB 16548—1996)规定,在 24 个肉样压片内,发现有肉孢子虫者,全尸高温处理或销毁。

四、通过肉品传递给人的主要吸虫

通过肉品传递给人的主要吸虫有华枝睾吸虫和卫氏并殖吸虫,前者是通过生食了含囊蚴的鱼虾或其制品而感染的,后者是通过生食了或半生不熟的含囊蚴的淡水蟹或蝲蛄而感染的,目前尚无明确的检验规程,主要是做好预防工作。

五、肉品检验时常见的其他寄生虫

在肉品检验时常见的其他寄生虫有:细颈囊尾蚴、豆状囊尾蚴、多头蚴、棘球蚴、羊囊尾蚴、猪肺丝虫、猪蛔虫、巨吻棘头虫、猪胃线虫、有齿冠尾线虫、猪浆膜丝虫、肝毛细线虫、肝片吸虫、矛形腹腔吸虫、鸡球虫、兔球虫、兔豆状囊尾蚴、兔链形多头蚴、兔肝毛细线虫等。其中有些虽然是人畜共患的,但是不通过肉品传递给人,但由于虫体的寄生常引起脏器或组织的不同程度的病变,影响肉品的外观及质量,必须作一定的处理,才不影响销售。按《畜禽病害肉尸及其产品无害化处理规程》(GB 16548—1996)规定处理如下:

(1) 病变严重,且肌肉有退化性变化者,胴体和内脏作工业用或销毁;肌肉无变化者剔除患病部分作工业用或销毁,其余部分高温处理后出场(厂)。

(2) 病变轻微,剔除病变部分工业用或销毁,其余部分不受限制出场(厂)。

动物寄生虫标本的采集、保存和制作

一、吸虫的采集、固定与制片

1. 采集

吸虫宜用弯头针、弯头镊、毛笔挑取,小型的或以吸管吸取,不可以用镊子夹取,以免损伤虫体,影响观察。体表附着的污物应该放在生理盐水中以毛笔轻轻刷去,或密闭容器开口充分振荡,除去污物。吸虫的肠内容物过多时,可在生理盐水内放置过夜,待其食物消化或排出。这种洗净而尚未固定的虫体是半透明的,应先镜检观察。

2. 固定

在制作染色封片标本之前,须先把虫体压薄,固定。较小的虫体应先在薄荷脑溶液(薄荷脑 24 g,溶解于 10 mL 95%酒精中,使用前滴一滴于 100 mL 水中)中使虫体松弛。常用的固定方法有如下几种。

(1)劳氏摇动法固定。适用于小型吸虫。将小型吸虫放入盛满生理盐水的试管中,摇动 3 min,使虫体下沉,倒去一半盐水,加入等量饱和升汞醋酸液,再摇 1 min,移入纯饱和升汞液中 15~30 min,再移入 75%含碘酒精液中,至不褪色,然后放入 70%酒精液中长期保存。

(2)饱和升汞醋酸溶液固定法。将放在生理盐水中伸张好的吸虫,放入加温至 60~70 ℃ 的饱和升汞醋酸溶液(饱和升汞 98 mL,加冰醋酸 2 mL)中,固定后将虫体移入 50%酒精中,洗去升汞液,然后再移入 75%含碘酒精溶液中。2~3 h 后,再换到 70%酒精中长期保存。

(3)福尔马林固定法。将洗净、伸张好的吸虫放于两玻璃片之间,稍加压力压平,玻片两端用胶皮圈缚住,不可过紧,以免压坏虫体。放入 10%福尔马林液中 3~7 d,然后移入 3%福尔马林液中长期保存。小型虫体可不通过 10%福尔马林液,直接放入 3%的福尔马林液中。

在固定时,标本应用铅笔书写的标签标明标本的详细资料,如编号、采集地点、宿主、寄生部位等,一式两份,分别置于瓶内外。

3. 制片

吸虫标本的形态观察,常需制成整体染色装片标本或切片标本。切片标本制作过程同组织切片的制备,整体染色装片标本的制法有以下两种。

　　(1) 德氏苏木素染色法。取保存于 70％酒精内的虫体逐步通过 50％、30％酒精液各 0.5 h 后再置蒸馏水内 0.5 h。放入德氏苏木素染液内 2～24 h。用蒸馏水换洗后依次移入 30％、50％、70％酒精中各 0.5 h。用含 2％盐酸、70％酒精液褪色至全部构造清晰。用 70％酒精换洗两次,如加碱性溶液于酒精中,标本呈蓝色,依次移入 80％、90％、100％酒精中各 0.5 h,再移入冬青油与纯酒精各半的混合液内 0.5 h。然后移入冬青油、木馏油或二甲苯中透明。透明后用阿拉伯树胶或中性树胶封片。

　　(2) 硼砂洋红染色法。将保存于福尔马林液中的虫体先用蒸馏水冲洗数次,依次移入 30％、50％、70％酒精中各 0.5～1 h。将虫体移入硼砂洋红染液中 30 min 至数小时(视虫体大小而定)。移入含 2％盐酸的 70％酒精液中褪色适宜为止。再依次移入 80％、90％、100％酒精中脱水 1～2 h。置于纯酒精与冬青油各半混合液中 0.5～1 h。然后移入冬青油中透明、封片。

　　1) 德氏苏木素染液配制。苏木素 1 g 溶于 10 mL 纯酒精中,然后加入 100 mL 饱和氨明矾液,放于日光下 14～28 d,再加入 25 mL 甘油、25 mL 甲醇,置 3～4 d 后过滤即成。使用时用蒸馏水冲淡 10～15 倍。

　　2) 硼砂洋红染液配制。4％硼砂水溶液 100 mL,加入洋红 1 g,煮沸溶化,再加入 70％酒精 100 mL,24 h 后过滤即成。

二、绦虫的采集、固定与制片

1. 采集

　　绦虫的挑取和洗净方法同吸虫,但由于头节易断离,动作宜轻。如果绦虫头节附着在肠壁上很牢,应将附有绦虫的肠段连同虫体一起剪下,浸入生理盐水中数小时,头节会自行脱离肠壁。

2. 固定

　　绦虫肌肉发达,伸缩力强。节片还要压薄后固定。大型绦虫一般只切取头节、若干成熟节片和孕节制成封片标本。若准备作瓶装陈列标本,则应预先将虫体绕在一玻璃瓶上,再连瓶浸入盛有固定液的更大的瓶内固定之。在固定前应放于两玻片间夹平,压紧投入劳氏液或波氏液,也可用 70％热酒精或 10％～50％福尔马林液固定。幼虫固定前用手将头节挤出或在活体时用消化液孵出,洗净,压平后固定 24 h,然后依次移入 30％、50％、70％酒精中,最后放于新的 70％酒精中保存。

3. 制片

　　固定、保存好的标本可用德氏苏木素染液或明矾洋红染液进行染色。染色、脱水、透明、封片等方法与吸虫相同。

　　洋红染液配制:洋红 4 g,盐酸 2 mL,水 15 mL,85％酒精 95 mL。先将洋红溶解在盐酸与水中,煮沸后加 85％酒精 95 mL,加热片刻,滴入氨水液数滴中和盐酸,过滤即成。

　　明矾洋红染液配制:2.5％氨明矾水溶液 100 mL,加洋红 1 g,煮沸 20 min,冷却后过滤即成。

三、线虫的采集、固定与制片

1. 采集

线虫成虫多寄生于消化道、呼吸道、体腔及循环系统,幼虫多见于肌肉或各器官系统组织中。采集时用小镊子或解剖针挑取,肺部的线虫和丝虫目的线虫易破裂,应略加洗净后立即放入固定液中固定。

2. 固定

线虫的固定可用70%酒精或3%～5%福尔马林生理盐水,或10 mL 福尔马林液、10 mL 冰醋酸和80 mL 生理盐水配成的福尔马林冰醋酸固定液。大型线虫用生理盐水洗净后保存在5%福尔马林液内。小型线虫取出后计数,用生理盐水洗净,保存于巴氏液或含甘油的酒精内,微小虫体计数后放于巴氏液中固定。对腹腔丝虫及肺线虫最好直接放在热的5%福尔马林液中固定,以免破碎。固定时应先将固定液加热至70～80 ℃(皿底出现小气泡),然后将洗净的活虫体挑入固定液中,这样虫体伸直,便于观察。固定后的虫体最好移入含甘油5%的80%酒精中保存。

3. 观察与制片

固定的线虫是不透明的,一般不做成染色封片标本,必须先进行透明后以便滚动虫体,能从不同的侧面进行观察其清晰结构。透明的方法有以下几种:①甘油透明法。将保存于酒精甘油溶液中的虫体,连同保存液一起倒入平皿中,置温箱或水浴中,使酒精和水逐渐蒸发,最后只留下甘油和已透明的虫体,就可进行观察了;②乳酚液透明法。乳酚液由乳酸、石炭酸、甘油和蒸馏水按1:1:2:1的比例混合而成。从保存液中取出的虫体先移至乳酚液与水的等量混合液中0.5 h,再移至乳酚液中,数分钟后即可透明;③石炭酸透明法。自保存液取出的虫体放入含水10%的石炭酸中,可很快透明。若过度透明,可滴1滴纯酒精在覆有虫体的盖玻片边缘。乳酸和石炭酸不能长期浸渍虫体,观察后应立即移入保存液中。石炭酸透明的虫体须换3次保存液,充分除去石炭酸,否则虫体会变成褐色,变烂。如因需要将线虫作成封片标本时,不必染色,只需通过各级酒精脱水后,以水杨酸甲酯或二甲苯透明,再以加拿大树胶封固即成。

不同脏器取出的虫体应分别计数和保存,并用铅笔书写标签,写明动物种类、虫体类别、寄生部位、编号等。

巴氏液:福尔马林液30 g,食盐7.5 g,蒸馏水加至1 000 mL。

甘油酒精:70%酒精95 mL,甘油5 mL。

四、蠕虫虫卵标本的采集与保存

1. 虫卵采集

可用漂浮法、沉淀法或筛兜集卵法从粪中采集,也可将活虫置生理盐水中令其产卵后收集之,或将虫体破坏,取其含卵部分研碎。但后两种方法采得的虫卵往往颜色淡于从粪中采得的。

2. 固定

虫卵的固定可用下列各种溶液:①福尔马林液 100 mL、95％酒精 30 mL、甘油 10 mL、蒸馏水 56 mL 的混合液;②10％福尔马林液。若福尔马林液浓度低于 5％时,则应加热到约 80 ℃固定之,加热可杀死虫卵,以免继续发育。

3. 封片标本

虫卵一般不作成封片标本,直接以新鲜的或已固定的虫卵吸置载玻片上,加盖片后镜检。若欲制封片标本,可用甘油明胶或洪氏液。封片前,应先使已固定的虫卵通过低浓度酒精至含甘油 5％的 70％酒精中,揭开瓶盖,置温箱内,使酒精和水分逐渐蒸发,只留下甘油。取此材料少量置载玻片上,加上述封固剂 1 滴,盖上盖玻片即成。封固剂的配制如下:

甘油明胶:明胶 20 g、蒸馏水 125 mL、甘油 100 mL 和石炭酸 2.5 g 配成。

洪氏液:鸡蛋清 50 mL、福尔马林液 40 mL、甘油 10 mL 混合均匀后,置干燥器内吸去水分,至体积为原容量的 1/2 为止。

五、蜱螨昆虫标本的采集、制作与保存

1. 采集

(1) 寄生于畜禽体表或体内无翅寄生昆虫的采集。在畜体体表寄生的昆虫,如血虱、虱蝇、毛虱、羽虱、蚤等,可用手或小镊子采集或将附有这些虫体的毛皮或羽毛剪下,再用小镊子取下,收集于皿内或小瓶内。采取硬蜱时,蜱可能叮得很牢,应滴上煤油、乙醚或氯仿,再轻轻用镊子夹住其假头部与家畜的皮肤呈垂直,然后向外拔,务必将假头部拉出皮肤。畜体上螨类标本的采取可参考有关章节。寄生于牛皮下的牛皮蝇成熟幼虫,当其已移行到背部皮下时,用手摸之,可感到有隆起,隆起上可见有小孔。用双手挤压隆起部,幼虫即可自孔中迸出。羊狂蝇幼虫寄生在羊鼻腔内,生前采集比较困难,只能在死后将鼻腔剖开,在鼻腔、鼻窦、额窦中采集幼虫。马胃蝇幼虫寄生在马属动物的胃内,大量采集只有宰后剖开胃,进行收集。少量胃蝇幼虫常可在其成熟时随粪便排出,可在此时从粪中采集。

(2) 在畜体吸血的有翅昆虫的采集。在畜体表面有许多有翅的昆虫,对采集小型的有翅昆虫(如蚊、库蠓、蚋等),可用大试管罩住捕取或用特制的吸蚊管吸捕。对采集体型较大的昆虫,如牛虻、厩蝇等可用手捕捉或用广口瓶罩住捕取。其幼虫、蛹、卵可在相应的孳生地寻找。有些蜱可在畜舍、禽舍的墙壁缝隙中找到。牧地上的蜱则以毛皮做成旗状,在草上或灌木间拖动,使蜱附着在旗上收集之。

2. 保存

根据种类和需要,可将采得的蜘蛛昆虫制成浸渍标本、干燥标本或封片标本。

(1) 浸渍标本保存。浸渍标本供陈列用,也可用以观察外形和体表较大的结构用。本法适用于无翅昆虫,如虱、虱蝇、蚤和蜱以及各种昆虫的幼虫和蛹等。但在固定之前,应先将饱食的虫体(主要是吸血的蜘蛛昆虫)存放一段时间,待其食物消化吸收后再固定。

固定液可用 80％酒精或 5％～10％的福尔马林液,保存用 80％酒精加 5％甘油,也可用苦味酸—氯仿—冰醋酸固定液(95％酒精 120 mL 中溶解苦味酸 12 g,再加氯仿 20 mL 和冰醋酸 10 mL),活的或死的标本在该液中过夜,然后保存于 70％酒精中(含 5％甘油)。软体的昆虫可保存于 10％福尔马林液或福尔马林生理盐水中。也可用潘氏液,其由冰醋酸 4 mL,福尔马林液 6 mL,蒸馏水 30 mL 和 95％酒精 15 mL 配成。浸渍标本保存于标本瓶或标

本管内,每瓶中的标本约占瓶容量的1/3,保存液则应占瓶容量的2/3,加塞密封。

(2) 干燥标本保存。适用于有翅昆虫的成虫。采集到的有翅昆虫,应先放入毒瓶中杀死。毒瓶的制备如下:用250 mL广口瓶或长10 cm、直径3 cm的标本管在管底放压碎的氰化钾或氰化钠约半厘米厚;再放干石膏粉盖在氰化物上压平,厚约半厘米;再浇入以水调成糊状的石膏于其上,厚约半厘米,开盖过夜。也可在管底放入约占管高1/5的碎橡皮块,注入氯仿至淹没橡皮块制成氯仿毒瓶,用软木塞塞紧过夜,或以吸水纸或滤纸剪成瓶底大小,紧铺于石膏或橡皮块上即成。氯仿用完后,应将圆纸片取出,再注入氯仿。使用时,将活的昆虫移入瓶内,每次每瓶放入昆虫不宜过多,昆虫入毒瓶5～7 min后死亡。死后,将昆虫取出保存。

干燥保存又分针插保存和瓶装保存。

针插保存 对虻、蝇等较大昆虫可用2号或3号昆虫针,自虫体背面、中胸偏右处插入,使3/4的外长度插到虫体下面。以针或小镊子将足和翅等整理成活时状态,插上硬纸片制成的标签,再插于木板上,经1～3 d使标本干燥。已充分干燥的标本可放入标本盒内,盒的四角插有樟脑块。盒口上涂有含有杀虫剂的油膏,放阴凉干燥处保存。

如为蚊、蚋等小型昆虫,则以00号昆虫针,插穿一长15 mm×5 mm硬纸片的一端,使针的1/2以上穿过纸片,再以此针向昆虫腹面第二对足之间插入,但勿穿透。纸片的另一端从相反方向插入一个3号昆虫针,再插于软木板上干燥。小型昆虫也可用赛璐珞或长片纸剪成高8 mm,底边宽4 mm的等腰三角形,三角形纸片的顶端蘸少许加拿大树胶再粘住昆虫胸部侧面,纸片的另一端朝下插入一个3号昆虫针,再插于软木板上干燥。

瓶装保存 若大量同种标本不必逐个针插时,可将毒死的虫放一平皿内干燥后再放入广口瓶内保存。广口瓶底部放一层樟脑粉,盖一层棉花,再铺一层滤纸。虫要逐个放入,每放入一定量后,放一些软纸片,以使虫体互相隔开。最后塞紧瓶口,以含杀虫药的油膏封口。在瓶内和瓶外应分别加标签。

(3) 封片标本。适用于较小的蜘蛛昆虫,也可将虫体的局部制成封片标本。制作过程:先将虫体放在10％氢氧化钾溶液中浸泡若干小时或煮沸若干分钟,使内部组织溶解。将其取出,放入加有数滴醋酸的水中约1 h,再水洗几次,务必将体内外的氢氧化物洗净,然后经各级酒精脱水。一般不必染色,脱水后再透明,用加拿大树胶、洪氏液或甘油明胶封固。

封片标本的另一制作方法是聚乙烯醇—乳酸酚封片法。标本不需透明、脱水。封固剂配法:先配制聚乙烯酸(简称PVA)20％的水溶液,配制时将水和PVA一道加热、过滤。以此液56份加石炭酸和乳酸各22份即成。

还有一种半永久封片标本可用氯醛胶封固。氯醛胶有许多种配方,培利氏的配法为:阿拉伯树胶15 g(研成粉状),加蒸馏水20 mL,在水浴锅中加热溶解,如溶液浑浊,可用保温漏斗过滤。较透明或经氢氧化钠处理过的虫体,不必脱水透明,可直接封固。如在盖片四周用漆环封,防止部分过度蒸发,可延长保存时间。

六、原虫标本的采集、制作和保存

粪中原虫卵囊和包囊,可在粪液中加入10％福尔马林液长期保存,用石蜡封固瓶口。
组织中的原虫,可连同组织制成组织切片或浸泡标本(浸于5％～10％福尔马林液)。

肉孢子虫可连同少量组织夹于两玻片间浸于福尔马林液或 70%酒精中。

以培养或动物接种等保存原虫的方法,见附录 D,这里从略。

七、载玻片和盖玻片的洗涤

1. 载玻片的洗涤

将新载玻片放入洗涤液中浸泡 2 d,然后取出用自来水冲洗,直到洗涤液被完全冲净为止(洗涤液配法见后)。将上述冲洗干净的载玻片放入 95%酒精液中浸泡 0.5~1 h,然后用清洁的白斜纹布擦干净,置于干净的容器中备用。若载玻片已经用过,很脏,上面可能沾有血液、油滴或其他异物时,应该先将脏的载玻片用洗衣粉水或肥皂水或碱水放置锅内煮沸 1 h,用刷子逐片刷拭后,再用自来水冲洗至不见污迹为止。如此洗涤过的载玻片在用于制片之前,处理方法同新的载玻片。如果条件不具备时,载玻片的处理方法也可省略洗涤液浸泡这一步骤(但原虫制片例外)。

2. 盖玻片的洗涤

在放有 50%~70%酒精的平皿内加入酸酒精(配法见后)4~5 滴(如为 2%的盐酸酒精液,可少加几滴),摇晃混匀。倒入放有盖玻片的平皿内,大约经过 2~3 min,将盖玻片捞出用流水冲洗数分钟,然后放入 95%酒精中,再用布擦干备用。擦过的盖玻片若不光亮而有油渍感时,可放回原液,延长浸泡时间或在原液中再多加入几滴盐酸酒精液。注意不要浸泡时间过久,因为过久会导致盖玻片变脆,易破碎。这样处理后的盖玻片无水、无油、清洁、明亮。

3. 洗涤液的配制和使用

重铬酸钾(工业用)	79 g
硫酸(工业用)	100 mL
自来水	1 000 mL

在玻璃器材上的污迹用肥皂水或碱水不能除去时,可用该液浸渍数日后取出冲洗。此液可连续使用,至液体变黑后不再使用。因为此液内含有硫酸,腐蚀性很强,所以要注意防止对衣服和皮肤的损伤;另外,对玻璃器材也不宜过长时间浸泡。

动物常见寄生虫病病原的传代与保存

寄生虫的动物保种,是将其感染期阶段接种于实验动物,使虫体在动物体内存活,以利于寄生虫与寄生虫病的研究、寄生虫病诊断以及制备教学标本等。自患有寄生虫病的动物,分离虫体或虫体一定的发育阶段,并加以保存,是非常有必要的。因为保存这些寄生虫并加以繁殖,可以制备对这些疾病进行血清学诊断的抗原,也可以作为人工免疫的免疫原,也可以用以人工复制某些疾病以进行各方面的观察和研究。动物常见寄生虫的传代和保存方法如下:

一、日本血吸虫

接种的实验动物一般采用18~22 g体重的健康小白鼠或2~4 kg家兔。接种前首先将钉螺内的尾蚴逸出,步骤如下:将阳性钉螺2~3只放入试管(1 cm×7 cm)中,加入去氯水或冷开水至管口,管口盖以铜丝网,以防钉螺爬出,置25 ℃孵育4~12 h,尾蚴可陆续逸出浮于水面。尾蚴逸出后进行动物感染,步骤如下:将小白鼠或家兔仰卧固定在木板上,剪去腹毛,范围约5 cm×5 cm(约1~2张盖玻片大小),用清水洗净腹部皮肤。沾取液面的尾蚴置于盖玻片上,在解剖镜下计算尾蚴数量。通常感染每只小白鼠需50条尾蚴,家兔500~800条即可。将含已计数尾蚴的盖玻片,翻转覆盖在动物腹部的去毛处,使其与皮肤接触,同时在盖片与皮肤之间滴加少许清水,以保持湿润。冬季应保持温度在25 ℃左右,15~20 min后取下盖片。感染后约40~45 d,即能在动物粪便中查到虫卵。操作中应防止人感染,用过的实验器材应消毒。

二、华枝睾吸虫

常用实验动物有犬、猫、豚鼠、大白鼠、兔等。将含有华枝睾吸虫囊蚴的鱼肉,用人工消化液消化后收集纯净的囊蚴。将囊蚴拌入饲料喂食或直接从口内插入橡皮管注入胃内。感染囊蚴的数量,因动物大小而异,以200~400个为宜。感染后一个月,即可自粪便内检获虫卵。人工消化液配方为:盐酸0.4 mL、胃蛋白酶25 g、蒸馏水100 mL。

三、卫氏并殖吸虫

常用实验动物有犬、猫。将感染该种吸虫囊蚴的溪蟹或蝲蛄,放入清水中洗净后,用研钵捣碎或绞肉机绞碎,经筛过滤去除粗壳渣,以沉淀法反复清洗至水清。吸出沉渣放在双筒解剖镜下检查,用滴管吸取囊蚴并计数,将定量的囊蚴拌入饲料喂动物。也可将囊蚴放入含有 2% 胆酸盐溶液中,置 40 ℃ 1 h 脱囊。用无菌生理盐水洗涤后,给猫或犬进行腹腔注射。幼虫数量以 100～300 个为宜,约 2 个月后可在粪便中检出虫卵。

四、旋毛虫

将感染旋毛虫的小白鼠(或大白鼠)杀死,剥皮,取其肌肉。也可取含有幼虫的猪肉,剪成米粒大小,取 1 小块肉置在载玻片上压片检查,以含有 100～200 个幼虫囊包量的肌肉,经口喂健康小白鼠,喂前应饿小鼠 24 h。或将含有幼虫包囊的肌肉剪碎,置于含有消化液的三角瓶内,一般每 1 g 肌肉加入 60 mL 的消化液,置 37～40 ℃ 温箱中,经 10～18 h(此间经常摇动烧瓶或搅拌),去掉上层液,然后以水洗沉淀法或离心沉淀法收集幼虫。以生理盐水洗涤 2～3 次,用 1 mL 的注射器和 8 号针头吸取 100～200 条幼虫,经腹腔注射或喂饲健康小白鼠(或大白鼠)。感染第 5 周后,可在鼠肌中(以膈肌、腿部肌多见)可找到幼虫囊包。幼虫在动物体内可生存 3 个月或半年。

五、伊氏锥虫

虽然有些锥虫可以在人工培养基上培养,但我国流行的伊氏锥虫,在人工培养基上很难适应和繁殖,可以用以下两种方法保存。

实验动物保存:最常用的伊氏锥虫保存方法是通过动物接种,在实验动物中传代。多种实验动物都可以,其中以小白鼠最适应。可以将锥虫接种于小白鼠腹腔,2～3 d 后,即可在外围血液中发现虫体,此时在尾尖采血进行检查,当发现虫体时,即可由尾尖采血进行传代。

鸡胚培养:取小日龄鸡胚,将卵直立于置蛋器上,在气室上钻一个小圆孔,挑出卵壳,以眼科镊子刷去卵壳膜,露出绒毛尿囊膜,将含锥虫的血液 2～3 滴滴于绒毛尿囊膜上,而后以封蜡封住小口。接种完毕,仍将蛋保持直立状态,继续在孵化箱中孵化,第三天即可在鸡胚血液中出现虫体,第 5～6 d 应采取鸡胚血液再次传代,否则鸡胚死亡,虫体消失。

六、马媾疫锥虫

可以通过接种实验动物和鸡胚进行传代保存。

实验动物保存:马媾疫锥虫对实验动物敏感性较低,如果将其接种于狗或老鼠的皮下,不易感染成功,即使感染成功也不易适应。可以将含有病原的材料,接种于雄性家兔的睾丸实质内,1～2 周后可见家兔阴囊、睾丸发生水肿,在水肿液中可见大量虫体,再将分离到的虫体接种到另一家兔睾丸中以传代,数代后,虫株逐步适应兔体,可形成全身感染,虫体出现于血液循环中。

鸡胚传代:方法同伊氏锥虫。

冷冻保存在冰浴中,可保持一段时间的活力。

七、胎儿毛滴虫

胎儿毛滴虫保存一般采取培养的方法,可将胎儿毛滴虫的病料接种在以下培养基中。

葡萄糖—肉汤—血清培养基:在灭菌的试管中,以无菌操作加入马血清 4～5 mL,制成斜面,在 85 ℃中加热 30 min,使血清凝固成斜面。在 1 000 mL 热蒸馏水中加入以下成分:氯化钠 5 g,磷酸钠 2.5 g,蛋白胨 20 g,葡萄糖 20 g。溶解后即成培养液。将以上配成的培养液加到含马血清斜面的试管中,使淹没,而后在 15 磅压力下高压灭菌 10 min,取出后在液面上加无菌液体石蜡一层。接种前在每毫升液体培养基上加青霉素和链霉素 100～200 IU。将含虫病料接种到培养基上,在 37 ℃温箱中培养。

牛肉浸膏培养基:称取牛肉 37.5 g,切碎或用绞肉机绞碎,加水 100 mL,放于冰箱中过夜,次日取出,煮沸 1 h,用纱布滤过,挤出其汁,加水补充到原量,并除去上层油脂。在肉汤中加入蛋白胨 1.0 g、氯化钠 0.5 g,调整到 pH7.0～7.6,分装于试管中,每管 9 mL,以 8 磅压力高压消毒 20 min。使用前每管加马血清 100 mL、青霉素和链霉素 100～200 IU。病料接种到培养基上,在 37 ℃温箱中培养。

牛肝浸汤培养基:称取牛肝 1.5 g,加入 100 mL 水中,冰箱浸过夜,次日取出煮半小时,纱布滤过,补充失去水分到 100 mL。在上液中加蛋白胨 2.0 g、盐酸半胱氨酸 0.2 g、麦芽糖 1.0 g、氯化钠 0.5 g,调 pH 值到 5.6,分装于试管中,每管 8 mL,高压灭菌。用前加马血清 2.0 mL、青霉素和链霉素各 100～200 IU。病料接种到培养基上,在 37 ℃温箱中培养。

以上各培养基培养胎儿毛滴虫时,在初次接种,培养 20 h 后,即应检查发现有无虫体,当见有虫体生成,应挑取培养物,移入新培养基中再传代,如此多次传代后,培养物中细菌污染会减少。

八、火鸡组织滴虫

火鸡组织滴虫最方便的培养方法是保存在鸡的异刺线虫虫卵中,也可以用培养方法培养,但其培养物常使其丧失致病力。

异刺线虫虫卵中保存:自病鸡的盲肠中收集异刺线虫,在 30 目铜筛中冲洗。使虫体集于筛上。挑取雌虫,用吸水纸吸干,置乳钵内。将虫体研碎,加水搅匀后通过细筛滤去粗大的虫体,得到含有通体的滤液。滤液保存在 500 mL 的大量杯内,加水,沉淀 3 h,吸去上清液,将少量沉淀移入离心管内,以 1 500 r/min 离心 3 min,去上清液,则从虫体内分离的虫卵留在残渣内。沉淀中加入 1%福尔马林溶液,制成虫卵悬浮液。在直径 10 cm 的培养皿中,加入上悬浮液约 10 mL,使成一薄层,在 27 ℃培养箱中培养 21 d,使虫卵发育到含有幼虫的虫卵。而后将虫卵悬浮液倾入瓶中于 5 ℃保存,将此虫卵 100 个以上接种火鸡,在 14 d 后即可发病。

培养基中保存:本虫可在培养基中,尤其是在某些适宜的细菌群同时生长的情况下,大量生活和繁殖,但经过培养后的虫体,致病力很快丧失,最常用的培养基是复相培养基。固形部分是在无菌试管内加无菌操作采集的,并经过细菌滤过器过滤的马血清 5 mL,制成斜面,在 80 ℃下使其冷凝。培养基的液态部分取自鸡蛋,将蛋壳洗净,以酒精棉火焰消毒,而后用消毒剪在其钝一端开一小口,将其中蛋清由小孔流入 250 mL 的林格氏液内,混合,经过细菌滤过器过滤除菌。另准备一些米粉,保存于小试管中,以 180 ℃ 干热消毒 1 h。在采取病料接种时,取以上血清斜面,加入蛋白-林格氏液到斜面顶部,加一小团米粉,混合后放在温箱中,待温度到 37 ℃,以接种棒接种病料于斜面底部,放入 37 ℃温箱培养,24 h 后即可以进行检查。

九、巴贝斯虫

巴贝斯虫已经有人工接种培养成功的报道,但不太稳定和成功,它具有较强的宿主特异性。因此,巴贝斯虫最好通过各自的终末宿主和中间宿主进行保存。在哺乳动物宿主,在人工感染前进行脾的摘除,可保证感染的成功。

十、泰勒原虫的保存

可以采用动物传代和组织培养的方法。泰勒原虫可通过自然宿主进行传代保存,在病畜体温增高时,接种家畜常能成功。组织培养法也可以保存和繁殖,我国近年来用多种组织培养方法将其加以繁殖,制成疫苗,用于本病的免疫,取得了优良的免疫效果,现将组织培养法详细介绍如下:

培养液的制备:先分别配制下列各液:①基础液:在 500 mL 去离子水中加入氯化钠 6.8 g,氯化钾 0.4 g,磷酸二氢钠 0.15 g,氯化钙 0.2 g,氯化镁 0.2 g,葡萄糖 1.0 g。在上述溶液配置时,除氯化钙外,其他溶液先溶解于 400 mL 去离子水中,而后将氯化钙溶解于另一 90 mL 去离子水中,再将氯化钙溶液边搅拌,边缓慢地加入前液中,最后以去离子水补足总量 500 mL。②1‰酚红溶液:将 10 mL 饱和氢氧化钠溶液加入 90 mL 去离子水中,另取醇溶性酚红 10 g,置于容量 100 mL 烧杯中,加上液 10 mL 于杯中,溶解剩下的酚红,而后将剩下的酚红液再注入量筒内,如此反复,直至酚红完全溶解,但上液的消耗总量不超过 70 mL,最后向已经溶解的酚红中加去离子水,直至总量 1 000 mL。③0.02‰叶酸溶液:以 10 mg 叶酸溶解于滴有数滴 0.5 mol/L 的氢氧化钠溶液的 50 mL 去离子水中。④3‰水解乳蛋白溶液:取水解乳蛋白 6.0 g,加入加热到 80 ℃的去离子水 200 mL 中。⑤犊牛血清:从健康小牛颈静脉放血,分离血清。⑥青-链霉素溶液:无菌操作溶解青霉素钠盐 100 万单位和链霉素 100 万单位于 100 mL 艾来氏液中,按每瓶 3 mL 量分装于灭菌的青霉素小瓶内,−20 ℃ 保存。艾来氏(Earle)液配法:先配 10 倍浓缩液,由甲、乙二液配成。甲液由氯化钙 6.8 g,氯化钾 4 g,磷酸二氢钠 1.4 g,碳酸氢钠 22 g,葡萄糖 10 g,蒸馏水 100 mL 配成。乙液由氯化钠 2 g,氯化镁 1.7 g,蒸馏水 500 mL 配成。以上各试剂均要求分析纯,蒸馏水要求双蒸水。使用时取甲液 2 份,乙液 1 份,加双蒸水 17 份混合而成,过滤除菌。⑦碳酸氢钠溶液:称取碳酸氢钠 8.8 g,溶解于 100 mL 去离子水中,过滤除菌,按每管 5 mL 的两份装于无菌试管中。

以上各溶液配好后,取基础液 500 mL,加酚红液 2.0 mL、叶酸液 50 mL 和水解蛋白液 200 mL,混合后加去离子水使总量达 1 000 mL,高压灭菌 10 min,使用时以此培养液 8 份加牛血清 2 份和青-链霉素混合液 0.1 份。再以碳酸氢钠调整 pH7.2~7.4 即可供培养用。

泰勒原虫的培养,可采用细胞或淋巴结组织细胞,细胞培养法如下:自泰勒原虫病牛颈静脉无菌采血 100 mL,加 0.5% 10 mL 肝素抗凝,将血液以 3 000 r/min 离心沉淀 20 min,吸取血浆,再吸取血细胞沉淀物的表层,移于尖底小离心管内,以艾氏液混悬,再以 2 000 r/min 离心 10 min,吸取灰白色沉淀加入 50 mL 配置的培养液。培养液分注于 100 mL 容量的培养瓶中,每瓶 10 mL,即可在 37 ℃温箱中培养,到 3 d 时进行换液,即先将培养基侧立 1 min,将瓶内液体倒出,并收集入离心管,以 1 000 r/min 离心 10 min,吸取上清液,换取新液,将沉淀悬浮,再分别注入原培养瓶中,继续培养。以后每 4～7 d 换液一次,白细胞即在培养液中增殖,而虫体也相应增殖。在细胞中白细胞数量过多时,可以加换新培养液的量,并加以稀释。

十一、球虫的保存

保存球虫卵囊是保存球虫最常用的方法,将粪便中的卵囊分离后,加入 2%～2.5%的重铬酸钾,在室温中待其孢子化后,可在 4 ℃中保存 1 年之久。长期保存时应该通过动物接种后收集纯化后再进行保存。

十二、结肠小袋纤毛虫

本虫可在人工培养基中生长,繁殖。在 500 mL 林格氏液中加入马血清(或兔血清) 25 mL,以无菌操作分装于无菌试管中,每试管约 8 mL,每管中加入灭菌米粉少量,然后将该培养基于 37 ℃温箱中培养 18 h,证明其无菌,保存于冰箱中备用。接种前先将培养基加温到 37 ℃,而后将含有结肠小袋纤毛虫的病料接入 37 ℃培养基中,虫体将在培养基底部生长繁殖。一般在 48～72 h 可见繁殖,每间隔 3～4 d 接种于新的培养基中传代。

十三、杜氏利什曼原虫无鞭毛体

取患病动物如犬的肝、脾、淋巴结组织匀浆,用适量生理盐水稀释后,注射于田鼠(或金黄地鼠)腹腔内,每只鼠注射 0.5 mL,放笼内饲养。一个月后杀死田鼠,取其肝、脾组织作涂片,染色,镜检。转种时将感染利什曼原虫的田鼠解剖,取其肝、脾置于消毒的组织研磨器中或研钵中,加入少量生理盐水研磨为匀浆后,再加适量生理盐水进行稀释,用消毒注射器吸取稀释液注射到健康田鼠腹腔内,每只鼠注入 0.2～0.5 mL,继续饲养。3～4 周后,按前述方法进行检查。原虫在动物体内可生存数月。

十四、弓形虫

可以通过实验动物、组织培养、鸡胚接种等进行保存和传代。

实验动物保存:弓形虫可以在很多实验动物体内传代,小白鼠、大白鼠、兔都可以通过人工接种感染,其中小白鼠最为常用,而且小白鼠很少有自然传染源的存在。可将病料(病猪肝脏、肺脏、淋巴结等组织)匀浆,加入 10 倍生理盐水,室温下放置 1 h,取上清液 0.5～1 mL,加入少许抗生素注射于体重 18～25 g 的健康小白鼠腹腔内。初次接种会受到虫体的毒力适应性的影响,常常不急性发作,不死亡,此时接种 20 d 左右,扑杀检查,作涂片检查(查滋养体)。如为阴性再取肝、脾、脑组织研磨为匀浆,按 1∶10 量加入无菌生理盐水稀释,进行第二次接种。如仍为阴性可用同法进行 2～3 次,再观察结果。阳性者可作接种传代,每两周一次,以保种。如能急性发作,病鼠有大量腹水,其中含有弓形体的滋养体,以后可吸取腹水,再次接种于小白鼠的腹腔,常可以在接种后 4～5 d 发病,可再次传代保存。抽取病鼠腹腔液方法是在其腹部作一切口,用镊子夹提腹部的皮肤和腹膜,用 1 mL 注射器吸取 1 mL 生理盐水,迅速注入腹腔,轻揉腹壁,使生理盐水和腹腔液混匀,然后再抽出腹腔液检查。

组织培养:通过目前的组织培养法,在多数组织(鸡胚组织或心肌、腿肌等)中均可以传代。

接种鸡胚:以孵化 11 d 的鸡胚,通过绒毛尿囊膜或卵黄囊接种,可以传代。

十五、边虫

通过自然感染动物,以血液接种而传代。采集的含虫血液,进行脱纤后,虫体在其中生活力较长,可在 0 ℃下保存 10～20 d,感染边虫的牛带虫可达 3 年,一般应该在较短时间中再接种健康牛。

十六、原虫低温保存与复苏

用液氮保存原虫,具有保持原虫生物学特性,且保存时间较长的优点。现介绍弓形虫的低温保存方法。

用无菌注射器吸取 10% DMSO 2 mL,注入感染 4 d 的小白鼠腹腔,抽洗两次,抽出液混匀后立即注入无菌塑料管内(0.5～1 mL/管),封口(或盖严)后将之放入标明批号的纱布袋中,装于液氮罐的提筒内,先置于液氮罐的颈部,该处约为 −70 ℃,30 min 后,置液氮中(−196 ℃)冻存。在冻存 1～2 年,需要时从液氮罐中取出保种的小管,迅速投入 37～40 ℃温水中,经 4～5 min 即溶化。取冻存的弓形虫分别经腹腔接种 2 只小白鼠,每只 0.2 mL,观察致病情况。也可接种后 4～5 d 分别取鼠血或腹腔液,作涂片,姬氏液染色,镜检原虫。

附录 E

动物常见蠕虫虫卵及球虫孢子化卵囊图谱

一、猪的主要蠕虫卵

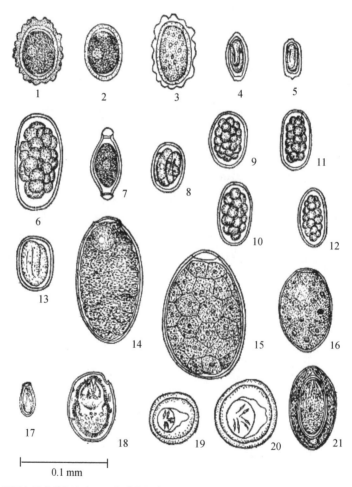

0.1 mm

1 猪蛔虫卵　2 无蛋白膜的猪蛔虫卵　3 未受精的猪蛔虫卵　4 圆形似蛔线虫卵　5 六翼泡首线虫卵
6 有齿冠尾线虫卵　7 猪毛尾线虫卵　8 长刺后圆线虫卵　9 双管鲍杰线虫卵　10 食道口线虫卵
11 红色猪圆线虫卵　12 康氏球首线虫卵　13 兰氏类圆线虫卵　14 肝片吸虫卵　15 布氏姜片吸虫卵
16 卫氏并殖线虫卵　17 华枝睾吸虫卵　18 日本血吸虫卵　19、20 克氏伪裸头缘虫卵　21 蛭状巨吻棘头虫卵

二、牛的主要蠕虫卵

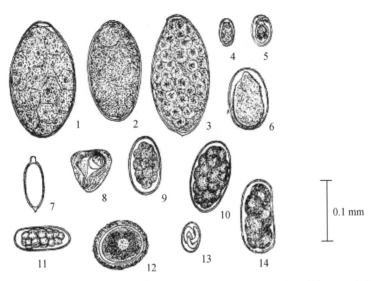

1 大片吸虫卵　2 肝片吸虫卵　3 同盘吸虫卵　4 双腔吸虫卵　5 胰阔盘吸虫卵　6 日本血吸虫卵
7 东毕吸虫卵　8 扩展莫尼茨绦虫卵　9 辐射食道口线虫卵　10 指形长刺线虫卵　11 古柏线虫卵
12 牛新蛔虫卵　13 罗氏吸吮线虫卵　14 牛仰口线虫卵

三、羊的主要蠕虫卵

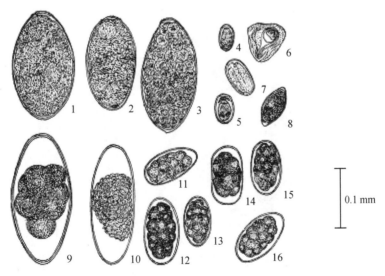

1 大片吸虫卵　2 肝片吸虫卵　3 同盘吸虫卵　4 双腔吸虫卵　5 胰阔盘吸虫卵　6 扩展莫尼茨绦虫卵
7 乳突类园线虫卵　8 球鞘毛尾线虫卵　9 钝刺细颈线虫卵　10 马歇尔线虫卵　11 毛圆线虫卵
12 捻转血矛线虫卵　13、14 羊仰口线虫卵　15 哥伦比亚食道口线虫卵　16 普通奥斯特线虫卵

四、马的主要蠕虫卵

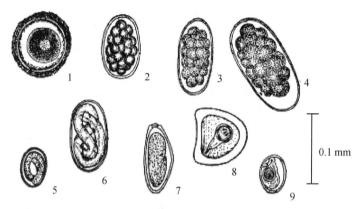

0.1 mm

1 马副蛔虫卵　2 圆形线虫卵　3 毛线线虫卵　4 细颈三齿线虫卵　5 韦氏类圆线虫卵
6 安氏网尾线虫卵　7 马尖尾线虫卵　8 裸头绦虫卵　9 侏儒副裸头绦虫卵

五、犬和猫的主要蠕虫卵

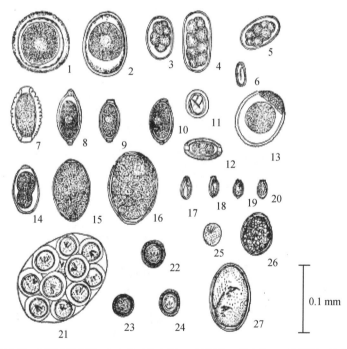

0.1 mm

1 犬弓首蛔虫卵　2 狮弓蛔虫卵　3 犬钩口线虫卵　4 巴西钩口线虫卵　5 美洲板口线虫卵
6 狼旋尾线虫卵　7 肾膨结线虫卵　8 狐毛尾线虫卵　9 皱壁毛细线虫卵　10 肺气毛细线虫卵
11 犬泡翼线虫卵　12 肝毛细线虫卵　13 猫弓首蛔虫卵　14 棘颚口线虫卵　15 卫氏并殖吸虫卵
16 叶状棘隙吸虫卵　17 华枝睾吸虫卵　18 猫后睾吸虫卵　19 异形吸虫卵　20 横川后殖吸虫卵
21 犬复孔绦虫卵袋　22 细粒棘球绦虫卵　23 泡状带绦虫卵　24 绵羊带绦虫卵　25 线中绦虫卵
26 阔节裂头绦虫卵　27 锯齿舌形虫卵

六、家禽的主要蠕虫卵

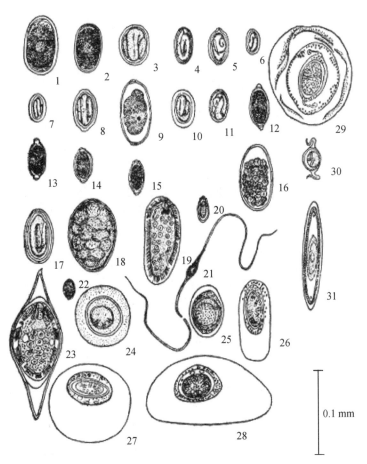

1 鸡蛔虫卵　2 鸡异刺线虫卵　3 白氏锥尾线虫卵　4 禽类圆线虫卵　5 美洲四棱线虫卵　6 旋华首线虫卵
7 钩华首线虫卵　8 嗉囊筒线虫卵　9 气管比翼线虫卵　10 鸡哈脱线虫卵　11 孟氏尖旋线虫卵
12、13、14、15 毛细线虫卵　16 鹅裂口线虫卵　17 鸭束首线虫卵　18 卷棘口线虫卵　19 嗜眼吸虫卵
20 次睾吸虫卵　21 背孔吸虫卵　22 前殖吸虫卵　23 毛毕吸虫卵　24 楔形变带绦虫卵　25 有轮赖利绦虫卵
26 鸭单睾绦虫卵　27 膜壳绦虫卵　28 片形皱缘绦虫卵　29 矛形剑带绦虫卵　30 漏斗带绦虫卵　31 鸭多形棘头虫卵

七、兔的主要蠕虫卵

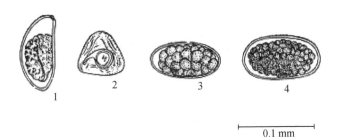

1 兔蛲虫卵　2 彩带绦虫卵　3 扭转毛圆线虫卵　4 粗毛胃线虫卵

八、猪的常见球虫孢子化卵囊

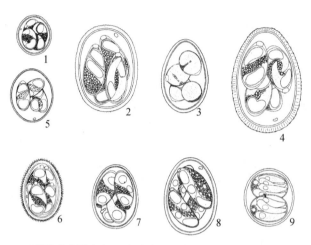

1 极细艾美耳球虫　2 蠕孢艾美耳球虫　3 豚艾美耳球虫
4 粗糙艾美耳球虫　5 猪艾美耳球虫　6 有刺艾美耳球虫
7 新蒂氏艾美耳球虫　8 蒂氏艾美耳球虫　9 猪等孢球虫

九、牛的常见球虫孢子化卵囊

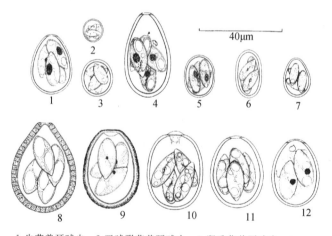

40μm

1 牛艾美耳球虫　2 亚球形艾美耳球虫　3 邱氏艾美耳球虫
4 奥本艾美耳球虫　5 椭圆艾美耳球虫　6 柱状艾美耳球虫
7 阿拉巴艾美耳球虫　8 拨克朗艾美耳球虫　9 皮利他艾美耳球虫
10 巴西艾美耳球虫　11 怀俄明艾美耳球虫　12 加拿大艾美耳球虫

十、山羊的常见球虫孢子化卵囊

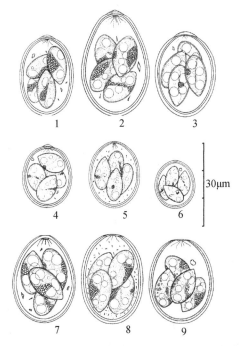

30μm

1 阿氏艾美耳球虫　2 柯氏艾美耳球虫　3 约奇艾美耳球虫
4 家山羊艾美耳球虫　5 雅氏艾美耳球虫　6 艾丽艾美耳球虫
7 阿普艾美耳球虫　8 山羊艾美耳球虫　9 羊艾美耳球虫

十一、绵羊的常见球虫孢子化卵囊

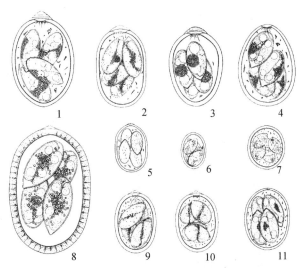

1 阿撒他艾美耳球虫　　2 巴库美耳球虫　　3 颗粒艾美耳球虫　　4 浮氏艾美耳球虫
5 马西卡艾美耳球虫　　6 苍白艾美耳球虫　　7 小艾美耳球虫　　8 错乱艾美耳球虫
9 温布里吉艾美耳球虫　　10 槌形艾美耳球虫　　11 绵羊艾美耳球虫

十二、犬猫的常见球虫孢子化卵囊

1 犬等孢球虫
2 俄亥俄等孢球虫
3 猫等孢球虫
4 芮氏等孢球虫

十三、鸡的常见球虫孢子化卵囊

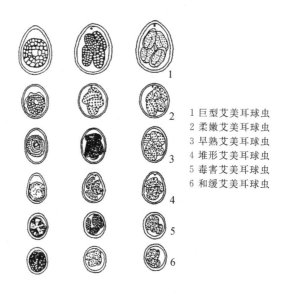

1 巨型艾美耳球虫
2 柔嫩艾美耳球虫
3 早熟艾美耳球虫
4 堆形艾美耳球虫
5 毒害艾美耳球虫
6 和缓艾美耳球虫

十四、兔的常见球虫孢子化卵囊

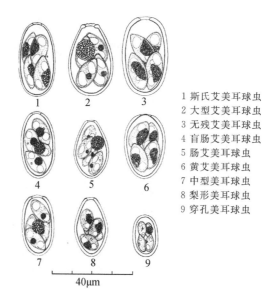

1 斯氏艾美耳球虫
2 大型艾美耳球虫
3 无残艾美耳球虫
4 盲肠艾美耳球虫
5 肠艾美耳球虫
6 黄艾美耳球虫
7 中型美耳球虫
8 梨形美耳球虫
9 穿孔美耳球虫

40μm

十五、鸭的常见球虫孢子化卵囊

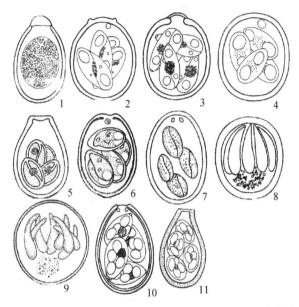

1 阿氏艾美耳球虫　2 鸭艾美耳球虫　3 潜鸭艾美耳球虫　4 巴氏艾美耳球虫
5 丹氏艾美耳球虫　6 萨塔姆艾美耳球虫　7 沙赫达艾美耳球虫　8 毁灭泰泽球虫
9 微小泰泽球虫　10 菲莱氏温扬球虫　11 鸭温扬球虫

十六、鹅的常见球虫孢子化卵囊

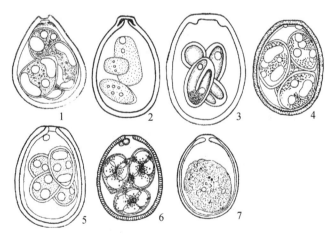

1 鹅艾美耳球虫　2 克氏艾美耳球虫　3 考氏艾美耳球虫　4 大唇艾美耳球虫
5 有害艾美耳球虫　6 多斑艾美耳球虫　7 截形艾美耳球虫

参考文献

[1] 邱汉辉.家畜寄生虫图谱[M].南京:江苏科技出版社,1983.

[2] 南京农学院,江苏农学院,福建农学院.家畜寄生虫病学[M].上海:上海科学技术出版社,1985.

[3] 林孟初.卫检用畜禽寄生虫学[M].长沙:湖南科学技术出版社,1986.

[4] 俞森海,许隆祺.人体寄生虫彩色图谱[M].北京:中国科学技术出版社,1992.

[5] 赵慰先.人体寄生虫学[M](第二版).北京:人民卫生出版社,1994.

[6] 陈淑玉,汪溥钦.禽类寄生虫学[M].广州:广东科学技术出版社,1994.

[7] 赵辉元.畜禽寄生虫与防治学[M].长春:吉林科学技术出版社,1996.

[8] 孔繁瑶.家畜寄生虫学[M](第二版).北京:中国农业大学出版社,2010.

[9] 曾宪芳.寄生虫学与寄生虫学检验[M].北京:人民卫生出版社,1997.

[10] 索勋,李国清.鸡球虫病学[M].北京:中国农业大学出版社,1998.

[11] 张如宽.家畜传染病与寄生虫学[M].南京:东南大学出版社,2000.

[12] 蒋金书.动物原虫病学[M].北京:中国农业大学出版社,2000.

[13] 萨姆布鲁克J,拉塞尔DW.分子克隆实验指南[M].黄培堂,王嘉玺,朱厚础,等译.第三版.北京:科学出版社,2002.

[14] 沈继隆.临床寄生虫和寄生虫检验[M](第二版).北京:人民卫生出版社,2002.

[15] 汪明.兽医寄生虫学[M](第三版).北京:中国农业出版社,2003.

[16] 朱坤熹,周宗清,刘晨.鸡常见病诊断与防治图谱[M].上海:上海科学技术出版社,2003.

[17] 李祥瑞.动物寄生虫病彩色图谱[M].北京:中国农业出版社,2004.

[18] 秦建华,李国清.动物寄生虫病学实验教程[M].北京:中国农业大学出版社,2005.

[19] 焦库华,王志强,庄国宏.水禽常见病防治图谱[M].上海:上海科学技术出版社,2005.

[20] 杨光友.兽医寄生虫病学[M].北京:中国农业大学出版社,2017.

[21] Wilford Olsen. Animal Parasites: their life cycles and ecology[J]. Baltimore, Unversity Park press, 1974.

[22] Smith J D. Introduction to Animal Parasitology [J]. Second Edition. Hodder and Stoughton, London, 1976.

[23] Soulsby E J L. Helminths, Atthropods and Protozoa of Domesticated Animals[J]. 7th Edition. Bailliere Tindall London, 1982.

[24] Schmidt G D, Roberts L S. Foundations of Parasitology[J]. Third Edition. St. Louis:Times Mirror/Mosby College Publishing, USA,1985.

[25] Urquhart G M, Armour J, Duncan J L, et al. Veterinary Parasitology[J]. Second Edition. Oxford: Blackuell Science Ltd, 1996.

[26] Lora Richard Ballweber. Veterinary Parasitology[J]. Boston:Butterworth-Heinemann, 2001.